Abi Profi

Mathe

Stochastik

Erarbeitet von
Dr. Wolfgang Tews
Hans-Peter Trautmann

unter Mitarbeit
der Verlagsredaktion

Cornelsen

Redaktion: Dr. Jürgen Wolff
Layout: Katrin Nehm
Herstellung: Wolf-Dieter Stark

Technische Zeichnungen: Wolfgang Mattern, Bochum; Stürtz GmbH, Würzburg
Satz: Stürtz GmbH, Würzburg

www.cornelsen.de

1. Auflage, 6. Druck 2011

Druck: CS-Druck CornelsenStürtz, Berlin

ISBN 978-3-464-57903-9

Inhalt gedruckt auf säurefreiem Papier aus nachhaltiger Forstwirtschaft.

Inhaltsverzeichnis

Hinweise zur Arbeit mit diesem Buch

Abitur-Training und Klausuraufgaben

Ein Sportler wird ohne Training kaum einen Wettbewerb gewinnen können. Er wird sich kontinuierlich auf die Höhepunkte des Jahres vorbereiten müssen. Für Sie sind Klausuren vergleichbar mit Landesmeisterschaften und das Abitur ist die Olympiade. Der Abi-Profi soll Ihnen beim Training für alle wichtigen Prüfungen helfen. Das Buch bietet zu fast allen Themen der Stochastik die wichtigsten theoretischen Grundlagen. Begleitend zur Theorie werden Aufgaben, gestaffelt nach Schwierigkeitsgrad, vorgestellt und Schritt für Schritt vorgerechnet. Auf eine Trennung in Grund- und Leistungskurse wurde verzichtet, da die Theorie dieses Teilgebietes der Mathematik für beide Kursarten weitestgehend identisch ist. Oft entscheidet nur die Komplexität der Fragestellung über die Zuteilung einer Aufgabe zum jeweiligen Kurs und nicht das theoretische Vorwissen.

Falls Sie ein Lösungsverfahren noch nicht richtig verstanden haben oder etwas vergessen haben, was im Mathematikunterricht bereits vor längerer Zeit behandelt wurde, ist eine Erklärung jedes einzelnen Schritts sicher für Sie hilfreich.

In einem gesonderten Kapitel werden komplexe Aufgaben angeboten. Diese Aufgaben enthalten sachübergreifende Inhalte. Sie sind vergleichbar mit umfangreicheren Klausuraufgaben und dienen einer speziellen Vorbereitung auf Klausuren, insbesondere die Abiturklausur. Damit Sie Ihren Kenntnisstand auch auf eine andere Weise überprüfen können, befindet sich am Ende jedes Kapitels ein Multiple-Choice-Test. Die Lösungen finden Sie auf Seite 237.

Zunächst noch einige Tipps für die Vorbereitung auf das Abitur:

Stellen Sie für sich einen Trainingsplan auf – er sollte Zeiten und Inhalte enthalten.
Sorgen Sie für kontinuierliches Üben – in der Regel sollte Sie kein Hintergrundgeräusch ablenken.
Sorgen Sie für Ordnung im Kopf und auf Ihrem Schreibtisch – ein Griff und Sie haben gefunden, was Sie benötigen.
Schaffen Sie sich Merkhilfen – wichtige Regeln werden notiert (z. B. auf Karteikarten).
Sorgen Sie für Abwechslung – Phasen voller Konzentration sollten durch Relaxen abgelöst werden.
Schaffen Sie sich Erfolgserlebnisse – lösen Sie Aufgaben zuerst mit und später ohne Hilfen.

Thema: Stochastik

Das vorliegende Buch enthält Theorie und Praxis der wichtigsten Grundlagen der Wahrscheinlichkeitsrechnung und der mathematischen Statistik – kurz: der Stochastik. Wesentliche Inhalte von Abiturklausuren bilden

- Ereignisalgebra und kombinatorische Abzählverfahren,
- Berechnung von bedingten Wahrscheinlichkeiten,
- Betrachtung von Wahrscheinlichkeitsverteilungen.

Im Buch werden die entsprechenden Verfahren und Lösungsstrategien vorgestellt und an Beispielen demonstriert. Oft ist die Lösung der genannten Probleme nur ein Teil einer umfassenden Aufgabe bzw. das Problem selbst muss aus einem größeren Sachzusammenhang extrahiert werden. Der Abi-Profi enthält viele für die Abiturprüfung typische Fragestellungen und eine ausführliche Beschreibung der Vorgehensweise bei ihrer Lösung. So können Sie sich für viele mögliche Aufgabenstellungen Strategien aneignen.

Jedes Grundproblem wird in einem extra Kapitel behandelt. Zu den typischen Fragestellungen finden Sie zuerst noch einmal wichtige Informationen. Anschließend können die Informationen an Aufgaben, deren Schwierigkeitsgrad sich steigert, geübt bzw. vertieft werden. Jedes Kapitel schließt mit einem Multiple-Choice-Test.

Falls Ihnen ein bestimmter Begriff oder ein bestimmtes Verfahren entfallen ist, dann schlagen Sie im **Anhang** nach. Hier finden Sie alles Wichtige noch einmal zusammenfassend erklärt. Damit können Sie den Anhang auch als gezielte Prüfungsvorbereitung für mündliche Prüfungen benutzen.

Der Abi-Profi Stochastik: Wie gehen Sie mit dem Buch um?

Zu jedem der im Abi-Profi behandelten Themen finden Sie Sachinformationen. Die Präsentation der dazugehörigen Aufgaben erfolgt derart, dass die meisten Seiten in zwei Spalten aufgeteilt sind. In der linken Spalte finden Sie die Lösung zu einer Aufgabe, so, wie Sie sie auch in einer Klausur bearbeiten sollten. In der rechten Spalte werden notwendige theoretische Erläuterungen und viele Erklärungen und Kommentare zum Vorgehen gegeben. Falls Ihnen Zusammenhänge noch nicht so klar sind, können Sie hier noch mal nachlesen. Diese Spalte ist jeweils mit einem **K** – für Kommentar – gekennzeichnet.

Das Kapitel 8 enthält sachübergreifende Klausuraufgaben, die Sie selbstständig bearbeiten sollten. Zur Kontrolle sind die Lösungen ausführlich kommentiert angegeben.

Ab Seite 202 finden Sie noch einmal eine Auflistung wichtiger Begriffe mit Erklärungen als Anhang – in alphabetischer Reihenfolge zum Nachschlagen.

1 Grundlagen zur Wahrscheinlichkeitsrechnung

Antoine Gombauld Chevalier de Mere (1607–1685) beschwerte sich bei seinem Freund Blaise Pascal (1623–1662) über die Mathematik: Ihre Resultate wollten nicht mit seinen Erfahrungen des praktischen Lebens übereinstimmen. Seine Erfahrungen sammelte der Chevalier beim Glücksspiel, präziser beim Würfelspiel.

Es wird mit einem Würfel gespielt und die Bank gewinnt, wenn der Spieler bei vier Würfen wenigstens eine Sechs wirft. Nehmen wir an, dass ein Spieler, der sehr oft würfelt, in etwa $1/6$ aller Fälle eine Sechs erzielt. Mathematisch heißt es, die Wahrscheinlichkeit eine Sechs zu werfen, sei gleich $1/6$, entsprechend ist die Wahrscheinlichkeit keine Sechs zu werfen, gleich $5/6$. Würfelt der Spieler nun zweimal, so sind für ihn $5 \cdot 5 = 25$ von $6 \cdot 6 = 36$ Möglichkeiten günstig. Wenn allgemein die Wahrscheinlichkeit als das Verhältnis der Zahl der günstigen zur Zahl der möglichen Fälle verstanden wird, so ist die Wahrscheinlichkeit, bei zwei Würfen keine Sechs zu erreichen $\frac{5 \cdot 5}{6 \cdot 6} = \left(\frac{5}{6}\right)^2$. Für den Versuch bei 4 Würfen keine Sechs zu erreichen gilt entsprechend $\left(\frac{5}{6}\right)^4 = \frac{525}{1296} \approx 0{,}482 < \frac{1}{2}$.

Das bedeutet, dass in weniger als der Hälfte aller Fälle mit einem Gewinn für den Spieler zu rechnen ist – damit lohnt sich das Spiel für die Bank. Soweit war die Geschichte auch für den Chevalier klar. Er dachte sich nun eine Variation des Spiels aus: ein Spieler würfelt mit zwei Würfeln 24mal und gewinnt, wenn er keine doppelte Sechs erreicht. Der Chevalier meinte, die Chancen seien gleich: Die Zahl der Würfe ist im ersten Spiel 4, die Zahl der Möglichkeiten 6, im zweiten Spiel ist die Zahl der Würfe 24 und die Zahl der Möglichkeiten $6 \cdot 6 = 36$; das Verhältnis ist also wieder $4 : 6$. Die Praxis zeigte jedoch, dass die Bank bei diesem Spiel nicht auf ihre Kosten kam. Dies war der Anlass für den Chevalier, sich bei Pascal über die Mathematik zu beschweren.

Wie so oft im Leben, lag der Fehler nicht bei der Mathematik und ihren Regeln – der Chevalier hatte einfach nicht richtig nachgedacht: die Anzahl der für den Spieler günstigen Fälle (also keine Doppelsechs) bei einem Wurf mit zwei Würfeln beträgt 35 und die Anzahl der möglichen Fälle 36. Man findet analog zum ersten Fall als Wahrscheinlichkeit: $\left(\frac{35}{36}\right)^{24} \approx 0{,}508 > \frac{1}{2}$. Damit ist klar, dass die Bank auf lange Sicht verlieren musste.

1.1 Zufallsexperimente

Experimente wie das oben geschilderte Würfelspiel in seinen Variationen werden als **Zufallsexperimente** bezeichnet. Man erklärt allgemein: Ein Experiment, das nach bestimmten, festgelegten Regeln beliebig oft wiederholt werden kann und dessen Ausgang sich nicht mit Sicherheit voraussagen lässt, heißt **Zufallsexperiment.**

Beispiele: Münzwurf, Würfelspiele, Roulette, Kartenspiele.

Gegenbeispiele: Freier Fall mit Bestimmung der Fallrichtung eines Körpers,
Messung des Stroms in einem Stromkreis mit gegebenem Widerstand
und gegebener Spannung.

Die wesentliche Frage im Zusammenhang mit Zufallsexperimenten ist die nach den Chancen für das Eintreten bzw. Nichteintreten gewisser Ereignisse.

1.2 Ergebnisse

Jeder Ausgang eines Zufallsexperiments wird allgemein **Ergebnis** genannt. Die **Menge** Ω aller möglichen Ergebnisse eines Zufallsexperiments nennt man **Ergebnisraum** (oder **Ergebnismenge**).

Beispiele:

Münzwurf: $\Omega = \{\text{Kopf, Zahl}\}$
Skat: $\Omega = \{\text{Karo 7, Karo 8}, \ldots, \text{Herz Bube}, \ldots, \text{Kreuz As}\}$
Roulette: $\Omega_1 = \{0, 1, \ldots, 35, 36\}; \Omega_2 = \{0, \text{rot}, \text{schwarz}\}$

Beachte:
Der Ergebnisraum Ω eines Zufallsexperiments kann je nach Bedarf unterschiedlich angegeben werden. Im Folgenden werden zum Würfelwurf drei verschiedene Ergebnisräume betrachtet.

Würfelwurf

Wirft man einen Würfel, so bietet sich als Ergebnisraum an:

$\Omega_{w1} = \{1, 2, 3, 4, 5, 6\}$

Wirft man mit zwei nicht unterscheidbaren Würfeln, so kommt es auf die jeweils geworfenen Augenzahlen an. Man muss in diesem Fall Paare von Augenzahlen notieren und kommt auf folgenden Ergebnisraum:

$$\Omega_{w2} = \left\{\begin{array}{cccccc} (1,1) & (1,2) & (1,3) & (1,4) & (1,5) & (1,6) \\ & (2,2) & (2,3) & (2,4) & (2,5) & (2,6) \\ & & (3,3) & (3,4) & (3,5) & (3,6) \\ & & & (4,4) & (4,5) & (4,6) \\ & & & & (5,5) & (5,6) \\ & & & & & (6,6) \end{array}\right\}$$

Wirft man die zwei Würfel nacheinander, also nicht gleichzeitig, und kommt es auf die Reihenfolge der erzielten Augenzahlen an, so muss man wieder Paare von Augenzahlen notieren und kommt nun auf folgenden Ergebnisraum:

$$\Omega_{w3} = \left\{\begin{array}{cccccc} (1,1) & (1,2) & (1,3) & (1,4) & (1,5) & (1,6) \\ (2,1) & (2,2) & (2,3) & (2,4) & (2,5) & (2,6) \\ (3,1) & (3,2) & (3,3) & (3,4) & (3,5) & (3,6) \\ (4,1) & (4,2) & (4,3) & (4,4) & (4,5) & (4,6) \\ (5,1) & (5,2) & (5,3) & (5,4) & (5,5) & (5,6) \\ (6,1) & (6,2) & (6,3) & (6,4) & (6,5) & (6,6) \end{array}\right\}$$

1.3 Ereignisse

Ein Ereignis ist die Beschreibung des Ausgangs eines Zufallsexperiments durch ein oder mehrere Merkmale derart, dass nach Durchführung des Zufallsexperiments die Frage, ob die Beschreibung zutrifft, eindeutig mit „ja“ oder „nein“ beantwortet werden kann. Falls die Antwort „ja“ lautet sagt man, das Ereignis ist eingetreten.

Man legt fest:

Jede Teilmenge E der Ergebnismenge Ω heißt **Ereignis**.

Beispiel:

Zufallsexperiment: Würfelwurf
Ereignisse:
$A = \{2, 4, 6\}$ (Augenzahl gerade)
$B = \{1, 3, 5\}$ (Augenzahl ungerade)
$C = \{6\}$ (Augenzahl Sechs)
$D = \{\ \}$ (Augenzahl größer als Sechs)
$E = \{1, 2, 3, 4, 5, 6\}$ (Augenzahl kleiner als Sieben)

Beachte: Im allgemeinen gibt es mehr Ereignisse als Ergebnisse für ein Zufallsexperiment. Die Menge aller zu einer Ergebnismenge gehörenden Ereignisse nennt man **Ereignisraum**.

Die Charakterisierung von Ereignissen durch Mengen hängt immer von der gewählten Ergebnismenge ab. Je nach der getroffenen Auswahl der Ergebnismengen Ω_{w1}, Ω_{w2}, Ω_{w3} des letzten Abschnitts wird die Aussage „Augenzahlsumme 8“ durch folgende Mengen dargestellt:

$W_1 = \{8\}$
$W_2 = \{(2{,}6), (3{,}5), (4{,}4)\}$
$W_3 = \{(2{,}6), (6{,}2), (3{,}5), (5{,}3), (4{,}4)\}$

Spezielle Ereignisse – Beispiel: Würfelwurf

Einelementige Ereignisse nennt man **Elementarereignis**. Das Elementarereignis $E = \{\omega\}$ tritt genau dann ein, wenn ω das Ergebnis des Zufallsexperiments ist.

Beispiel: $C = \{6\}$

Das Ereignis $E = \Omega$ heißt das **sichere Ereignis**.

Beispiel: $E = \{1, 2, 3, 4, 5, 6\}$

Das **unmögliche Ereignis** $E = \{\ \}$ bzw. $E = \emptyset$ kann nicht eintreten.

Beispiel: $D = \{\ \}$.

Verknüpfungen von Ereignissen am Beispiel des Würfelwurfs

Das Ereignis „***A* und *C***“ tritt genau dann ein, wenn sowohl A als auch C eintreten. Es stellt den **Durchschnitt** bzw. die **Schnittmenge** $A \cap C = \{6\}$ dar. (Zur Definition der Ereignisse A, B, C, ... siehe Seite 9).

Das Ereignis „***B* oder *C***“ tritt genau dann ein, wenn B oder C (oder beide) eintreten. Es stellt die **Vereinigung** bzw. die **Vereinigungsmenge** $B \cup C = \{1, 3, 5, 6\}$ dar.
Das **Gegenereignis** oder **Komplementärereignis „nicht *A*“** von A – man schreibt dafür $\bar{A}$ oder auch $\neg A$ – tritt genau dann ein, wenn A nicht eintritt: $\bar{A} = B = \{1, 3, 5\}$.
Es gilt $A \cap \bar{A} = \{\ \}$ und $A \cup \bar{A} = \Omega$.

Die Ereignisse B und C können nicht zugleich auftreten, die Schnittmenge $B \cap C = \{\ \}$ ist leer. Man sagt, die Ereignisse B und C sind **unvereinbar** oder **disjunkt**.

Unter der **Mächtigkeit** $|E|$ einer endlichen Menge E versteht man die Anzahl ihrer Elemente. $|\Omega|$ ist also die Anzahl der Ergebnisse von Ω.

Oft werden bei der Beschreibung von Ereignissen bzw. deren Kombinationen die Worte **mindestens** oder **höchstens** verwendet.

Beispiel: Würfelwurf mit zwei unterscheidbaren Würfeln
A („Augensumme mindestens 9“) $= \{(3,6), (6,3), (4,5), (5,4), (5,5), (5,6), (6,5), (6,6)\}$
B („Augensumme höchstens 4“) $= \{(1,1), (1,2), (2,1), (2,2)\}$.

Baumdiagramme

Ein Ergebnisraum $\Omega = \{\omega_1, \omega_2, \omega_3, \ldots, \omega_n\}$ wird oft als **Baumdiagramm** dargestellt:

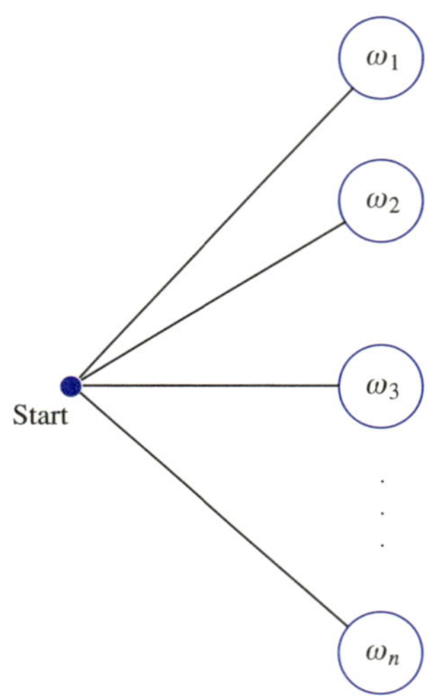

Jedem Ergebnis entspricht genau ein Pfad bzw. Ast des Baums. Da jedes mögliche Ereignis aus Ergebnissen zusammengesetzt ist, entspricht im Baumdiagramm jedem Ereignis eine bestimmte Menge von Pfaden.

Ein Zufallsexperiment, das mehrmals hintereinander ausgeführt wird, nennt man **mehrstufiges Zufallsexperiment**. Ein Baumdiagramm gestattet es, solche mehrstufigen Zufallsexperimente übersichtlich darzustellen. Dies ist insbesondere dann von Interesse, wenn man an wenigen Ereignissen interessiert ist; in diesem Fall werden nur die interessierenden Pfade dargestellt (**reduziertes Baumdiagramm**).

Beispiele:

Urnenexperiment: Eine Urne enthält 1 rote, 2 grüne und 3 weiße Kugeln. Es wird zweimal eine Kugel
a) mit Zurücklegen und
b) ohne Zurücklegen entnommen.
Zeichnen Sie jeweils ein Baumdiagramm und geben Sie Ω an.

a) Ziehen mit Zurücklegen

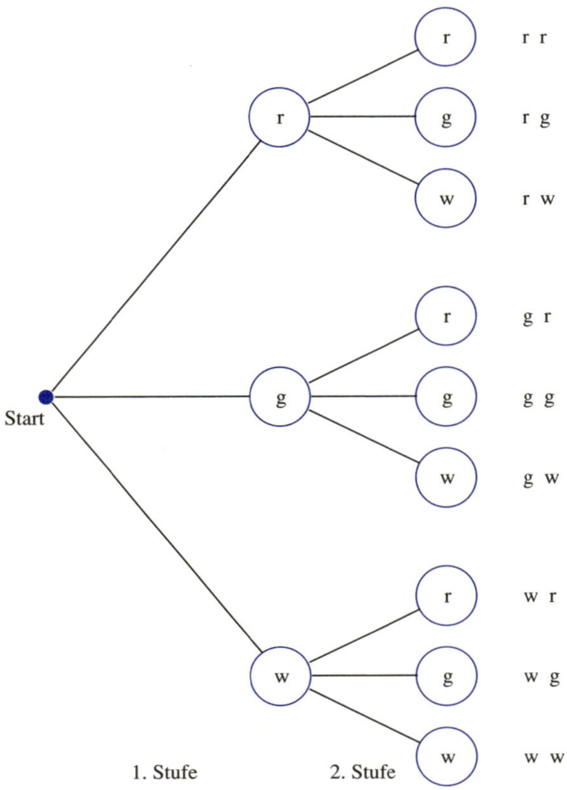

$\Omega = \{rr, rg, rw, gr, gg, gw, wr, wg, ww\}$; $|\Omega| = 9$

b) Ziehen ohne Zurücklegen

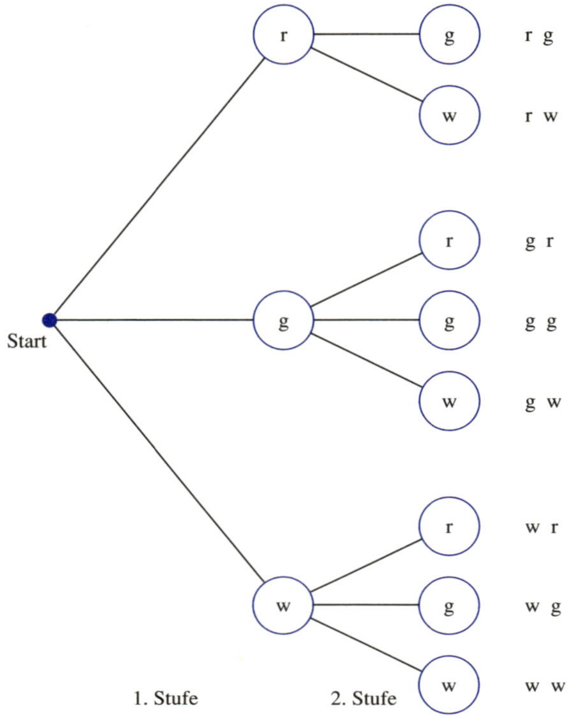

$\Omega = \{rg, rw, gr, gg, gw, wr, wg, ww\}$; $|\Omega| = 8$

Würfelwurf: Ein Würfel werde dreimal geworfen.
Ereignis: $E = \{6; 6; \text{Primzahl}\}$
Zeichnen Sie ein reduziertes Baumdiagramm.

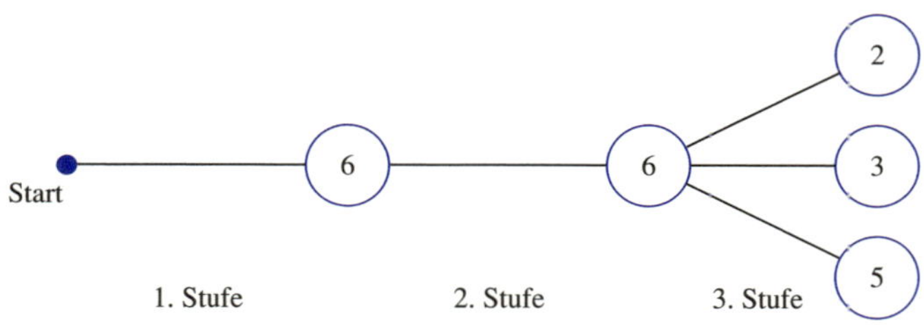

1.4 Gesetze der Ereignisalgebra

Da die in 1.3 erwähnten Verknüpfungen von Ereignissen „Vereinigung“, „Durchschnitt“ und „Komplement“, d. h. $A \cup B$, $A \cap B$ und $\overline{A}$ wieder eine Teilmenge von Ω, also ein Ereignis liefern, sagt man, dass der Ereignisraum bezüglich dieser Operationen abgeschlossen ist.

Wie oben schon gesagt, sind die Ereignisse im mathematischen Modell Mengen und gehorchen daher den Gesetzen der Mengenalgebra, die in diesem Zusammenhang als „Gesetze der Ereignisalgebra“ bezeichnet werden. Für drei Ereignisse A, B, C einer Ergebnismenge Ω gelten damit die in folgenden Tabelle zusammengestellten Gesetze.

Kommutativgesetze	$A \cup B = B \cup A$	$A \cap B = B \cap A$
Assoziativgesetze	$(A \cup B) \cup C = A \cup (B \cup C) =: A \cup B \cup C$ $(A \cap B) \cap C = A \cap (B \cap C) =: A \cap B \cap C$	
Distributivgesetze	$A \cup (B \cap C) = (A \cup B) \cap (A \cup C)$ $A \cap (B \cup C) = (A \cap B) \cup (A \cap C)$	
Indempotenzgesetze	$A \cup A = A$	$A \cap A = A$
Neutrale Elemente	$A \cup \emptyset = A$	$A \cap \Omega = A$
Dominante Elemente	$A \cup \Omega = \Omega$	$A \cap \emptyset = \emptyset$
Komplementarität	$A \cup \overline{A} = \Omega$	$A \cap \overline{A} = \emptyset$
Absorptionsgesetze	$A \cup (A \cap B) = A$	$A \cap (A \cup B) = A$
Gesetze von De Morgan[1]	$\overline{A \cup B} = \overline{A} \cap \overline{B}$	$\overline{A \cap B} = \overline{A} \cup \overline{B}$

[1] Augustus De Morgan, englischer Mathematiker (1806–1871)

Die Gesetze der Mengenalgebra sowie die Verknüpfung von Ereignissen lassen sich durch Diagramme veranschaulichen. Dies soll an vier Beispielen gezeigt werden.

Symbol	Sprechweisen	Mengenbild
$A \setminus B$	Das Ereignis „A minus B“ bzw. „A ohne B“ tritt genau dann ein, wenn „A eintritt“ und „gleichzeitig B nicht“ eintritt.	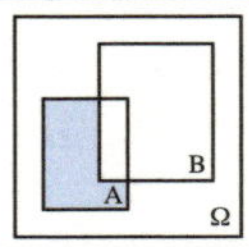
$\overline{A \cup B}$	Das Ereignis „weder A noch B“ tritt genau dann ein, wenn „keines der beiden“ Ereignisse A, B eintritt.	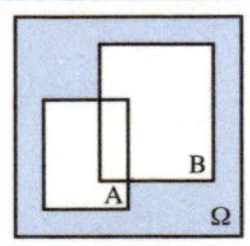
$\overline{A \cap B}$	„Höchstens eines“ der Ereignisse „A, B“ tritt ein, wenn „entweder A oder B“ oder „keines von beiden“ eintritt.	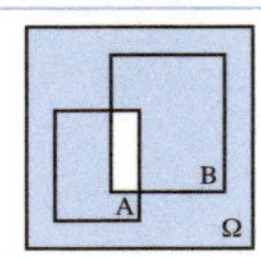
$(A \cap \overline{B}) \cup (\overline{A} \cap B)$	Das Ereignis „entweder A oder B“ tritt genau dann ein, wenn „genau eines der beiden Ereignisse A, B“ eintritt.	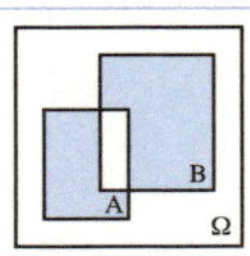

Vereinfachen Sie die folgenden Ausdrücke aus Ereignissen mit Hilfe der Gesetze der Mengenalgebra:

a) $\overline{\overline{A} \cup \overline{B}}$

b) $(A \cap B) \cup (A \cap \overline{B})$

c) $\left(\overline{\overline{A} \cup B}\right) \cup \left(\overline{\overline{A} \cup \overline{B}}\right)$

a)

$\overline{\overline{A} \cup \overline{B}} = \overline{\overline{A}} \cap \overline{\overline{B}} = A \cap B$

b)

$(A \cap B) \cup (A \cap \overline{B}) = A \cap (B \cup \overline{B}) = A \cap \Omega = A$

c)

$\left(\overline{\overline{A} \cup B}\right) \cup \left(\overline{\overline{A} \cup \overline{B}}\right) = \left(\overline{\overline{A}} \cap \overline{B}\right) \cup \left(\overline{\overline{A}} \cap \overline{\overline{B}}\right) = (A \cap \overline{B}) \cup (A \cap B) = A \cap (\overline{B} \cup B) = A \cap \Omega = A$

Franzi kauft drei Lose nacheinander. Es wird zwischen Gewinn (G) und Niete (N) unterschieden.

a) Geben Sie den Ergebnisraum Ω an.

b) Geben Sie die folgenden Ereignisse als Teilmengen von Ω an:

A: „mindestens ein Los gewinnt“

B: „genau ein Los gewinnt“

C: „höchstens ein Los gewinnt“

D: „das 1. Los gewinnt“

E: „nur das 1. Los gewinnt“

F: „ein Los ist eine Niete“

c) Formulieren Sie die folgenden Ereignisse als Teilmengen von Ω:

(i) $A \cap B$; (ii) $A \cap C$; (iii) $\overline{A} \cap \overline{B}$; (iv) $D \cap F$; (v) $\overline{C \cup D}$

a) Ergebnisraum

$\Omega = \{GGG, GGN, GNG, NGG, GNN, NGN, NNG, NNN\}$

b) Ereignisse

$A = \{GGG, GGN, GNG, NGG, GNN, NGN, NNG\}$

$B = \{GNN, NGN, NNG\}$

$C = \{GNN, NGN, NNG, NNN\}$

$D = \{GGG, GGN, GNN, GNG\}$

$E = \{GNN\}$

$F = \{GGN, GNG, NGG\}$

a) Verknüpfung von Ereignissen

$A \cap B = \{GNN, NGN, NNG\} = B$

$A \cap C = \{GNN, NGN, NNG\} = B$

$\overline{A} \cap \overline{B} = \{NNN\} \cap \{GGG, GGN, GNG, NGG, NNN\} = \{NNN\}$

$D \cap F = \{GGG, GGN, GNN, GNG, \} \cap \{GGN, GNG, NGG\} = \{GGN, GNG\}$

$$\begin{aligned}\overline{C \cup D} &= \overline{\{GNN, NGN, NNG, NNN\} \cup \{GGG, GGN, GNN, GNG, \}}\\ &= \overline{\{GGG, GGN, GNG, GNN, NGN, NNG, NNN\}} = \{NGG\}\end{aligned}$$

Ein Würfel werde einmal geworfen.
Es gelte:
A: „Augenzahl größer als 4"
B: „Augenzahl gerade"
Formulieren Sie die folgenden Ereignisse als Teilmengen von Ω:
a) $A \cap B$; b) $A \cup B$; c) $\overline{A} \cap \overline{B}$; d) $\overline{A} \cup \overline{B}$; e) $\overline{A \cap B}$; f) $\overline{A \cup B}$
g) $A \cap \overline{B}$; h) $\overline{A} \cap B$; i) $A \cup \overline{B}$; j) $\overline{\overline{A} \cup B}$; k) $A \setminus (A \cap \overline{B})$

Beachte:
$A = \{5, 6\}$; $B = \{2, 4, 6\}$; $\overline{A} = \{1, 2, 3, 4, \}$; $\overline{B} = \{1, 3, 5\}$

a) $A \cap B = \{6\}$
b) $A \cup B = \{2, 4, 5, 6\}$
c) $\overline{A} \cap \overline{B} = \{1, 3\}$
d) $\overline{A} \cup \overline{B} = \{1, 2, 3, 4, 5\}$
e) $\overline{A \cap B} = \{1, 2, 3, 4, 5\}$
f) $\overline{A \cup B} = \{1, 3\}$
g) $A \cap \overline{B} = \{5\}$
h) $\overline{A} \cap B = \{2, 4\}$
i) $A \cup \overline{B} = \{1, 3, 5, 6\}$
j) $\overline{\overline{A} \cup B} = \{5\}$
k) $A \setminus (A \cap \overline{B}) = \{6\}$

1.5 Aufgaben mit Lösungen

Urnenexperiment: Eine Urne enthält zehn Kugeln mit den Bezeichnungen 1 bis 10.

a) Geben Sie die Ergebnismenge für das Ziehen von 2 Kugeln ohne Zurücklegen und das Feststellen der Summe ihrer Ziffern an.

b) Beurteilen Sie, ob $\{1, 7, \text{geradeZahl}, \text{Vielfachesvon } 3\}$ ein möglicher Ergebnisraum für das Ziehen einer Kugel ist.

c) Geben Sie zu jedem der folgenden Ereignisse die zugehörige Teilmenge von Ω an, wenn eine Kugel gezogen wird:

A: Zahl ist prim

B: Zahl ist teilbar durch 3

C: Zahl ist höchstens 6

D: Zahl ist mindestens 8

E: Zahl ist Quadratzahl

d) Welche Ereignisse aus c) sind unvereinbar?

e) Geben Sie Gegenereignisse der Ereignisse von c) an.

a)

$E = \{3, 4, 5, \ldots, 18, 19\}$

K

Angenommen, die erste Kugel trage die Aufschrift 1, dann kann die zweite Kugel als kleinste Ziffer eine 2 tragen, mithin ist die kleinste Summe der beiden Ziffern 3.
Angenommen, die erste Kugel trage die Aufschrift 10, dann kann die zweite Kugel als größte Ziffer eine 9 tragen, mithin ist die größte Summe der beiden Ziffern 19.

b)

Es kann sich nicht um einen Ergebnisraum handeln, da dem Ziehen der 5 kein Ergebnis zugeordnet ist, weiterhin sind dem Ziehen der 6 zwei Ergebnisse (gerade Zahl und Vielfaches von 3) zugeordnet.

K

In diesem Fall ist zu überprüfen, ob zu jedem möglichen Versuchsausgang genau ein Ergebnis gehört.

c)

$A = \{2, 3, 5, 7\}$

K

Eine natürliche Zahl, die größer als 1 ist und die nur durch 1 und durch sich selbst teilbar ist, heißt Primzahl oder prim.

$B = \{3, 6, 9\}$

Unter den zehn Ergebnissen $1, 2, \ldots, 10$ sind genau die Ergebnisse 3, 6 und 9 Vielfache von 3.

$C = \{1, 2, 3, 4, 5, 6\}$

In diesem Fall ist die Ziffer 6 noch zu berücksichtigen.

$D = \{8, 9, 10\}$

In diesem Fall ist als kleinste Ziffer die 8 zu berücksichtigen.

$E = \{1, 4, 9\}$

Unter den zehn Ergebnissen $1, 2, \ldots, 10$ sind genau die Ergebnisse 1, 4 und 9 Quadratzahlen.

d) K

Unvereinbar sind:
$A \cap D = \{\}, A \cap E = \{\}, C \cap D = \{\}$

Zwei Ereignisse sich genau dann unvereinbar, wenn ihre Schnittmenge die leere Menge ist.

e) K

Zahl ist nicht prim:
$\overline{A} = \{1, 4, 6, 8, 9, 10\}$

Beachte: $A = \{2, 3, 5, 7\}$

Zahl ist nicht durch 3 teilbar:
$\overline{B} = \{1, 2, 4, 5, 7, 8, 10\}$

Beachte: $B = \{3, 6, 9\}$

Zahl ist mindestens 7:
$\overline{C} = \{7, 8, 9, 10\}$

Beachte: $C = \{1, 2, 3, 4, 5, 6\}$

Zahl ist höchstens 7:
$\overline{D} = \{1, 2, 3, 4, 5, 6, 7\}$

Beachte: $D = \{8, 9, 10\}$

Zahl ist keine Quadratzahl:
$\overline{E} = \{2, 3, 5, 6, 7, 8, 10\}$

Beachte: $E = \{1, 4, 9\}$

Fragebogen: Ein Kandidat füllt einen Fragebogen aus, der 2 Fragen mit den Antwortmöglichkeiten $a\ b\ c\ d$ enthält. Mehrfachantworten sind nicht zugelassen. Es werden folgende Antwortmöglichkeiten in Betracht gezogen:
A: 1. Frage mit a beantwortet und B: 2. Frage mit b oder c beantwortet.
Bestimmen Sie $A \cap B$.

$A \cap B = \{(a, b), (a, c)\}$
Beachte:
$A = \{(a, a), (a, b), (a, c), (a, d)\}$
$B = \{(a, b), (b, b), (c, b), (d, b), (a, c), (b, c), (c, c), (d, c)\}$

Urnenexperiment: Eine Urne enthält 5 schwarze und 5 weiße Kugeln. Es wird eine Kugel mit Zurücklegen gezogen und die Farbe notiert.
Erstellen Sie ein Baumdiagramm für folgendes Ereignis:
„zwei gleichfarbige Kugeln folgen aufeinander oder drei Kugeln haben die gleiche Farbe“

Baumdiagramm K

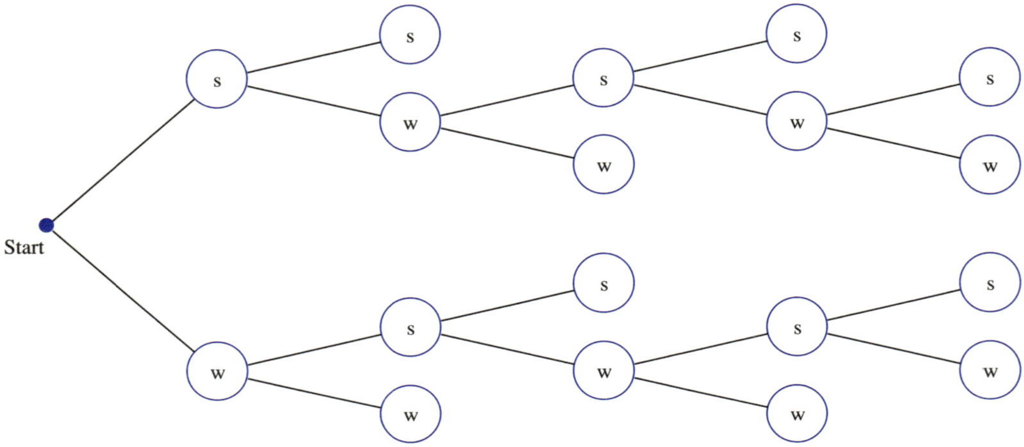

Würfelwurf: Zwei Spieler setzen bei einem Würfelspiel auf gerade (g) bzw. ungerade (u) Zahlen. Derjenige Spieler gewinnt, der zuerst dreimal gerade bzw. ungerade erzielt hat.
Stellen Sie den Spielverlauf in einem Baumdiagramm dar.

Baumdiagramm K

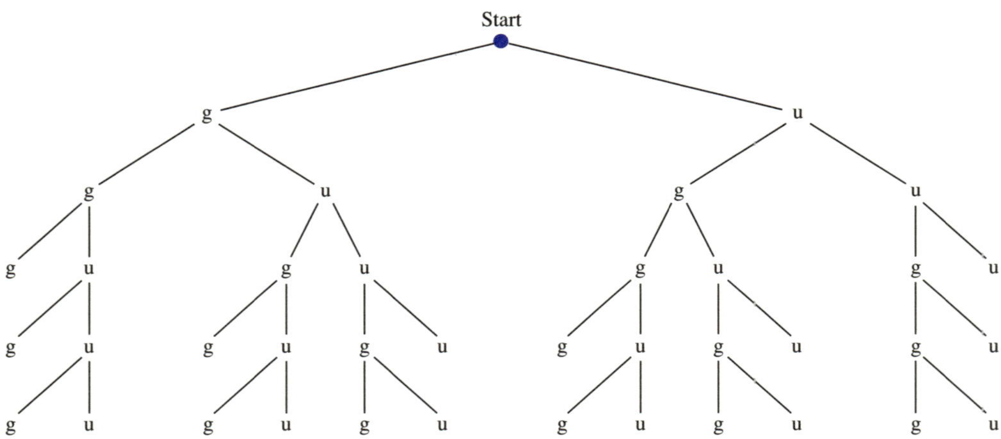

Qualitätskontrolle: Bei einer Qualitätskontrolle werden in drei Prüfungsvorgängen bestimmte Produktionsmerkmale untersucht. Das Produkt ist dann Ausschuss, wenn zwei der Kontrollmerkmale negativ (n) beurteilt werden (Kontrolle positiv: p). Erstellen Sie ein reduziertes Baumdiagramm für den Fall, dass ein Produkt kein Ausschuss ist.

Baumdiagramm K

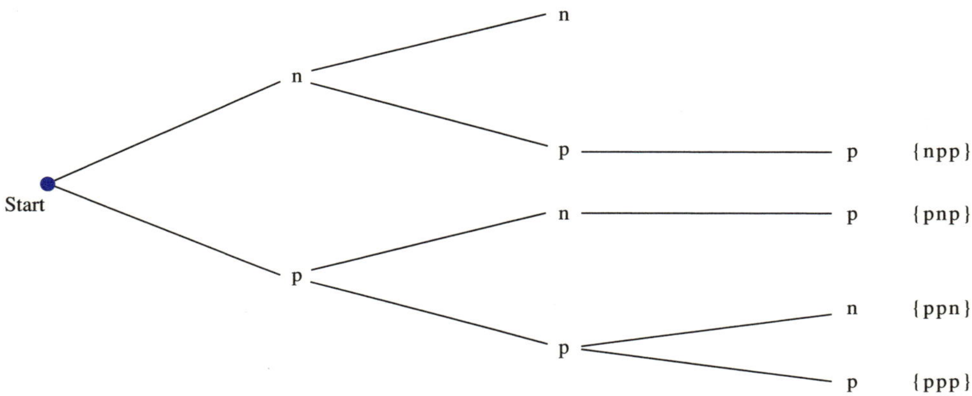

Vereinfachen Sie die folgenden Ausdrücke aus Ereignissen mit Hilfe der Gesetze der Mengenalgebra:

a) $(A \cup B) \cap (A \cup \overline{B})$

b) $\left(\overline{A \cap \overline{B}}\right) \cap \overline{B}$

a) K

$(A \cup B) \cap (A \cup \overline{B})$	Distributivgesetz
$= A \cup (B \cap \overline{B})$	Komplementarität
$= A \cup \emptyset$	Neutrale Elemente
$= A$	

b) K

$\left(\overline{A \cap \overline{B}}\right) \cap \overline{B}$	Gesetz von De Morgan
$= \left(\overline{A} \cup \overline{\overline{B}}\right) \cap \overline{B}$	$\overline{\overline{B}} = B$
$= (\overline{A} \cup B) \cap \overline{B}$	Distributivgesetz
$= (\overline{A} \cap \overline{B}) \cup (B \cap \overline{B})$	Komplementarität
$= (\overline{A} \cap \overline{B}) \cup \emptyset$	Neutrale Elemente
$= (\overline{A} \cap \overline{B})$	

Die Sprinter G , N und R tragen ein Ausscheidungsrennen aus. Mit
A: „Sprinter G wird Erster“
B: „Sprinter N wird nicht Letzter“
C: „Sprinter R wird Letzter“
werden Ereignisse bezeichnet.

a) Erstellen Sie ein geeignetes Mengenbild von Ω.
b) Interpretieren Sie die Ereignisse
(i) $A \cap B \cap C$; (ii) $\overline{A} \cap \overline{B} \cap \overline{C}$; (iii) $(A \cup B) \cap \overline{C}$

a) Mengenbild

K

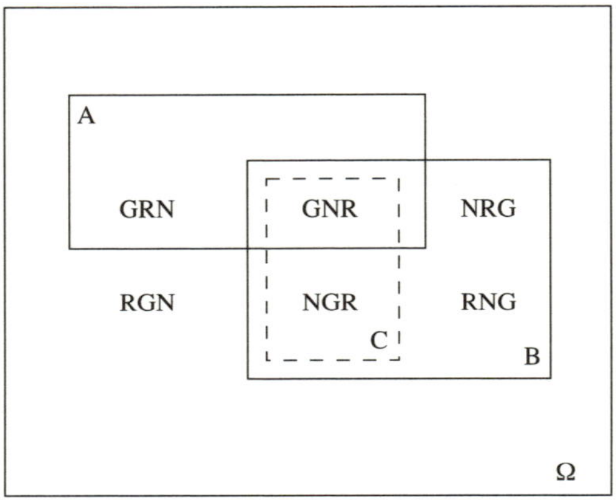

Beachte:
$\Omega = \{GRN, GNR, NGR, NRG, RGN, RNG\}$
$A = \{GRN, GNR\}$
$\overline{A} = \{NGR, NRG, RGN, RNG\}$
$B = \{GNR, NGR, NRG, RNG\}$
$\overline{B} = \{GRN, RGN\}$
$C = \{GNR, NGR\}$
$\overline{C} = \{GRN, NRG, RGN, RNG\}$

b) Verknüpfung von Ereignissen

K

$A \cap B \cap C = \{GNR\}$

$\{GNR\}$:
„G wird Erster und N Zweiter und R Dritter“

$\overline{A} \cap \overline{B} \cap \overline{C} = \{RGN\}$

$\{RGN\}$:
„R wird Erster und G Zweiter und N Dritter“
Beachte: $\overline{A} \cap \overline{B} \cap \overline{C} = \overline{A \cup B \cup C}$

$(A \cup B) \cap \overline{C} = \{NRG, RNG, GRN\}$

$\{NRG, RNG, GRN\}$:
„G wird Letzter oder N wird Zweiter“

Für die weitere Beschäftigung mit der Wahrscheinlichkeitsrechnung ist es nützlich, einige Grundbegriffe der Kombinatorik zu behandeln.

1.6 Multiple-Choice-Test

(Lösungen auf Seite 237)

1. Welches der folgenden Ereignisse stellen keine mögliche Ergebnismenge dar?

A) Zufallsversuch: Wurf einer Münze
E_1: „Kopf“; E_2: „Zahl“
B) Zufallsversuch: Wurf zweier Münzen
E_1: „Kopf, Kopf“ ; E_2: „Zahl, Zahl“
C) Zufallsversuch: Wurf zweier Bälle auf ein Ziel
E_1: „kein Treffer“; E_2: „ein Treffer“ ; E_3: „zwei Treffer“
D) Zufallsversuch: Wurf zweier Bälle auf ein Ziel
E_1: „mindestens ein Treffer“; E_2: „mindestens ein Fehlwurf“

2. Welches der folgenden Ereignisse sind unvereinbar?

A) Zufallsversuch: Wurf zweier Bälle auf ein Ziel
E_1: „kein Treffer“; E_2: „ein Treffer“ ; E_3: „zwei Treffer“
B) Zufallsversuch: Wurf zweier Bälle auf ein Ziel
E_1: „mindestens ein Treffer“; E_2: „mindestens ein Fehlwurf“
C) Zufallsversuch: Wurf zweier Münzen
E_1: „Kopf auf Münze eins“ ; E_2: „Zahl auf Münze zwei“
D) Zufallsversuch: Ziehen zweier Karten aus einem Skatspiel
E_1: „zwei schwarze Karten“; E_2: „Ass“ ; E_3: „Dame“

3. Es werden zwei Münzen gleichzeitig geworfen. Welche der angegebenen Beschreibungen trifft auf das Ereignis „beide Münzen zeigen Kopf“ zu?

A) sicheres Ereignis B) unmögliches Ereignis C) zufälliges Ereignis

4. Welches der angegebenen Ereignisse beschreibt die Verknüpfung der Ereignisse *A* und *B*: „es tritt das Ereignis *A*, aber nicht das Ereignis *B* ein“?

A) $A \cap B$ B) $A \cup B$ C) $A \cap \overline{B}$ D) $\overline{A} \cap B$

5. Vereinfachen Sie den Term aus Ereignissen mit Hilfe der Gesetze der Mengenalgebra: $(\overline{A} \cup B) \cap (A \cup B)$

A) $\emptyset$ B) Ω C) A D) B

6. Eine Münze wird dreimal geworfen (Kopf: K, Zahl: Z). Es gelten:

E_1: „zwei- oder dreimal hintereinander tritt Zahl (Z) auf“
E_2: „alle drei Würfe fallen gleich aus“
Es sei folgende Verknüpfung der Ereignisse gegeben: $\overline{E_1 \cup \overline{E_2}}$.
Welches der angegebenen Ereignisse beschreibt diese Verknüpfung?
A) $\{\ \}$ B) Ω C) $\{ZZZ\}$
D) $\{ZZK, KZZ\}$ E) $\{ZZK, KZZ, ZZZ, KKK\}$ F) $\{KKK\}$

7. Beim Würfelwurf mit einem Würfel seien folgende Ereignisse gegeben:

$\Omega = \{1, 2, 3, 4, 5, 6\}$; $E_1 = \{1, 3, 4\}$; $E_2 = \{1, 2, 3\}$

Durch Anwendung der Gesetze der Mengenalgebra erhält man Mengen, die durch die unten angegebenen Terme beschrieben werden:

a) $\{2, 4, 5, 6\}$ b) $\{2\}$ c) $\{4, 5, 6\}$ d) $\{2, 5, 6\}$ e) $\{4\}$

Ordnen Sie ihre Ergebnisse den Lösungen zu.

A) $\overline{E_1}$ B) $\overline{E_2}$ C) $\overline{E_1} \cap E_2$ D) $E_1 \cap \overline{E_2}$ E) $\overline{E_1} \cup \overline{E_2}$

8. Beim Würfelwurf mit einem Würfel seien folgende Ereignisse gegeben:

$\Omega = \{1, 2, 3, 4, 5, 6\}$; E_1 : „Zahl durch 3 teilbar"; E_2 : „Zahl gerade"

Welche Mengen sind den angegebenen Ereignissen zugeordnet?

a) $E_1 \cup E_2$ b) $E_1 \cap E_2$ c) $E_2 \setminus E_1$ d) $\overline{\overline{E_1} \cap E_2}$ e) $E_1 \cup \overline{E_2}$

Ordnen Sie ihre Ergebnisse den Lösungen zu.

A) $\{6\}$ B) $\{1, 3, 5, 6\}$ C) $\{2, 3, 4, 6\}$ D) $\{2, 4\}$ E) $\{3\}$

9. Ein Händler erhält eine Lieferung von vier Notebooks und prüft diese auf mögliche Defekte. Es werden folgende Ereignisse betrachtet:

E_1: „mindestens ein Notebook ist defekt"
E_2: „höchstens ein Notebook ist defekt"

Welche der angegebenen Interpretationen für das Ereignis $E_2 \setminus E_1$ ist richtig?

A) kein Notebook ist defekt
B) alle Notebooks sind defekt
C) genau ein Notebook ist defekt
D) unmögliches Ereignis
E) alle Notebooks sind in Ordnung

10. Drei Briefe werden auf drei Umschläge verteilt. Mit E_i werde das Ereignis „Brief i befindet sich im i-ten Umschlag" bezeichnet.
Welcher Term beschreibt das Ereignis „jeder Brief befindet sich im richtigen Umschlag"?

A) $E_1 \cap E_2 \cap E_3$ B) $E_1 \cup E_2 \cup E_3$ C) $\overline{E_1} \cap \overline{E_2} \cap \overline{E_3}$ D) $\overline{E_1} \cup \overline{E_2} \cup \overline{E_3}$

2 Kombinatorik

Die Berechnung von Wahrscheinlichkeiten basiert oft auf kombinatorischen Abzählverfahren: Bestimmung der Anzahl der Möglichkeiten aus einer Menge M von n Elementen k Elemente auszuwählen. Diese Anzahl hängt davon ab, ob

1. die Reihenfolge der k-Elemente wichtig ist oder nicht und
2. ob die auszuwählenden Elemente aus M – z. B. nach Zurücklegen – mehrfach gewählt werden können oder nicht.

Eine andere Formulierung basiert auf der Verteilung von k unterscheidbaren bzw. nicht unterscheidbaren Elementen auf n Plätze, die ein- bzw. mehrfach belegt werden dürfen.

2.1 Variationen

Variationen ohne Wiederholung

Beispiel 1

Jeder Nutzer eines PCs im Internetcafe wird aufgefordert, seinen persönlichen Zugang über ein Passwort zu schützen. Das Passwort soll aus sechs unterschiedlichen Zeichen bestehen. Zur Auswahl sind die Buchstaben des Alphabets sowie die Ziffern 0 bis 9 zugelassen. Der Systemadministrator besteht darauf, dass keine Buchstaben bzw. keine Ziffern mehrfach vorkommen dürfen. Wie viele Passwörter kann ein Nutzer wählen?

Grundüberlegung:

$n = 26 + 10 = 36;\ k = 6$

Reihenfolge: wichtig

Wiederholung: nein

Anzahlbestimmung:

Belegung für Stelle 1: 36
Belegung für Stelle 2: 35
...
Belegung für Stelle 6: 31

Anzahl aller Möglichkeiten:

$36 \cdot 35 \cdot 34 \cdot 33 \cdot 32 \cdot 31 = 1\,402\,410\,240$

Beispiele:

a 1 b 2 c 3
a b c 1 2 3
a 1 2 3 b c

Verallgemeinerung:
Die Anzahl $V(n,k)$ der Variationen von n Elementen zur k-ten Klasse ohne Wiederholung (man sagt auch: die Anzahl der geordneten k-Tupel ohne Wiederholung aus einer Menge mit n Elementen) beträgt:

$$n \cdot (n-1) \cdot (n-2) \cdot \ldots \cdot (n-k+1) = \frac{n!}{(n-k)!}$$

bzw.

$$V(n,k) = \frac{n!}{(n-k)!}$$

Diese Formel entsteht aus der oben angegebenen Formel durch Erweiterung der linken Seite mit $(n-k)!$:

$$n \cdot (n-1) \cdot (n-2) \cdot \ldots \cdot (n-k+1) \cdot \frac{(n-k)!}{(n-k)!} = \frac{n!}{(n-k)!}$$

Beispiel 2
Ein Eisenbahnabteil enthält 6 Plätze. 6 Personen sollen auf diese Plätze verteilt werden. Wie viele Möglichkeiten gibt es?

Grundüberlegung:

$n = 6;\ k = 6$

Reihenfolge: wichtig

Wiederholung: nein

Anzahlbestimmung:

Belegung von Platz 1: 6
Belegung von Platz 2: 5
...
Belegung von Platz 6: 1

Anzahl aller Möglichkeiten:

$6 \cdot 5 \cdot 4 \cdot 3 \cdot 2 \cdot 1 = 6! = 720$

Verallgemeinerung:

Die Anzahl der geordneten n-Tupel ohne Wiederholung (Bezeichnung: Permutation) aus einer Menge mit n Elementen beträgt:

$$P(n) = n!$$

Beachte: Dieser Fall entsteht aus dem vorhergehenden Fall der Variation $V(n,k)$ als Sonderfall für $n = k$, also gilt: $V(n,n) = P(n)$.
Mit $0! = 1$ folgt:

$$\frac{n!}{(n-n)!} = \frac{n!}{0!} = n!$$

Beispiel 3

Die abgebildete Kette aus 12 Perlen (6 weiße, 4 schwarze, 2 blaue) wurde zerrissen.
Wie viele Möglichkeiten gibt es, die 12 Perlen
(a) auf 12 Plätze nebeneinander zu verteilen bzw.
(b) wieder zur geschlossenen Kette zusammen zusetzen?

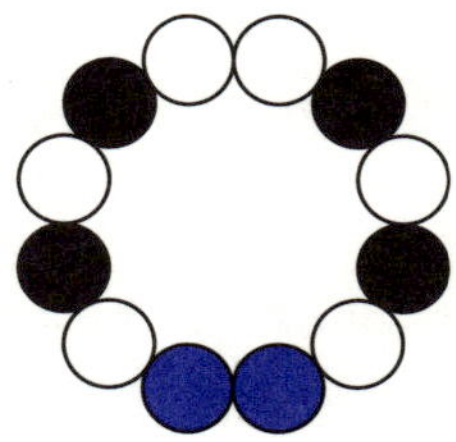

Grundüberlegung:

$n = 12;\ n_1 = 6;\ n_2 = 4;\ n_3 = 2;\ k = 12;\ n = n_1 + n_2 + n_3$

Reihenfolge: wichtig

Wiederholung: ja

Anzahlbestimmung zu *a*:

Zunächst gibt es nach Beispiel 2 wegen $n = k$ 12! Möglichkeiten die 12 Plätze mit den 12 Perlen zu besetzen. Da eine Vertauschung der gleichfarbigen Perlen untereinander die Anzahl der Möglichkeiten nicht ändert, ergeben $2! \cdot 4! \cdot 6!$ Möglichkeiten dieselbe Anordnung.

Anzahl aller Möglichkeiten:

$$\frac{12!}{2! \cdot 4! \cdot 6!} = 13\,860$$

Verallgemeinerung:

Die Anzahl der Permutationen von n Elementen von denen je $n_1, n_2, \ldots, n_i$ mit $n_1 + n_2 + \ldots + n_i = n$ ununterscheidbar sind, beträgt

$$P_w(n) = \frac{n!}{n_1! \cdot n_2! \cdot \ldots \cdot n_i!}$$

$P_w(n)$ nennt man gelegentlich auch Permutation mit Wiederholung.

Anzahlbestimmung zu *b*:

Werden 12 unterschiedliche Perlen in einem Kreis angeordnet, so kann man sich vorstellen, dass die Platzierung der 1. Perle willkürlich ist, da sie nur eine Startmarkierung im Kreis bedeutet. Die zweite Perle hat dann noch 11 Möglichkeiten der Anordnung in Bezug auf die 1. Perle, die dritte Perle noch 10 Möglichkeiten usw. Insgesamt erhält man $11 \cdot 10 \cdot 9 \cdot \ldots \cdot 1 = 11! = (12-1)!$ Möglichkeiten.
Wie im Fall (a) ergeben $2! \cdot 4! \cdot 6!$ Möglichkeiten diesselbe Anordnung.

Anzahl aller Möglichkeiten:

$$\frac{11!}{2! \cdot 4! \cdot 6!} = 1\,155$$

Verallgemeinerung:

n verschiedene Elemente lassen sich auf $n!$ Arten in einer Reihe und auf $(n-1)!$ Arten in geschlossener Form (z. B. kreisförmig) anordnen.

Variationen mit Wiederholung

Beispiel

Für ein fünfstelliges Ziffernschloss, dessen Rädchen jeweils mit den Ziffern 0, 1, …, 9 belegt sind, gibt es nur eine Zahl (z. B. 03010) um es zu öffnen. Wie viele Ziffernkombinationen sind möglich?

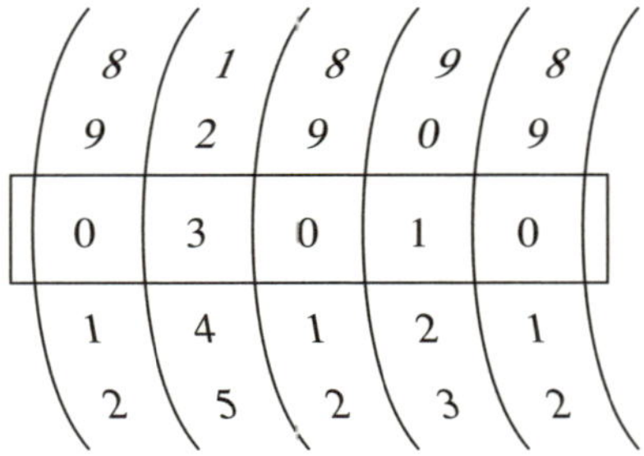

Grundüberlegung:

$n = 10;\ k = 5$

Reihenfolge: wichtig

Wiederholung: ja

Anzahlbestimmung:

Einstellen von Ziffer 1: 10

Einstellen von Ziffer 2: 10

…

Einstellen von Ziffer 5: 10

Anzahl aller Möglichkeiten:

$10 \cdot 10 \cdot 10 \cdot 10 \cdot 10 = 10^5 = 100\,000$

Verallgemeinerung:

Die Anzahl der geordneten k-Tupel mit Wiederholung aus einer Menge von n Elementen beträgt

$V_w(n,k) = n^k$.

2.2 Kombinationen

Kombinationen ohne Wiederholung

Beispiel

Beim Zahlenlotto 6 aus 49 sind 6 Zahlen von 49 durch Ankreuzen auszuwählen. Wie viele verschiedene Lottotipps sind möglich?

Diese Frage lässt sich auch wie folgt formulieren: Wie viele Tipps muss ein Spieler abgeben, um mit Sicherheit 6 Richtige zu haben?

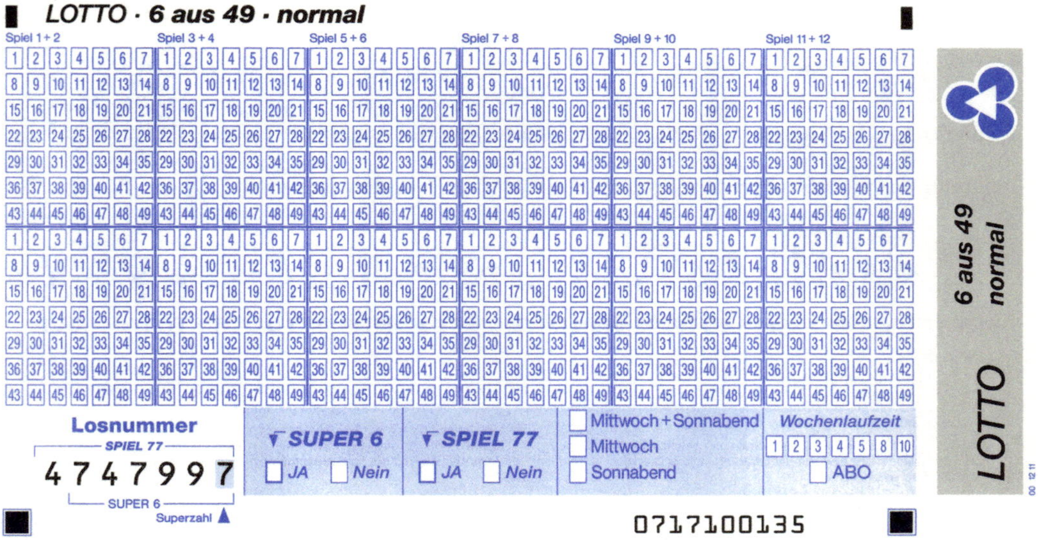

Grundüberlegung:

$n = 49;\ k = 6$

Reihenfolge: unwichtig

Wiederholung: nein

Anzahlbestimmung:

Es ist eine 6-elementige Teilmenge (6-Tupel, da die Reihenfolge der gezogenen Zahlen unwichtig ist) aus einer 49-elementigen Zahlenmenge auszuwählen.
Die Auswahl von 6 Elementen aus einer 49-elementigen Menge (geordnetes k-Tupel aus einer n-Menge ohne Wiederholung) entspricht dem Problem $V(n, k)$:

$$V(n = 49, k = 6) = \frac{49!}{(49-6)!}$$

Da jeweils $6! = 720$ des 6-Tupels als nicht verschieden gelten (aus dem 6-Tupel wird eine 6-Teilmenge), muss die oben ermittelte Anzahl noch durch $k! = 6!$ dividiert werden.

Anzahl aller Möglichkeiten:

$$\frac{n!}{(n-k)! \cdot k!} = \frac{49!}{(49-6)! \cdot 6!} = 13\,983\,816$$

Verallgemeinerung:

Die Anzahl der (ungeordneten) k-Teilmengen aus einer Menge von n Elementen ohne Wiederholung beträgt:

$$C(n,k)=\binom{n}{k}=\frac{n!}{(n-k)!\cdot k!}\quad (k\le n)$$

Anmerkung: Die Zahlen $\binom{n}{k}$, lies „n über k", heißen Binomialkoeffizienten, da sie bei der Berechnung des binomischen Ausdrucks $(a+b)^n$ als Koeffizienten auftreten:

$$(a+b)^n=\sum_{k=0}^{n}\binom{n}{k}a^{(n-k)}b^k,\ n\in\mathbb{N}$$

Es gelten folgende Eigenschaften für das Rechnen mit Binomialkoeffizienten:

$$\binom{n}{0}=\binom{n}{n}=1$$

$$\binom{n}{1}=n$$

$$\binom{n}{k}=\binom{n}{n-k}=\frac{n!}{(n-k)!\cdot k!}$$

$$\binom{n}{k}+\binom{n}{k+1}=\binom{n+1}{k+1}$$

Wegen

$$2^n=(1+1)^n=\sum_{k=0}^{n}\binom{n}{k}1^{(n-k)}1^k$$

folgt

$$\sum_{k=0}^{n}C(n,k)=\sum_{k=0}^{n}\binom{n}{k}=\binom{n}{0}+\binom{n}{1}+\cdots+\binom{n}{n}=2^n$$

Beachte: Aus

$$\binom{n}{k}=\frac{n!}{(n-k)!\cdot k!}=\frac{n\cdot(n-1)\cdot\ldots\cdot(n-(k-1))}{1\cdot 2\cdot\ldots\cdot k}$$

erkennt man, dass Zähler und Nenner je k Faktoren enthalten: der Zähler von n an abwärts und der Nenner von 1 an aufwärts.

Beispiel: $\binom{6}{3}=\frac{6\cdot 5\cdot 4}{1\cdot 2\cdot\cdot 3}=20.$

Kombinationen mit Wiederholung

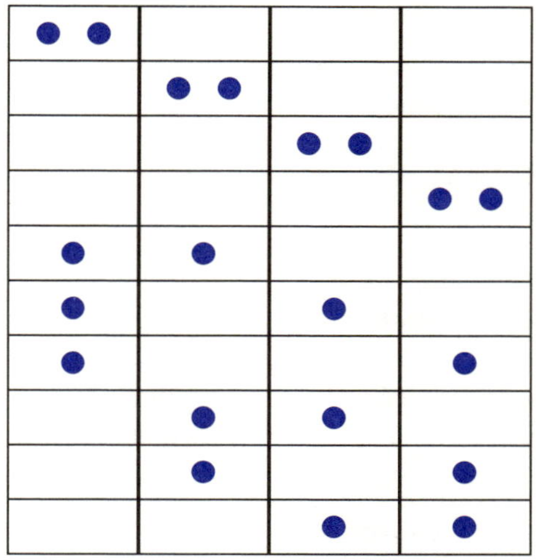

Beispiel

Es sollen 2 nicht unterscheidbare Kugeln auf 4 Fächer (bzw. Plätze, Zellen, Urnen) verteilt werden. Die Abbildung zeigt die Anzahl der Möglichkeiten.

Grundüberlegung:

$n = 4;\ k = 2$

Reihenfolge: unwichtig

Wiederholung: ja

Anzahlbestimmung:

Bei der Herleitung der zu diesem Fall gehörenden Formel ist es oft üblich, die Kugeln durch Nullen und die Trennwände der Fächer durch Einsen zu kennzeichnen.
Damit entspricht die Anordnung der Kugeln in den Fächern der Abbildung der nebenstehenden Anordung der Nullen und Einsen.
Damit ist das oben angegebene Problem darauf zurückgeführt, auf wie viele Arten 2 Nullen und 3 Einsen auf 5 Plätze verteilt werden können.

0	0	1	1	1
1	0	0	1	1
1	1	0	0	1
1	1	1	0	0
0	1	0	1	1
0	1	1	0	1
0	1	1	1	0
1	0	1	0	1
1	0	1	1	0
1	1	0	1	0

Anzahl aller Möglichkeiten:

Es gibt zunächst insgesamt 5! verschiedene Möglichkeiten, die 5 Plätze mit 5 verschiedenen Objekten zu belegen. Da die Nullen und Einsen nicht unterscheidbar sind, wird (s. Permutation mit Wiederholung) durch $2! \cdot 3!$ dividiert. Damit erhält man

$$\frac{5!}{2! \cdot 3!} = \frac{5 \cdot 4 \cdot 3 \cdot 2 \cdot 1}{1 \cdot 2 \cdot 1 \cdot 2 \cdot 3} = 10.$$

Möglichkeiten.
Überträgt man diese Überlegung auf k Kugeln und n Plätze, so erhält man k Nullen und $(n-1)$ Einsen und damit folgt als Gesamtzahl

$$C_w(n,k) = \frac{(k+(n-1))!}{k!(n-1)!} = \binom{k+n-1}{k}.$$

Verallgemeinerung:

Die Anzahl der (ungeordneten) k-elementigen Teilmengen aus einer Menge mit n Elementen mit Wiederholung beträgt

$$C_w(n,k) = \frac{(k+(n-1))!}{k!(n-1)!} = \binom{k+n-1}{k}.$$

Zusammenfassung

k Auswahlen aus n Elementen	**Variation** Reihenfolge wichtig (geordnete Stichprobe)	**Kombination** Reihenfolge unwichtig (ungeordnete Stichprobe)
ohne Wiederholung (ohne Zurücklegen)	Variation von n Elementen zur k-ten Klasse (o.W.): $V(n,k) = \frac{n!}{(n-k)!}$ Bezeichnung: Tupel ohne Wiederholung Variation von n Elementen zur n-ten Klasse: $P(n) = n!$ Bezeichnung: Permutation	Kombination von n Elementen zur k-ten Klasse (o.W.) : $C(n,k) = \binom{n}{k} = \frac{n!}{k!(n-k)!}$ Bezeichnung: Teilmengen
mit Wiederholung (mit Zurücklegen)	Variation von n Elementen zur k-ten Klasse (m.W.): $V_w(n,k) = n^k$ Bezeichnung: Tupel mit Wiederholung	Kombination von n Elementen zur k-ten Klasse (m.W.): $C_w(n,k) = \binom{k+n-1}{k} = \frac{(k+n-1)!}{k!(n-1)!}$ Bezeichnung: Teilmengen

Beachte:

1. Permutation mit Wiederholung:

$$P_w(n) = \frac{n!}{n_1! \cdot n_2! \cdot \ldots \cdot n_i!} \quad \text{mit } n_1 + n_2 + \ldots + n_i = n$$

2. Es gilt $V(n,k) = C(n,k) \cdot k!$
3. k-Tupel (o.W.) heißen auch k-Permutationen.

Hier eine Veranschaulichung von Variationen und Kombinationen mit Hilfe des Urnenmodells:

$n=3$ Kugeln ○ ⊕ ● $k=2$ Ziehungen	mit Reihenfolge (geordnete Stichprobe)	ohne Reihenfolge (ungeordnete Stichprobe)
ohne Wiederholung (ohne Zurücklegen)	$V(n,k)=\frac{n!}{(n-k)!}=\frac{3!}{(3-2)!}=6$	$C(n,k)=\binom{n}{k}=\binom{3}{2}=\frac{3\cdot 2}{1\cdot 2}=3$
	○ ⊕ ⊕ ○ ○ ● ● ○ ⊕ ● ● ⊕	} ○ ⊕ } ○ ● } ⊕ ●
mit Wiederholung (mit Zurücklegen)	$V_w(n,k)=n^k=3^2=9$	$C_w(n,k)=\binom{k+n-1}{k}=\binom{2+3-1}{2}$ $=\binom{4}{2}=\frac{4\cdot 3}{1\cdot 2}=6$
	○ ⊕ ⊕ ○ ○ ● ● ○ ⊕ ● ● ⊕ ○ ○ ⊕ ⊕ ● ●	} ○ ⊕ } ○ ● } ⊕ ● ○ ○ ⊕ ⊕ ● ●

Ein **Beispiel** soll zusammenfassend die unterschiedlichen Abzählprobleme verdeutlichen:

In einer Gruppe von 20 Jugendlichen sollen 5 Konzertkarten verteilt werden. Zur Berechnung der Verteilungsmöglichkeiten werden folgende Fälle unterschieden:

I) die Karten bezeichnen nummerierte Sitzplätze
II) die Karten bezeichnen nicht nummerierte Stehplätze
a) ein Jugendlicher kann höchstens eine Karte nehmen
b) ein Jugendlicher kann gleichzeitig mehrere Karten nehmen.

Ia) Variation ohne Wiederholung K

Grundüberlegung:

$n=20;\ k=5$

Reihenfolge: wichtig

Wiederholung: nein

Problem:
Verteilung von k unterscheidbaren Elementen auf n Plätze, wobei auf einem Platz höchstens ein Element liegen darf.
Platzanzahl: $n=20$
Auswahlmenge: $k=5$
Auswahlprozedur:
nummerierte Karten bedeutet:
Alle Elemente der Auswahlmenge unterscheiden sich voneinander, d. h. die Reihenfolge ist wichtig.

höchstens eine Karte bedeutet:
Ein Platz darf nur einmal belegt werden, d.h. eine Wiederholung ist ausgeschlossen.

Mit $V(n,k) = \dfrac{n!}{(n-k)!}$ folgt:

$$\frac{20!}{15!} = 20 \cdot 19 \cdot 18 \cdot 17 \cdot 16 = 1\,860\,480$$

Es gibt in diesem Fall 1 860 480 Verteilungsmöglichkeiten.

Eine Verteilung der 5 unterschiedlichen Karten auf die 20 Jugendlichen, wobei ein Jugendlicher höchstens eine Karte erhält, stellt eine Variation ohne Wiederholung dar.

IIa) Kombination ohne Wiederholung

K

Grundüberlegung:

$n = 20;\ k = 5$

Reihenfolge : unwichtig

Wiederholung: nein

Problem:
Verteilung von k nicht unterscheidbaren Elementen auf n Plätze, wobei auf einem Platz höchstens ein Element liegen darf.
Platzanzahl: $n = 20$
Auswahlmenge: $k = 5$
Auswahlprozedur:
nicht nummerierte Karten bedeutet:
Die Elemente der Auswahlmenge unterscheiden sich nicht voneinander, d.h. die Reihenfolge ist unwichtig.
höchstens eine Karte bedeutet:
Ein Platz darf nur einmal belegt werden, d.h. eine Wiederholung ist ausgeschlossen.

Mit $C(n,k) = \binom{n}{k}$ folgt:

$$\binom{20}{5} = \frac{20 \cdot 19 \cdot 18 \cdot 17 \cdot 16}{1 \cdot 2 \cdot 3 \cdot 4 \cdot 5} = \frac{1\,860\,480}{120} = 15\,504$$

Es gibt in diesem Fall 15 504 Verteilungsmöglichkeiten.

Eine Verteilung der 5 nicht unterscheidbaren Karten auf die 20 Jugendlichen, wobei ein Jugendlicher höchstens eine Karte erhält, stellt eine Kombination ohne Wiederholung dar.

Ib) Variation mit Wiederholung

K

Grundüberlegung:

$n = 20;\ k = 5$

Reihenfolge: wichtig

Wiederholung: ja

Problem:
Verteilung von k unterscheidbaren Elementen auf n Plätze, wobei auf einem Platz mehrere Elemente liegen dürfen.
Platzanzahl: $n = 20$
Auswahlmenge: $k = 5$
Auswahlprozedur:
nummerierte Karten bedeutet:
Die Elemente der Auswahlmenge unterscheiden sich voneinander, d. h. die Reihenfolge ist wichtig.
gleichzeitig mehrere Karten bedeutet:
Ein Platz darf mehrfach belegt werden, d. h. eine Wiederholung ist möglich.

Mit $V_w(n, k) = n^k$ folgt:

$20^5 = 3\,200\,000$

Es gibt in diesem Fall 3 200 000 Verteilungsmöglichkeiten.

Eine Verteilung der 5 unterschiedlichen Karten auf die 20 Jugendlichen, wobei ein Jugendlicher mehrere Karten erhalten kann, stellt eine Variation mit Wiederholung dar.

IIb) Kombination mit Wiederholung

K

Grundüberlegung:

$n = 20;\ k = 5$

Reihenfolge: unwichtig

Wiederholung: ja

Problem:
Verteilung von k nicht unterscheidbaren Elementen auf n Plätze, wobei auf einem Platz mehrere Elemente liegen dürfen.
Platzanzahl: $n = 20$
Auswahlmenge: $k = 5$
Auswahlprozedur:
nicht nummerierte Karten bedeutet:
Die Elemente der Auswahlmenge unterscheiden sich nicht voneinander, d. h. die Reihenfolge ist unwichtig.
gleichzeitig mehrere Karten bedeutet:
Ein Platz darf mehrfach belegt werden, d. h. eine Wiederholung ist möglich.

Mit $C_w(n, k) = \binom{k+n-1}{k}$ folgt:

$$\binom{5+20-1}{5} = \binom{24}{5} = \frac{24 \cdot 23 \cdot 22 \cdot 21 \cdot 20}{1 \cdot 2 \cdot 3 \cdot 4 \cdot 5} = \frac{5\,100\,480}{120} = 42\,504$$

Es gibt in diesem Fall 42 504 Verteilungsmöglichkeiten.

Eine Verteilung der 5 nicht unterscheidbaren Karten auf die 20 Jugendlichen, wobei ein Jugendlicher mehrere Karten erhalten kann, stellt eine Kombination mit Wiederholung dar.

Exkurs

Anwendung des o.a. Problems auf Permutationen bzw. Permutationen mit Wiederholung:

In einer Gruppe von 5 Jugendlichen sollen 5 Konzertkarten so verteilt werden, dass jeder Jugendliche genau eine Karte erhält.
Zur Berechnung der Verteilungsmöglichkeiten werden folgende Fälle unterschieden:

I) die Karten bezeichnen nummerierte Sitzplätze

II) die Karten bezeichnen nicht nummerierte Stehplätze und zwar zwei der Klasse A und drei der Klasse B.

I) Permutation

K

Grundüberlegung:

$n = k = 5$

Reihenfolge: wichtig

Wiederholung: nein

Problem:
Verteilung von n unterscheidbaren Elementen auf n Plätze, wobei auf einem Platz genau ein Element liegen darf.
Platzanzahl: $n = 5$
Auswahlmenge: $k = 5$
Auswahlprozedur:
nummerierte Karten bedeutet:

1. Alle Elemente der Auswahlmenge unterscheiden sich voneinander, d.h. die Reihenfolge ist wichtig.
2. Jedes Individualelement der Auswahlmenge tritt nur einmal auf, kann nur einmal ausgewählt werden, d.h. eine Wiederholung ist nicht möglich.

Mit $P(n) = n!$ folgt

$5! = 1 \cdot 2 \cdot 3 \cdot 4 \cdot 5 = 120.$

Es gibt in diesem Fall 120 Verteilungsmöglichkeiten.

Eine Verteilung der 5 unterschiedlichen Karten auf 5 Jugendliche, wobei ein Jugendlicher genau eine Karte erhält, stellt eine Permutation dar.

II) Permutation mit Wiederholung

K

Grundüberlegung:

$n = k = 5$

Reihenfolge: wichtig

Wiederholung: ja

Problem:
Verteilung von n Elementen, die sich nicht alle voneinander unterscheiden auf, n Plätze, wobei auf einem Platz genau ein Element liegen darf.
Platzanzahl: $n = 5$
Auswahlmenge: $n_1 = 2$; $n_2 = 3$,
mit $n_1 + n_2 = 5$
Auswahlprozedur :
die Karten bezeichnen nicht nummerierte Stehplätze und zwar zwei der Klasse *A* und drei der Klasse *B* bedeutet:
1. Mindestens zwei Elemente der Auswahlmenge sind identisch, d. h. die Elemente der Auswahlmenge unterscheiden sich nicht alle voneinander, d. h. die Reihenfolge ist wichtig.
2. Ein Individualelement der Auswahlmenge kann zwar nicht mehrfach ausgewählt werden, ein Element mit gleicher Eigenschaft schon, d. h. Wiederholung ist möglich.

Mit $P_w(n) = \dfrac{n!}{n_1! \cdot n_2! \cdot \ldots \cdot n_i!}$ folgt

$$\frac{5!}{2! \cdot 3!} = \frac{120}{12} = 10.$$

Es gibt in diesem Fall 10 Verteilungsmöglichkeiten.

Eine Verteilung der 5 unterschiedlichen Karten auf 5 Jugendliche, wobei ein Jugendlicher zwar genau eine Karte erhält, mehrere Jugendliche jedoch gleichwertige Karten erhalten, ist eine Permutation mit Wiederholung.

2.3 Aufgaben mit Lösungen

Berechnen Sie die Anzahl der Möglichkeiten, 12 Poster unter 3 Schülern so aufzuteilen, dass jeder Schüler 4 Poster erhält.

Kombinationen ohne Wiederholung K

Grundüberlegung:

$n = 12;\ k = 4$

Reihenfolge: unwichtig

Wiederholung: nein

Mit $C(n, k) = \binom{n}{k}$ folgt:

$$n_1 = \binom{12}{4} = \frac{12 \cdot 11 \cdot 10 \cdot 9}{1 \cdot 2 \cdot 3 \cdot 4} = 495$$

Problem:
Auswahl von k unterscheidbaren Elementen aus n Elementen, wobei ein Element nur einmal ausgewählt werden darf.
Ausgangsmenge: $n = 12$
Auswahlmenge: $k = 4$
Auswahlprozedur:
Auswahl von 4 Poster aus 12 ohne Berücksichtigung der Reihenfolge und ohne Wiederholung: Kombination ohne Wiederholung.

Grundüberlegung:

$n = 8;\ k = 4$

Reihenfolge: unwichtig

Wiederholung: nein

Mit $C(n, k) = \binom{n}{k}$ folgt:

$$n_2 = \binom{8}{4} = \frac{8 \cdot 7 \cdot 6 \cdot 5}{1 \cdot 2 \cdot 3 \cdot 4} = 70$$

Problem:
Auswahl von k unterscheidbaren Elementen aus n Elementen, wobei ein Element nur einmal ausgewählt werden darf.
Ausgangsmenge: $n = 8$
Auswahlmenge: $k = 4$
Auswahlprozedur:
Auswahl von 4 Poster aus 8 ohne Berücksichtigung der Reihenfolge und ohne Wiederholung: Kombination ohne Wiederholung.

Grundüberlegung:

$n = 4;\ k = 4$

Reihenfolge: unwichtig

Wiederholung: nein

Mit $C(n, k) = \binom{n}{k}$ folgt:

$$n_3 = \binom{4}{4} = 1$$

Für die restlichen 4 Poster gibt es nur noch eine Möglichkeit der Anordnung.

Damit folgt als Gesamtzahl aller Möglichkeiten:

Allgemein gilt in diesem Fall die Produktregel:

$n = n_1 \cdot n_2 \cdot n_3 = 495 \cdot 70 \cdot 1 = 34650$

Die Gesamtzahl n aller Möglichkeiten ergibt sich als Produkt der n_i Möglichkeiten:

$n = n_1 \cdot n_2 \cdot n_3$

In einem Trainingslager müssen 4 Trainer für 8 Sprinter so aufgeteilt werden, dass jeder Trainer genau 2 Sprinter betreuen soll. Berechnen Sie die Anzahl der unterschiedlichen Verteilungen von Trainern und Sprinter.

Permutationen

K

Grundüberlegung:

$n = 8;\ k = 8$

Reihenfolge: wichtig

Wiederholung: nein

Mit $P(n) = n!$ folgt:

$8! = 40320$

Man stelle sich zunächst vor, die 8 Sprinter müssen auf 8 Trainer (Plätze) verteilt werden. Wegen $n = k$, der Beachtung der Reihenfolge sowie des Ausschlusses von Wiederholungen, handelt es sich zunächst um eine Permutation: $P(n) = n!$.

Die Anordnungen, bei denen 2 Sprinter eines Trainers vertauscht werden, gelten als nicht unterscheidbar. Daher ist die oben berechnete Anzahl noch durch den Faktor 2 zu dividieren. Damit folgt die Anzahl der unterschiedlichen Verteilungsmöglichkeiten zu

$$\frac{8!}{2} = \frac{40320}{2} = 20160.$$

Die Anordnungen, bei denen die Sprinter, die einem Tainer zugeordnet sind, die Plätze tauschen, gelten als nicht unterscheidbar. Aus diesem Grund muss zur Bestimmung der Anzahl der Verteilungsmöglichkeiten $P(n) = n!$ noch durch 2 dividiert werden.

Eine Anzahl Schüler einer Klasse tragen ein Schachturnier aus. Insgesamt wurden an jedem der 24 Tage, die das Turnier dauerte, 3 Partien gespielt. Bestimmen Sie die Anzahl der Turnierteilnehmer.

Kombination ohne Wiederholung

K

Grundüberlegung:

$n = x;\ k = 2$

Reihenfolge: unwichtig

Wiederholung: nein

Ohne Beachtung der Hin- und Rückspiele ist eine Auswahl von 2 Spielpartnern aus einer x-Menge ohne Berücksichtigung der Reihenfolge und ohne Wiederholung zu treffen: Kombination ohne Wiederholung.

Mit $C(n,k)=\binom{n}{k}$ folgt zunächst:

$$\binom{x}{2}=\frac{x\cdot(x-1)}{1\cdot 2}$$

Wegen der Hin- und Rückspiele ist diese Zahl, also $C(x,2)$, mit zwei zu multiplizieren.

Da Hin- und Rückspiele ausgetragen werden, folgt wegen $3\cdot 24=72$ für x die Beziehung:

Insgesamt werden an 24 Tagen jeweils 3 Partien, also 72 Partien gespielt.

$$x\cdot(x-1)=72$$
$$x^2-x-72=0$$
$$x_{1,2}=+\frac{1}{2}\pm\sqrt{\frac{1}{4}+\frac{288}{4}}$$
$$x_{1,2}=\frac{1}{2}\pm\frac{17}{2}$$

Die Lösungsformel für eine quadratische Gleichung in Normalform $x^2+px+q=0$ folgt zu

$$x_{1,2}=-\frac{p}{2}\pm\sqrt{\left(\frac{p}{2}\right)^2-q}$$

Da die negative Lösung für diesen Fall ohne Bedeutung ist, haben sich $x=9$ Schüler an dem Schachturnier beteiligt.

Berechnen Sie die Anzahl der Möglichkeiten, unterschiedliche quergestreifte zweifarbige Fahnen aus den Farben schwarz, rot, gelb, blau und weiß herzustellen.

Variation ohne Wiederholung

K

Grundüberlegung:

$n=5;\ k=2$

Reihenfolge: wichtig

Wiederholung: nein

Auswahl von k unterscheidbaren Elementen aus n Elementen, wobei nur unterschiedliche Elemente zur Zusammenstellung gewählt werden dürfen (ohne Wiederholung).
Da bei diesem Problem die Anordnung der Farben von Bedeutung ist, liegt eine Variation ohne Wiederholung vor.

Mit $V(n,k)=\frac{n!}{(n-k)!}$ folgt

$$\frac{5!}{(5-2)!}=\frac{5\cdot 4\cdot 3\cdot 2\cdot 1}{1\cdot 2\cdot 3\cdot}=20$$

Es gibt 20 Fahnen unterschiedlicher Farbkombinationen.

Berechnen Sie die Anzahl der fünfstelligen natürlichen Zahlen, in deren Ziffern die gleiche Ziffer nicht mehrfach auftritt.

Variation ohne Wiederholung

K

Grundüberlegung:

$n=10;\ k=5$

Reihenfolge: wichtig

Auswahl von k unterscheidbaren Elementen aus n Elementen, wobei nur unterschiedliche Elemente zur Zusammenstellung gewählt werden dürfen (ohne Wiederholung).

Wiederholung: nein

Mit $V(n,k) = \dfrac{n!}{(n-k)!}$ folgt

$n_1 = \dfrac{10!}{5!} = 30\,240.$

Von dieser Zahl sind die mit 0 beginnenden Zahlen zu subtrahieren:

Grundüberlegung:

$n = 9;\ k = 4$

Reihenfolge: wichtig

Wiederholung: nein

Mit $V(n,k) = \dfrac{n!}{(n-k)!}$ folgt

$n_2 = \dfrac{9!}{5!} = 3\,024.$

Als gesuchte Anzahl erhält man $n_1 - n_2 = 27\,216.$

Da bei diesem Problem die Anordnung der Farben von Bedeutung ist, liegt eine Variation ohne Wiederholung vor.

Bei diesem Problem ist zu beachten, dass die mit 0 beginnenden Zahlen nicht als fünf- sondern als vierstellig gelten.

Ein Dominospiel besteht aus Steinen, die jeweils 2 Zahlen auf ihrer zweigeteilten Oberfläche tragen. Es werden Zahlen von 0 bis 6 verwendet (s. Abb.).
Berechnen Sie die Anzahl der Spielsteine.

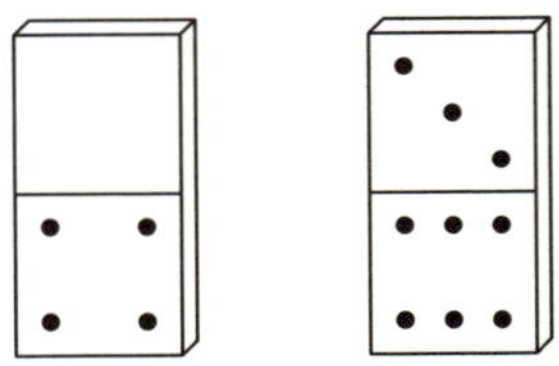

Kombination mit Wiederholung

K

Grundüberlegung:

$n = 7;\ k = 2$

Reihenfolge: unwichtig

Wiederholung: ja

Mit $C_w(n,k) = \dbinom{k+n-1}{k}$ folgt

$$\binom{2+7-1}{2} = \binom{8}{2} = \frac{8 \cdot 7}{1 \cdot 2} = 28.$$

Ein Dominospiel besteht aus 28 Steinen.

Auswahl von k unterscheidbaren Elementen aus n Elementen, wobei die Anordnung der k Ziffern ohne Bedeutung ist, diese jedoch mehrfach auftreten dürfen: Kombination mit Wiederholung.

Berechnen Sie die Anzahl der verschiedenen dreistelligen natürlichen Zahlen, die aus den Ziffern 1, 3, 4, 5, 6, 8 gebildet werden können.

Variation mit Wiederholung

K

Grundüberlegung:

$n = 6;\ k = 3$

Reihenfolge: wichtig

Wiederholung: ja

Mit $V_w(n,k) = n^k$ folgt

$6^3 = 216.$

Es lassen sich 216 verschiedene Ziffern bilden.

Auswahl von k unterscheidbaren Elementen aus n Elementen, wobei die Anordnung der k Ziffern von Bedeutung ist und diese Ziffern mehrfach auftreten dürfen: Variation mit Wiederholung.

Ein Spieler wirft 4 vollkommen gleiche Würfel gleichzeitig. Berechnen Sie die Anzahl der möglichen unterschiedlichen Würfe.

Kombination mit Wiederholung

K

Grundüberlegung:

$n = 6;\ k = 4$

Reihenfolge: unwichtig

Wiederholung: ja

Mit $C_w(n,k) = \binom{k+n-1}{k}$ folgt

$$\binom{4+6-1}{4} = \binom{9}{4} = \frac{9 \cdot 8 \cdot 7 \cdot 6}{1 \cdot 2 \cdot 3 \cdot 4} = 126.$$

Es sind 126 unterschiedliche Würfe möglich.

Auswahl von k unterscheidbaren Elementen aus n Elementen (4 Würfel zeigen jeweils die Zahlen 1 bis 6). Die Anordnung der Ziffern ist ohne Bedeutung, da die Würfel nicht unterscheidbar sind, die Ziffern können mehrfach auftreten: Kombination mit Wiederholung.

Eine Urne enthält 4 schwarze, 3 weiße und 2 rote Kugeln, die von 1 bis 9 nummeriert sind. Jemand zieht dreimal hintereinander je eine Kugel und legt sie nach der Ziehung wieder zurück in die Urne.
Berechnen Sie die Anzahl der unterschiedlichen Ziehungsergebnisse, wobei die Anordnung der Kugeln ohne Bedeutung ist.

Kombination mit Wiederholung

K

Grundüberlegung:

$n = 9;\ k = 3$

Reihenfolge: unwichtig

Wiederholung: ja

Mit $C_w(n,k) = \binom{k+n-1}{k}$ folgt

$$\binom{3+9-1}{3} = \binom{11}{3} = \frac{11\cdot 10\cdot 9}{1\cdot 2\cdot 3} = 165.$$

Es sind 165 unterschiedliche Ziehungsergebnisse möglich.

Auswahl von k unterscheidbaren Elementen aus n Elementen, wobei die Farbe und die Anordnung ohne Bedeutung sind. Da die Kugeln zurückgelegt werden, können die Ziffern mehrfach auftreten: Kombination mit Wiederholung.

Berechnen Sie die Anzahl der Totoscheine die abgegeben werden müssen, um mit Sicherheit einen Zwölfertreffer zu erzielen.
Beachte: Bei einem Totoschein kann man 12 Spiele mit einer der Ziffern 1 für einen Heimsieg, 0 für ein Unentschieden und 2 für einen Gästesieg versehen.

Variation mit Wiederholung

K

Grundüberlegung:

$n = 3;\ k = 12$

Reihenfolge: wichtig

Wiederholung: ja

Mit $V_w(n,k) = n^k$ folgt

$3^{12} = 531\,441.$

Es müssen 531 441 Totoscheine abgegeben werden, damit mit Sicherheit die richtige Folge der Ergebnisse getroffen wird.

Auswahl einer $k = 12$-Reihe (z. B. 011022100121) bestehend aus den $n = 3$ Ziffern 0, 1, 2, wobei die Reihenfolge wichtig ist und die Ziffern 0, 1, 2 mehrfach auftreten dürfen: Variation mit Wiederholung.

Es bewerben sich 10 Wettkampfteilnehmer um die ersten Preise der 5 Disziplinen einer Fünfkampfmeisterschaft. Berechnen Sie die Anzahl der möglichen Preisverteilungen.

Kombination mit Wiederholung

K

Grundüberlegung:

$n = 10;\ k = 5$

Reihenfolge: unwichtig

Wiederholung: ja

Mit $C_w(n,k) = \binom{k+n-1}{k}$ folgt:

Da ein Teilnehmer auch mehrere der fünf Disziplinen gewinnen kann und es unwesentlich ist, in welcher Disziplin der betreffende Teilnehmer gewonnen hat, spielt die Reihenfolge keine Rolle, eine Wiederholung ist jedoch möglich: Kombination mit Wiederholung.

$$\binom{5+10-1}{5} = \binom{14}{5} = \frac{14 \cdot 13 \cdot 12 \cdot 11 \cdot 10}{1 \cdot 2 \cdot 3 \cdot 4 \cdot 5} = \frac{240\,240}{120} = 2\,002$$

Die fünf ersten Preise lassen sich auf 2 002 Arten auf die 10 Wettkampfteilnehmer verteilen.

Die Fußballmannschaft Wacker Adorf, bestehend aus 11 Spielern, nimmt an einem Turnier teil und steht im Endspiel. Nach der regulären Spielzeit inklusive einer Verlängerung müssen 5 Spieler für ein Elfmeterschießen ausgewählt werden.

a) Der Trainer wählt 5 Spieler der Mannschaft aus. Wie viele Möglichkeiten gibt es?

b) Der Trainer legt nun die Reihenfolge der Schützen fest. Wie viele Möglichkeiten gibt es?

c) Wacker Adorf gewinnt das Elfmeterschießen und tritt zur Siegerehrung an, um die Medaillen in Empfang zu nehmen. Auf wie viele unterschiedliche Arten können die 11 Spieler antreten?

d) Zur anschließenden Pressekonferenz laden 5 Journalisten die nicht unterscheidbaren Drillinge des Zweitplatzierten zu einem Interview ein. Wie viele Möglichkeiten gibt es, die Drillinge auf die Journalisten zu verteilen?

a) Kombination ohne Wiederholung

K

Grundüberlegung:

$n = 11;\ k = 5$

Reihenfolge: unwichtig

Wiederholung: nein

Mit $C(n,k) = \binom{n}{k}$ folgt

$$\binom{11}{5} = \frac{11!}{5! \cdot (11-5)!} = 462.$$

Es gibt 462 Möglichkeiten.

Auswahl von $k = 5$ unterscheidbaren Elementen aus $n = 11$ Elementen ohne Beachtung der Reihenfolge und ohne Wiederholung: Kombination ohne Wiederholung.

b) Variation ohne Wiederholung

K

Grundüberlegung:

$n = 11;\ k = 5$

Reihenfolge: wichtig

Auswahl von $k = 5$ unterscheidbaren Elementen aus $n = 11$ Elementen unter Beachtung der Reihenfolge und ohne Wiederholung: Variation ohne Wiederholung.

Wiederholung: nein

Mit $V(n,k) = \frac{n!}{(n-k)!}$ folgt

$$\frac{11!}{(11-5)!} = \frac{11!}{6!} = 55\,440.$$

Es gibt 55 440 Möglichkeiten.

c) Permutation

K

Grundüberlegung:

$n = 11;\ k = 11$

Reihenfolge: wichtig

Wiederholung: nein

Mit $P(n) = n!$ folgt

$11! = 39\,916\,800$

Es gibt 39 916 800 Möglichkeiten.

Auswahl von $k = 11$ unterscheidbaren Elementen aus $n = 11$ Elementen unter Beachtung der Reihenfolge und ohne Wiederholung: Permutation.

d) Kombination mit Wiederholung

K

Grundüberlegung:

$n = 5;\ k = 3$

Reihenfolge: unwichtig

Wiederholung: ja

Mit $C_w(n,k) = \binom{k+n-1}{k}$ folgt:

$$\begin{aligned}\binom{3+5-1}{3} &= \binom{7}{3} \\ &= \frac{7\cdot 6\cdot 5}{1\cdot 2\cdot 3} \\ &= \frac{210}{6} \\ &= 35\end{aligned}$$

Es gibt 35 Möglichkeiten.

Jeder Drilling zieht „einen Journalisten“, da die Drillinge nicht unterscheidbar sind, spielt die Reihenfolge keine Rolle. Die Drillinge können auch denselben Journalisten wählen, daher ist eine Wiederholung möglich: Kombination mit Wiederholung.

Lösen Sie folgende Gleichungen.

a) $12 \cdot C(x, 1) + C(x+4{,}2) = 162$

b) $\dfrac{V(x, 4) \cdot P(x-4)}{P(x-2)} = 42$

a)

K

Anwendung von

$$C(x, 1) = \binom{x}{1} \text{ und } C(x+4{,}2) = \binom{x+4}{2}$$

liefert:

$$\begin{aligned}
12 \cdot C(x, 1) + C(x+4{,}2) &= 162\\
12 \cdot \binom{x}{1} + \binom{x+4}{2} &= 162\\
12x + \frac{(x+4)[(x+4)-1]}{1 \cdot 2} &= 162\\
12x + \frac{1}{2}\left((x+4)^2 - (x+4)\right) &= 162\\
12x + \frac{1}{2}(x^2 + 8x + 16 - x - 4) &= 162\\
x^2 + 31x - 312 &= 162
\end{aligned}$$

Die Lösung der quadratischen Gleichung liefert:

$$\begin{aligned}
x_{1,2} &= -\frac{31}{2} \pm \sqrt{\frac{961}{4} + \frac{1\,248}{4}}\\
x_{1,2} &= -\frac{31}{2} \pm \sqrt{\frac{2\,209}{4}}\\
x_{1,2} &= -\frac{31}{2} \pm \frac{47}{2}\\
x_1 &= -39\\
x_2 &= 8
\end{aligned}$$

Die negative Lösung ist hier nicht brauchbar, daher hat die gegebene Gleichung die Lösung $x = 8$.

Beachte:

$$C(n, k) = \binom{n}{k}$$

gilt für natürliche Zahlen n und k mit $k \leq n$.

Die Lösungsformel für eine quadratische Gleichung in Normalform $x^2 + px + q = 0$ folgt zu

$$x_{1,2} = -\frac{p}{2} \pm \sqrt{\left(\frac{p}{2}\right)^2 - q}.$$

b)

Anwendung von

$$V(x,4)=\frac{x!}{(x-4)!}$$

sowie

$P(x-4)=(x-4)!$ und $P(x-2)=(x-2)!$

liefert

$$\frac{V(x,4)\cdot P(x-4)}{P(x-2)}=42.$$

Mit

$$V(x,4)=x(x-1)(x-2)(x-3)$$

sowie

$$P(x-4)=(x-4)!$$

und

$$P(x-2)=(x-2)(x-3)(x-4)!$$

folgt

$$\frac{x(x-1)(x-2)(x-3)\cdot(x-4)!}{(x-2)(x-3)(x-4)!}=42$$

und weiter

$$x^2-x-42=0.$$

Die Lösung der quadratischen Gleichung liefert:

$$x_{1,2}=\frac{1}{2}\pm\sqrt{\frac{1}{4}+\frac{168}{4}}$$

$$x_{1,2}=\frac{1}{2}\pm\sqrt{\frac{169}{4}}$$

$$x_{1,2}=\frac{1}{2}\pm\frac{13}{2}$$

$$x_1=-6;\quad x_2=7$$

Die negative Lösung ist hier nicht brauchbar, daher hat die gegebene Gleichung die Lösung $x=7$.

K

Beachte:

$$V(n,k)=\frac{n!}{(n-k)!}$$

gilt für natürliche Zahlen $n>0$ und k mit $0<k\le n$ und für $n\in\mathbb{N}$ sowie $n>0$ gilt

$$P(n)=n!$$

Beachte:

$$\begin{aligned}V(x,4)&=\frac{x!}{(x-4)!}\\&=\frac{x(x-1)(x-2)(x-3)(x-4)!}{(x-4)!}\\&=x(x-1)(x-2)(x-3)\end{aligned}$$

sowie

$$P(x-4)=(x-4)!$$

und

$$\begin{aligned}P(x-2)&=(x-2)(x-3)(x-4)\ldots2\cdot1\\&=(x-2)(x-3)(x-4)!\end{aligned}$$

Die Lösungsformel für eine quadratische Gleichung in Normalform $x^2+px+q=0$ folgt zu

$$x_{1,2}=-\frac{p}{2}\pm\sqrt{\left(\frac{p}{2}\right)^2-q}.$$

2.4 Multiple-Choice-Test

(Lösungen auf Seite 237)

Für nachfolgenden 10 Aufgaben soll heraus gefunden werden, welches Anzahlbestimmungsproblem welcher kombinatorischen Grundaufgabe entspricht.

1. Anzahl der Möglichkeiten, dass bei einem Casting von 12 Scheinwerfern genau 4 Scheinwerfer brennen.

A) $P(n)$ B) $P_w(n)$ C) $V(n,k)$ D) $V_w(n,k)$ E) $C(n,k)$ F) $C_w(n,k)$

2. Anzahl der Möglichkeiten, die 4 Kinder der Familie Lehmann für ein Gruppenfoto anzuordnen.

A) $P(n)$ B) $P_w(n)$ C) $V(n,k)$ D) $V_w(n,k)$ E) $C(n,k)$ F) $C_w(n,k)$

3. Anzahl der Möglichkeiten, die Buchstaben des Wortes SYSTEM – auch ohne Sinn – anzuordnen.

A) $P(n)$ B) $P_w(n)$ C) $V(n,k)$ D) $V_w(n,k)$ E) $C_w(n,k)$

Anmerkung:
Alternative Lösungsmöglichkeit für diesen Aufgabentyp unter Zuhilfenahme von $C(n,k)=\binom{n}{k}$:

Auswahl von 2 Plätzen für die 2 S aus 6 möglichen Plätzen: $\binom{6}{2}$

Auswahl von 1 Platz für Y aus noch 4 möglichen Plätzen: $\binom{4}{1}$

Auswahl von 1 Platz für T aus noch 3 möglichen Plätzen: $\binom{3}{1}$

Auswahl von 1 Platz für E aus noch 2 möglichen Plätzen: $\binom{2}{1}$

Besetzung von 1 Platz für M für den restlichen Platz: $\binom{1}{1}$

Dies ergibt zusammen $\binom{6}{2}\cdot\binom{4}{1}\cdot\binom{3}{1}\cdot\binom{2}{1}\cdot\binom{1}{1}=360$ Möglichkeiten.

4. Anzahl der Möglichkeiten, 8 Autos auf 12 Parkplätze abzustellen.

A) $P(n)$ B) $P_w(n)$ C) $V(n,k)$ D) $V_w(n,k)$ E) $C(n,k)$ F) $C_w(n,k)$

5. Anzahl der möglichen Zusammenstellungen von 4 unterschiedlichen Getränkesätzen, die aus einem vollen Getränkeautomaten, der 10 verschiedene Getränke anbietet, ausgewählt werden können.

A) $P(n)$ B) $P_w(n)$ C) $V(n,k)$ D) $V_w(n,k)$ E) $C(n,k)$ F) $C_w(n,k)$

6. Anzahl der Möglichkeiten, bei einem Fahrradschloss mit 4 Zahlenrädern, die die Ziffern 0 bis 9 enthalten, unterschiedliche Ziffernkombinationen einzustellen.

A) $P(n)$ B) $P_w(n)$ C) $V(n,k)$ D) $V_w(n,k)$ E) $C(n,k)$ F) $C_w(n,k)$

7. **Anzahl der Möglichkeiten, dass 7 Mitschüler an den 7 Wochentagen Geburtstag haben.**

A) $P(n)$ B) $P_w(n)$ C) $V(n,k)$ D) $V_w(n,k)$ E) $C(n,k)$ F) $C_w(n,k)$

8. **Anzahl der Möglichkeiten, vier nicht unterscheidbare Noten auf die fünf Linien des Notenliniensystems zu verteilen.**

A) $P(n)$ B) $P_w(n)$ C) $V(n,k)$ D) $V_w(n,k)$ E) $C(n,k)$ F) $C_w(n,k)$

9. **Anzahl der Möglichkeiten, bei einer Qualitätskontrolle aus einem Karton mit 20 CD-Playern 4 CD-Player herauszugreifen.**

A) $P(n)$ B) $P_w(n)$ C) $V(n,k)$ D) $V_w(n,k)$ E) $C(n,k)$ F) $C_w(n,k)$

10. **Anzahl der Möglichkeiten, dass 7 Mitschüler, an sieben unterschiedlichen Wochentagen Geburtstag haben.**

A) $P(n)$ B) $P_w(n)$ C) $V(n,k)$ D) $V_w(n,k)$ E) $C(n,k)$ F) $C_w(n,k)$

11. **Für das Finale einer Fußballmeisterschaft haben sich 8 Mannschaften qualifiziert. Wie viele Möglichkeiten gibt es, die Plätze 1, 2 und 3 zu besetzen?**

A) 56 B) 24 C) 336 D) 512 E) 120 F) 6720

12. **10 gleiche Geschenke werden auf 3 Kinder verteilt. Wie viele Möglichkeiten gibt es?**

A) 120 B) 1000 C) 720 D) 30 E) 132 F) 66

13. **Bei einem Preisausschreiben sind 50 richtige Lösungen eingegangen. Wie viele Möglichkeiten gibt es, die 3 ersten Preise auf die richtigen Lösungen zu verteilen?**

A) 19600 B) 150 C) 125000 D) 117600 E) 22100 F) 27

14. **Wie viele Möglichkeiten gibt es, beim Fußballtoto einen Tipp mit 11 Spielen auszufüllen?**

A) 165 B) 33 C) 6652800 D) 177147 E) 286 F) 78

15. **Wie viele verschiedene dreistellige Zahlen lassen sich aus den Ziffern 1, 3, 5, 7, 9 bilden, wenn jede Ziffer höchstens einmal benutzt werden darf?**

A) 15 B) 60 C) 10 D) 125 E) 243 F) 120

16. **Wie viele verschiedene (nicht unbedingt sinnvolle) „Wörter“ lassen sich aus den Buchstaben des Wortes KLAUS bilden?**

A) 4 B) 5 C) 60 D) 25 E) 120 F) 125

17. **Wie viele verschiedene dreistellige Zahlen lassen sich aus den Ziffern 1, 3, 5, 7, 9 bilden, wenn jede Ziffer beliebig benutzt werden darf?**

A) 15 B) 125 C) 10 D) 60 E) 20 F) 19600

18. **Wie viele verschiedene (nicht unbedingt sinnvolle) „Wörter“ lassen sich aus den Buchstaben des Wortes MONOPOLI bilden?**

A) 40320 B) 20160 C) 6720 D) 13440 E) 56 F) 165

19. **Wie viele verschiedene Würfe (Kopf, Zahl) sind mit vier 5-Cent-Münzen möglich?**

A) 5 B) 6 C) 8 D) 10 E) 16 F) 25

20. Wie viele Möglichkeiten gibt es, 3 Postkarten in 4 Briefumschläge zu legen?

A) 81 B) 12 C) 4 D) 24 E) 64 F) 6

21. Wie viele Möglichkeiten haben 6 Personen 6 Einzelzimmer einer Pension zu belegen?

A) 36 B) 12 C) 6 D) 72 E) 360 F) 720

22. Wie viele Möglichkeiten gibt es, 6 Mädchen und 3 Jungen auf 9 Stühle zu verteilen?

A) 362 880 B) 720 C) 84 D) 60 480 E) 162 F) 18

23. Wie viele Möglichkeiten gibt es, aus einer Menge mit 10 Objekten 5 ohne Beachtung der Reihenfolge mit einem Griff zu ziehen?

A) 100 000 B) 9 765 625 C) 50 D) 2002 E) 286 F) 252

24. Wie viele siebenstellige Zahlen lassen sich aus den Ziffern 0, 2, 2, 5, 5, 5, 9 bilden?

A) 5 040 B) 720 C) 360 D) 420 E) 60 F) 32

25. Ein Passwort besteht aus zwei Buchstaben (ohne Umlaute) und vier Ziffern (0 bis 9). Die Ziffern dürfen mehrfach auftreten, die Buchstaben, bei denen zwischen Groß- und Kleinschreibung unterschieden wird, nicht. Wie viele Passwörter können gebildet werden?

A) 2 652 B) 379 560 C) 12 562 D) 79 560 E) 300 000 F) 10 133

26. Wie viele Möglichkeiten gibt es, 12 Bücher auf 5 Personen zu verteilen, wenn zwei von ihnen drei und die anderen je 2 Bücher erhalten?

A) 60 B) 180 C) 360 D) 792 E) 1 663 200 F) 66

27. Ein Würfel werde fünfmal geworfen und die gewürfelte Ziffernfolge notiert (z. B. 61 334). Wie viele solcher Anordnungen sind möglich, die mit einer 3 oder 4 enden?

A) 60 B) 10 C) 25 D) 7 776 E) 1 296 F) 2 592

28. Eine Schülergruppe wird aus 5 Mädchen und 7 Jungen gebildet. Es werden 5 Schüler so ausgewählt, dass mindestens ein Mädchen darunter ist. Wie viele Möglichkeiten gibt es?

A) 462 B) 771 C) 414 D) 483 E) 35 F) 175

29. 3 Mathematikbücher, 4 Physikbücher und 5 Chemiebücher werden in einem Regal angeordnet. Auf wie viele Arten ist dies möglich, wenn Bücher des gleichen Stoffgebiets nebeneinander gestellt werden sollen (alle Bücher unterscheiden sich voneinander)?

A) 17 280 B) 2 880 C) 220 D) 60 E) 103 680 F) 180

30. Aus einem Skatspiel (32 Karten und 4 Farben) werden unter Beachtung der Reihenfolge 3 Karten gezogen. Wie viele Möglichkeiten gibt es, wenn mindestens zwei Kreuzkarten gezogen und die Karten nicht zurück gesteckt werden?

A) 4 368 B) 336 C) 1 344 D) 1 680 E) 4 032 F) 768

31. Aus einem Skatspiel werden unter Beachtung der Reihenfolge 3 Karten gezogen. Wie viele Möglichkeiten gibt es, wenn mindestens 2 Kreuzkarten gezogen und die Karten zurück gesteckt werden?

A) 2 048 B) 4 608 C) 512 D) 4 096 E) 768 F) 5 120

3 Laplace-Wahrscheinlichkeiten

Ein Ereignis E habe die Wahrscheinlichkeit $P(E)$, wenn folgende Bedingungen erfüllt sind:
(a) Der Zufallsversuch, bei dem E eintritt oder nicht, ist prinzipiell beliebig oft unter gleichen Bedingungen ausführbar.
(b) Tritt das Ereignis E bei n-maliger Wiederholung des Zufallsversuchs k-mal auf, so unterscheidet sich die Zahl $\frac{k}{n}$ für genügend großes n von einer reellen Zahl P mit $0 \leq P \leq 1$ beliebig wenig.
Aus diesen Bedingungen lässt sich die Wahrscheinlichkeit eines Ereignisses E wie folgt definieren:

$$P(E) = \lim_{n \to \infty} \frac{k}{n}$$

Anmerkung:
Die angegebene Definition der Wahrscheinlichkeit kann unter zwei Gesichtspunkten kritisiert werden:

1. Die Definition setzt $n \to \infty$ voraus, alle Versuchsreihen können aber nur endlich sein.
2. Schreibt man die o. a. Gleichung in klassischer Grenzwertdarstellung um, so bedeutet diese Beziehung: Zu jedem $\epsilon > 0$ gibt es ein $n' \in \mathbb{N}$, so dass für $n > n'$ gilt

   $$\left| P(E) - \frac{k(n)}{n} \right| < \epsilon$$

   Diese Beziehung stößt zumindest in atomaren Bereichen auf Grund der Heisenbergschen Unschärferelation an ihre Grenzen: Da $k(n)$ von den Messergebnissen des jeweiligen Zufallsversuchs abhängt, ist es durchaus möglich, das die o. a. Beziehung für beliebiges ϵ nicht erfüllt ist.

Trotz dieser kritischen Anmerkungen zu der o. a. sogenannten statistischen Definition der Wahrscheinlichkeit, hat sich diese Deutung des Wahrscheinlichkeitsbegriffs in der Praxis bewährt.

3.1 Relative Häufigkeit und Wahrscheinlichkeit

Wird ein Zufallsexperiment n-mal wiederholt und tritt dabei das Ereignis E k-mal ein, so nennt man

$a_n(E) = k$ absolute Häufigkeit des Ereignisses E nach n Versuchen und

$h_n(E) = \frac{k}{n}$ relative Häufigkeit des Ereignisses E nach n Versuchen.

Die für eine Versuchsreihe mit sehr großem n ermittelte relative Häufigkeit $h_n(E)$ wird als sehr guter Näherungswert für die Wahrscheinlichkeit $P(E)$ des Ereignisses E angesehen. Diese, durch Experimente gewonnene Festlegung des Wahrscheinlichkeitsbegriffs, wird auch als das **empirische Gesetz der großen Zahlen** bezeichnet.

Es gelten folgende Bedingungen:
Gegeben sei ein Zufallsexperiment mit dem Ergebnisraum $\Omega = \{e_1; e_2; \ldots; e_n\}$. Jedem Elementarereignis $\{e_i\}$ wird eine reelle Zahl $P(e_i)$ derart zugeordnet, dass gilt:

1. $0 \leq P(e_i) \leq 1$
2. $P(e_1) + P(e_2) + \ldots + P(e_n) = 1$.

$P(e_i)$ ist die Wahrscheinlichkeit des Elementarereignisses $\{e_i\}$.
Sei nun $E = \{e_1; e_2; \ldots; e_n\}$ ein beliebiges Ereignis, so heißt $P(E) = P(e_1) + P(e_2) + \ldots + P(e_n)$ die Wahrscheinlichkeit von E. Für den Fall $E = \emptyset$ gelte $P(E) = 0$. Die Funktion $P = P(E)$ heißt Wahrscheinlichkeitsverteilung.
Definition der **klassischen Wahrscheinlichkeit**, die auch als **LAPLACE-Wahrscheinlichkeit** bezeichnet wird:

$$P(E) = \frac{|E|}{|\Omega|} = \frac{\text{Anzahl der für E günstigen Ergebnisse}}{\text{Anzahl aller möglichen Ergebnisse}}$$

Diese Definition setzt voraus, dass das zugrunde liegende Zufallsexperiment gleich mögliche Ausgänge hat; dies ist gleich bedeutend mit der Gleichwahrscheinlichkeit aller Elementarereignisse. Stochastische Vorgänge, bei denen diese Voraussetzung gegeben ist, nennt man auch LAPLACE-Experimente.
Für das Rechnen mit Wahrscheinlichkeiten gelten u. a. folgende Regeln:

1. Die Summe der Wahrscheinlichkeiten von Ereignis und Gegenereignis ist gleich 1:

   $P(E) + P(\overline{E}) = 1$

2. Ω sei ein Ergebnisraum mit der Wahrscheinlichkeitsverteilung P. E_1 und E_2 seien beliebige Ereignisse. Dann gilt:

   $P(E_1 \cup E_2) = P(E_1) + P(E_2) - P(E_1 \cap E_2)$

3. Sind E_1 und E_2 unvereinbar, so folgt mit $E_1 \cap E_2 = \emptyset$ der Additionssatz

   $P(E_1 \cup E_2) = P(E_1) + P(E_2)$.

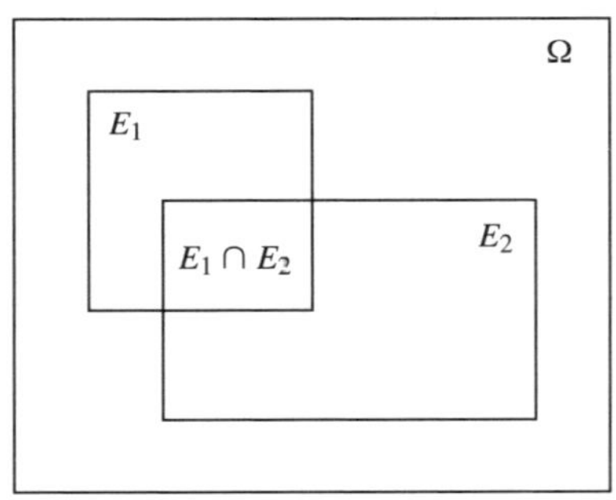

Ein Sportverein hat 400 Mitglieder. Von diesen spielen 330 Fußball, 146 betreiben Leichtathletik und 98 beide Sportarten.
Geben Sie die relative Häufigkeit der Mitglieder an, die
a) mindestens eine der beiden Sportarten betreiben
b) keine der beiden Sportarten betreiben.

a)

Berechnung der relativen Häufigkeiten für die einzelnen Sportarten (F: Fußball, L: Leichtathletik):

$$h(F) = \frac{330}{400} = 82{,}5\%$$

$$h(L) = \frac{146}{400} = 36{,}5\%$$

Berechnung der relativen Häufigkeiten, die „mindestens" eine der beiden Sportarten betreiben:

$$\begin{aligned} h(F \cup L) &= h(F) + h(L) - h(F \cap L) \\ &= \frac{330}{400} + \frac{146}{400} - \frac{98}{400} \\ &= \frac{378}{400} \\ &= 94{,}5\% \end{aligned}$$

Die relative Häufigkeit der Mitglieder, die mindestens eine der beiden Sportarten betreiben, beträgt 94,5%

K

Es gilt:

$$h_n(E) = \frac{k}{n}$$

wobei das Ereignis E bei n Versuchen k-mal eingetreten ist.

Im Fall, dass sich gewisse Eigenschaften nicht ausschließen, muss die Anzahl der doppelt gezählten Ergebnisse, für die beide Eigenschaften gelten, subtrahiert werden:

$$h(F \cup L) = h(F) + h(L) - h(F \cap L)$$

b)

Ansatz:

$$\begin{aligned} h(\overline{F \cup L}) &= 1 - h(F \cup L) \\ &= 1 - \frac{378}{400} \\ &= \frac{22}{400} \\ &= 5{,}5\% \end{aligned}$$

Die relative Häufigkeit der Mitglieder, die keine der beiden Sportarten betreiben, beträgt 5,5%.

K

Es gilt für die gesuchte Menge $\overline{F \cup L}$.

Beachte $h(\overline{E}) = 1 - h(E)$.

Aus den natürlichen Zahlen 1 bis 100 wird zufällig eine Zahl z bestimmt.
Bestimmen Sie die Wahrscheinlichkeit dafür, dass z teilbar ist

a) durch 4 b) durch 11 c) durch 4 oder 11 d) durch 4 und 11.

a)

K

Es gilt:
$\Omega = \{1, 2, \ldots, 100\}$
$|\Omega| = 100$

Bestimmung der Mächtigkeit $|\Omega|$ des Ergebnisraums.

E_1 („z teilbar durch 4“)$= \{4, 8, \ldots, 96, 100\}$
$|E_1| = 25$

Bestimmung der Mächtigkeit $|E_1|$ von E_1.

Mit $P(E) = \frac{|E|}{|\Omega|}$ folgt

$P(E_1) = \frac{25}{100}$.

Benutzen der LAPLACE-Formel:

$$P(E) = \frac{|E|}{|\Omega|} = \frac{\text{Anzahl der für E günstigen Ergebnisse}}{\text{Anzahl aller möglichen Ergebnisse}}$$

b)

K

Es gilt:
$\Omega = \{1, 2, \ldots, 100\}$
$|\Omega| = 100$

Bestimmung der Mächtigkeit $|\Omega|$ des Ergebnisraums.

E_2 („z teilbar durch 11“)$= \{11, 22, \ldots, 99\}$
$|E_2| = 9$

Bestimmung der Mächtigkeit $|E_2|$ von E_2.

Mit $P(E) = \frac{|E|}{|\Omega|}$ folgt

$P(E_2) = \frac{9}{100}$.

Benutzen der LAPLACE-Formel:

$$P(E) = \frac{|E|}{|\Omega|} = \frac{\text{Anzahl der für E günstigen Ergebnisse}}{\text{Anzahl aller möglichen Ergebnisse}}$$

c)

K

Es gilt:
$\Omega = \{1, 2, \ldots, 100\}$
$|\Omega| = 100$

Bestimmung der Mächtigkeit $|\Omega|$ des Ergebnisraums.

E_3 („z teilbar durch 4 oder 11“)
$= \{4, 8, 11, 12, \ldots, 96, 99, 100\}$

Wegen $E_3 = E_1 \cup E_2$ folgt
$P(E_1 \cup E_2) = P(E_1) + P(E_2) - P(E_1 \cap E_2)$.
Es gilt:
$E_1 \cap E_2 = \{44{,}88\}$

Man erhält:

$$\begin{aligned} P(E_3) &= P(E_1 \cup E_2) \\ &= P(E_1) + P(E_2) - P(E_1 \cap E_2) \\ &= \frac{25}{100} + \frac{9}{100} - \frac{2}{100} \\ &= \frac{32}{100} \end{aligned}$$

d) K

Es gilt:
$\Omega = \{1, 2, \ldots, 100\}$
$|\Omega| = 100$
E_4 („z teilbar durch 4 und 11“) $= \{44,88\}$

Bestimmung der Mächtigkeit $|\Omega|$ des Ergebnisraums.

Man erhält:

$$P(E_4) = \frac{2}{100}$$

Beachte:

$$\begin{aligned} P(E_4) &= P(E_1 \cap E_2) \\ &= P(E_1) + P(E_2) - P(E_1 \cup E_2) \\ &= \frac{25}{100} + \frac{9}{100} - \frac{32}{100} \\ &= \frac{2}{100} \end{aligned}$$

Wie groß ist die Wahrscheinlichkeit, mit 2 Würfeln entweder die Augensumme 8 oder mehr als 10 zu erhalten?

K

Es gilt:
$\Omega = \{(1,1), (1,2), \ldots, (6,6)\}$
$|\Omega| = 6^2 = 36$

Der Zufallsversuch kann als zweistufig interpretiert werden. In der ersten und zweiten Stufe gibt es jeweils 6 mögliche Ausfälle. Daher ist die Produktregel anwendbar. Man erhält insgesamt $6 \cdot 6 = 6^2 = 36$ mögliche Ergebnisse.

E_1 („z = 8“) $= \{(2,6), (6,2), (3,5), (5,3), (4,4)\}$

Bestimmung der Mächtigkeit $|E_1|$ von E_1.

Damit folgt $|E_1| = 5$

E_2 („z > 10“) $= \{(5,6), (6,5), (6,6)\}$

Bestimmung der Mächtigkeit $|E_2|$ von E_2.

Damit folgt $|E_2| = 3$.
Schließlich erhält man:

$$\begin{aligned} P(E_1 \cup E_2) &= P(E_1) + P(E_2) \\ &= \frac{5}{36} + \frac{3}{36} \\ &= \frac{8}{36} \\ &= \frac{2}{9} \end{aligned}$$

Für einander ausschließende Ereignisse (man nennt sie auch unvereinbare Ereignisse) gilt wegen $E_1 \cap E_2 = \emptyset$:

$$P(E_1 \cup E_2) = P(E_1) + P(E_2)$$

Dieser Zusammenhang wird auch als Additionssatz bezeichnet.

Fritz hat 4 Freundinnen, schreibt jeder einen Liebesbrief und beschriftet auch die Umschläge. Er überlässt seiner kleinen Schwester die restliche Arbeit. Dabei hat Fritz nicht bedacht, dass seine Schwester noch nicht lesen kann.
Berechnen Sie die Wahrscheinlichkeit dafür, dass alle Briefe zur falschen Freundin gelangen.

K

Jede Verteilung der 4 Briefe auf 4 Umschläge wird durch ein 4-Tupel beschrieben. Die i-te Stelle gibt an, in welchen Umschlag der Brief gesteckt wurde.

Insgesamt gibt es $P(n) = n!$ Möglichkeiten, die Briefe (in der Abb. Buchstaben) auf die Umschläge (in der Abb. Platzziffer) zu verteilen:

Das vorliegende Problem wird in der Literatur gelegentlich mit dem Begriff **Recontre (Übereinstimmung)** bezeichnet. Man kann sich das Problem etwa folgendermaßen vorstellen: Es werden n Karten durchlaufend nummeriert, gemischt und nacheinander aufgedeckt. Stimmt die Zahl auf der Karte mit der Ziehungszahl überein, so spricht man von einem Recontre.

1. Block	2. Block	3. Block	4. Block
A B C D	B A C D	C A B D	**D A B C**
A B D C	**B A D C**	**C A D B**	D A C B
A C B D	B C A D	C B A D	D B A C
A C D B	**B C D A**	C B D A	D B C A
A D B C	**B D A C**	**C D A B**	**D C A B**
A D C B	B D C A	**C D B A**	**D C B A**

Der gesamte 1. Block entfällt, da Brief A in den 1. Umschlag käme. Damit folgt $|\Omega| = 4! = 24$ und $|E| = 9$ und weiter

$$P(E) = \frac{|E|}{|\Omega|} = \frac{9}{24} = \frac{3}{8} = 0{,}375.$$

Die gesuchte Wahrscheinlichkeit beträgt also ca. 37,5%.

Ohne Beweis sei die Formel dafür angegeben, unter n Elementen die Anzahl $\overline{P}(n)$ der recontrefreien Permutationen zu ermitteln:

$$\overline{P}(n) = n!\left(1 - 1 + \frac{1}{2!} - \frac{1}{3!} + - \ldots (-1)^n \frac{1}{n!}\right)$$

Für $n = 4$ folgt

$$\overline{P}(4) = 4!\left(1 - 1 + \frac{1}{2!} - \frac{1}{3!} + \frac{1}{4!}\right) = 9.$$

Berechnen Sie die Wahrscheinlichkeit dafür, beim Samstag-Lotto „6 aus 49“ genau 3, 4, 5 bzw. 6 Richtige zu haben.

Als Ergebnisraum ist die Menge aller 6-Teilmengen aus der 49-Menge bereits berechnet worden:

$$|\Omega| = \binom{49}{6} = \frac{49 \cdot 48 \cdot 47 \cdot 46 \cdot 45 \cdot 44}{1 \cdot 2 \cdot 3 \cdot 4 \cdot 5 \cdot 6} = 13\,983\,816.$$

Das Ereignis E_1: „genau 3 Richtige“ besteht aus allen 6-Teilmengen, bei denen 3 aus den 6 gezogenen Zahlen und 3 aus den 43 nicht gezogenen Zahlen stammen, daher ist

$$|E_1| = \binom{6}{3} \cdot \binom{43}{3} = \frac{6! \cdot 43!}{3! \cdot 3! \cdot 3! \cdot 40!} = 246\,820.$$

Mit $P(E) = \frac{|E|}{|\Omega|}$ folgt

$$P(E_1) = \frac{246\,820}{13\,983\,816} \approx 0{,}01765.$$

Analog erhält man für E_2: „genau 4 Richtige“

$$|E_2| = \binom{6}{4} \cdot \binom{43}{2} = \frac{6! \cdot 43!}{4! \cdot 2! \cdot 2! \cdot 41!} = 13\,545 \text{ bzw. } P(E_2) = \frac{13\,545}{13\,983\,816} \approx 0{,}0009686$$

und weiter für E_3: „genau 5 Richtige“

$$|E_3| = \binom{6}{5} \cdot \binom{43}{1} = \frac{6! \cdot 43!}{5! \cdot 1! \cdot 1! \cdot 42!} = 258 \text{ bzw. } P(E_3) = \frac{258}{13\,983\,816} \approx 0{,}00001845$$

Mit E_4 „genau 6 Richtige“ und $E_4 = \binom{6}{6} \cdot \binom{43}{0} = 1$ folgt für die Wahrscheinlichkeit für genau 6 Richtige

$$P(E_4) = \frac{1}{13\,983\,816} \approx 7{,}15 \cdot 10^{-8}.$$

Berechnen Sie die Wahrscheinlichkeit dafür, dass beim Samstag-Lotto „6 aus 49“ i ungerade Zahlen ($i = 0, 1, 2, \ldots, 6$) gezogen werden.
Nach 2 444 Ziehungen (statistische Daten unter Berücksichtigung der Jahre 10/1953 bis 8/2002) ergab sich die folgende Häufigkeitstabelle:

gerade	ungerade	absolute Häufigkeit
6	0	29
5	1	175
4	2	544
3	3	823
2	4	647
1	5	195
0	6	31

Stellen Sie die berechneten Wahrscheinlichkeiten den relativen Häufigkeiten gegenüber.

K

Allgemeiner Ansatz:
E_i: „i ungerade Zahlen"

$$|E_i| = \binom{25}{i} \cdot \binom{24}{6-i}$$

Im Einzelnen erhält man:

$$|E_0| = \binom{25}{0} \cdot \binom{24}{6} = 1 \cdot \frac{24!}{6! \cdot 18!} = 134\,596$$

$$|E_1| = \binom{25}{1} \cdot \binom{24}{5} = 25 \cdot \frac{24!}{5! \cdot 19!} = 1\,062\,600$$

und analog:

$|E_2| = 3\,187\,800$, $|E_3| = 4\,655\,200$

$|E_4| = 3\,491\,400$, $|E_5| = 1\,275\,120$

$|E_6| = 177\,100$

Man erhält zusammen mit den relativen Häufigkeiten folgende Übersicht:

i	$P(E_i)$	$h(E_i)$
0	0,00963	0,01187
1	0,07599	0,07160
2	0,22796	0,22259
3	0,33290	0,33674
4	0,24967	0,26473
5	0,09119	0,07979
6	0,01266	0,01268

Die 49 Zahlen teilen sich auf in 25 ungerade und 24 gerade Zahlen. Das Ereignis E_i: „i ungerade Zahlen" besteht aus allen 6-Teilmengen, bei denen i Zahlen aus den ungeraden und $6-i$ aus den geraden Zahlen stammen; daher folgt

$$|E_i| = \binom{25}{i} \cdot \binom{24}{6-i}.$$

Für die Bestimmung der relativen Häufigkeiten gilt:

$$h_n(E) = \frac{k}{n}.$$

Im Samstag-Lotto „6 aus 49" ergab die Ziehung am 10. April 1999 folgende Zahlen:
2 – 3 – 4 – 5 – 6 – 26 und als Zusatzzahl die 16.
Berechnen Sie die Wahrscheinlichkeit dafür, dass
(a) mindestens 2
(b) genau 2
(c) genau 5
benachbarte Zahlen gezogen werden.

Hinweis: In der entsprechenden Literatur spricht man oft von Zwillingen, Drillingen usw. Der Einfachheit halber wird dieser Begriff auch hier gewählt, obwohl 2, 3 oder mehr benachbarte Zahlen nicht als Zwillinge, Drillinge usw. zu betrachten sind.

Einführende Betrachtungen an Hand eines Spezial-Lottos „3 aus 6“, wobei die Fragestellungen (a) und (b) ausführlich erläutert werden.
Experimentell ergeben sich für das Spezial-Lotto insgesamt 20 Ziehungen mit 0,2 bzw. 3 benachbarten Zahlen

0 Nachbarzahlen	2 Nachbarzahlen	3 Nachbarzahlen
135	124	123
136	125	234
146	126	345
246	235	456
	236	
	346	
	156	
	145	
	134	
	256	
	245	
	356	

Fall (a): Beachtet man die Beziehung $P(\text{„mindestens“}) = 1 - P(\text{„kein“})$, so folgt für das Gegenereignis, das hier leicht zu überschauen ist:
$P(\text{„mindestens 2 Nachbarn“}) = 1 - P(\text{„kein Nachbar“}) = 1 - \frac{4}{20} = \frac{16}{20}$.

Denkt man sich die nicht gezogenen 3 Zahlen nebeneinander gelegt (z.B. 135 oder 245), so entsteht eine Ziehung ohne Nachbarn dadurch, dass die gezogenen 3 Zahlen, wie in der Abbildung dargestellt, auf die 4 möglichen Plätze am Anfang, Ende oder zwischen den nicht gezogenen Zahlen angeordnet werden können. Die 3 gezogenen Zahlen lassen sich also auf 4 Plätze so verteilen, dass keine benachbarten Zahlen möglich sind.

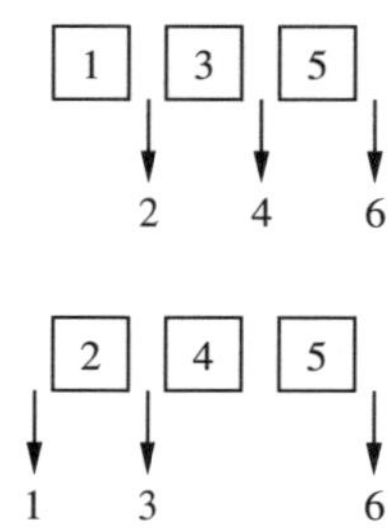

Dies ist auf $\binom{4}{3} = \frac{4 \cdot 3 \cdot 2}{1 \cdot 2 \cdot 3} = 4$ Arten möglich. Damit erhält man die oben experimentell ermittelte Wahrscheinlichkeit $P(\text{„mindestens 2 Nachbarn“}) = 1 - P(\text{„kein Nachbar“}) = 1 - \frac{4}{20} = \frac{16}{20}$.
Fall (b): Um nun aus den 4 Plätzen einen Platz für die benachbarten Zahlen und 2 Plätze für die nicht benachbarten Zahlen zu erhalten, gibt es $\binom{4}{1} \cdot \binom{3}{2} = 4 \cdot 3 = 12$ Möglichkeiten. Damit folgt: $P(\text{„genau 2 Nachbarn“}) = \frac{\binom{4}{1} \cdot \binom{3}{2}}{\binom{6}{3}} = \frac{12}{20}$.

a) mindestens 2 Nachbarn

K

$P(\text{„mindestens 2 Nachbarn"})$

$= 1 - P(\text{„kein Nachbar"})$

$$= 1 - \frac{\binom{44}{6}}{\binom{49}{6}} \approx 0{,}495$$

In nahezu der Hälfte aller Ziehungen ist mit mindestens 2 benachbarten Zahlen zu rechnen.

$P(\text{„mindestens 2 Nachbarn"})$

$= 1 - P(\text{„kein Nachbar"})$

Es gibt 43 nicht gezogene Zahlen und 44 Plätze, auf die die gezogenen Zahlen so platziert werden können, dass keine Nachbarn entstehen.

Unter 2444 Ziehungen (10/55 bis 08/02) wurden 1258 benachbarte Zahlen (sog. Zwillinge, Drillinge usw.) gezählt; dies entspricht einer relativen Häufigkeit von 0,513.

b) genau 2 Nachbarn (Zwillinge)

K

$$P(\text{„genau 2 Nachbarn"}) = \frac{\binom{44}{1} \cdot \binom{43}{4}}{\binom{49}{6}} \approx 0{,}388$$

Bei etwa 39% aller Ziehungen ist mit sog. Zwillingen zu rechnen.

Um aus den 44 Plätzen einen Platz für die 2 Nachbarn und 4 Plätze für die nicht benachbarten Zahlen zu wählen, gibt es $\binom{44}{1} \cdot \binom{43}{4}$ Möglichkeiten.

Unter 2444 Ziehungen (10/55 bis 08/02) gab es 977 sog. Zwillinge; dies entspricht einer relativen Häufigkeit von ca. 0,4.

c) Fünflinge

K

$$P(\text{„Fünflinge"}) = \frac{\binom{44}{1} \cdot \binom{43}{1}}{\binom{49}{6}} \approx 0{,}0001356$$

Unter 2444 Ziehungen (10/55 bis 08/02) wurde erst einmal ein sog. Fünfling registriert; dies entspricht einer relativen Häufigkeit von ca. 0,00041.

Ein Losverkäufer wirbt mit der Aussage „Jedes 10. Los gewinnt!". Wie viele Lose muss ein Käufer erwerben, damit die Wahrscheinlichkeit für mindestens einen Gewinn größer als 0,5 ist?

K

Bezeichnet man mit n die Anzahl der zu kaufenden Lose, so folgt als Ansatz:

$$1 - \left(1 - \frac{1}{10}\right)^n > 0{,}5$$

Die Wahrscheinlichkeit dafür, dass unter n Losen jedes 10. Los ein Gewinn ist, beträgt $\left(\frac{1}{10}\right)^n$.

Die Wahrscheinlichkeit dafür, dass unter n Losen kein Los gewinnt, ist dann $1 - \left(\frac{1}{10}\right)^n$.

Die Wahrscheinlichkeit dafür, dass unter n

Damit folgt:

$(1-0{,}1)^n < 0{,}5$

$0{,}9^n < 0{,}5$

Durch Logarithmieren erhält man eine Ungleichung für n:

$$n > \frac{ln\,0{,}5}{ln\,0{,}9}$$

$n > 6{,}57$

Es genügt für einen Käufer offenbar 7 Lose zu erwerben, damit die Wahrscheinlichkeit, mindestens einen Gewinn zu erhalten, größer als 0,5 ist.

Losen mindestens ein Gewinn ist, beträgt dann

$$1-\left(1-\frac{1}{10}\right)^n.$$

Beachte: Das Ungleichheitszeichen dreht sich wegen $ln\,0{,}9 < 0$ um.

3.2 Zufallsexperimente

In diesem Kapitel werden einige LAPLACE-Experimente behandelt, die für die Wahrscheinlichkeitsrechnung charakteristisch sind.

Urnenexperimente

Urnenexperimente spielen als Modellvorstellung bei der Lösung statistischer Probleme eine nicht unerhebliche Rolle.
Gegeben sei eine Urne mit einer Anzahl durch nummerierter und physikalisch gleichartiger Kugeln, von denen ein Teil schwarz, der andere weiß ist.
Die Entnahme von Kugeln, häufig als Stichprobe bezeichnet, kann auf unterschiedliche Art geschehen:

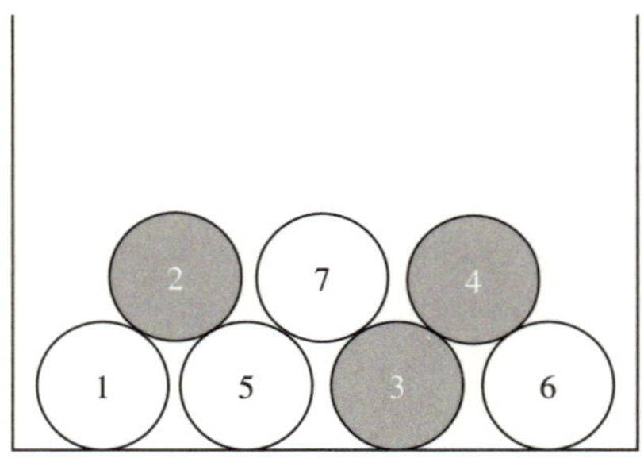

Aus einer Urne mit n Kugeln kann man

- n^k geordnete Stichproben (mit Reihenfolge) vom Umfang k mit Zurücklegen (mit Wiederholung) ziehen,
- $\frac{n!}{(n-k)!}$ geordnete Stichproben (mit Reihenfolge) vom Umfang k ohne Zurücklegen (ohne Wiederholung) ziehen,
- $\binom{n}{k}$ ungeordnete Stichproben (ohne Reihenfolge) vom Umfang k ohne Zurücklegen (ohne Wiederholung) ziehen.

Weiter lassen sich aus den o. a. Zusammenhängen folgende Wahrscheinlichkeiten angeben:
In einer Urne mit N Kugeln liegen S schwarze und $N-S$ weiße Kugeln. Werden aus der Urne n Kugeln ohne Zurücklegen gezogen, so gilt für die Wahrscheinlichkeit $P(X=s)$ dafür, dass die Anzahl X der gezogenen schwarzen Kugeln gleich s ist:

$$P(X=s)=\frac{\binom{S}{s}\binom{N-S}{n-s}}{\binom{N}{n}}.$$

Wird dasselbe Experiment mit Zurücklegen der Kugeln durchgeführt, so beträgt die entsprechende Wahrscheinlichkeit

$$P(X=s)=\binom{n}{s}\cdot\left(\frac{S}{N}\right)^{s}\cdot\left(1-\frac{S}{N}\right)^{n-s}$$

bzw. für $\frac{S}{N}=p$

$$P(X=s)=\binom{n}{s}\cdot p^{s}\cdot(1-p)^{n-s}.$$

Eine Urne enthält 5 schwarze und 7 weiße Kugeln. Es wird eine Stichprobe von 6 Kugeln
(a) ohne Zurücklegen (man spricht in diesem Fall auch vom Ziehen „mit einem Griff“
(b) mit Zurücklegen
entnommen. Berechnen Sie die Wahrscheinlichkeit dafür, dass in der Stichprobe 2 schwarze und 4 weiße Kugeln enthalten sind.

a) Ziehen ohne Zurücklegen

K

Mit $S=5$, $s=2$, $N=12$ und $n=6$ folgt:

$$P(X=2)=\frac{\binom{5}{2}\binom{7}{4}}{\binom{12}{6}}$$

$$=\frac{\frac{5!}{2!\cdot 3!}\cdot\frac{7!}{4!\cdot 3!}}{\frac{12!}{6!\cdot 6!}}$$

$$=\frac{10\cdot 35}{924}\approx 0{,}3788$$

Die Wahrscheinlichkeit beträgt ca. 37,88%.

Beachte:

$$P(X=s)=\frac{\binom{S}{s}\binom{N-S}{n-s}}{\binom{N}{n}}.$$

b) Ziehen mit Zurücklegen

K

Mit $S=5$, $s=2$, $N=12$ und $n=6$ folgt:

Beachte:

$$P(X=2) = \binom{6}{2} \cdot \left(\frac{5}{12}\right)^2 \cdot \left(\frac{7}{12}\right)^4$$
$$= \frac{6!}{2! \cdot 4!} \cdot \left(\frac{5}{12}\right)^2 \cdot \left(\frac{7}{12}\right)^4$$
$$\approx 0{,}3015$$

Die Wahrscheinlichkeit beträgt ca. 30,15%.

$$P(X=s) = \binom{n}{s} \cdot \left(\frac{S}{N}\right)^s \cdot \left(1 - \frac{S}{N}\right)^{n-s}$$

bzw. für $\frac{S}{N} = p$

$$P(X=s) = \binom{n}{s} \cdot p^s \cdot (1-p)^{n-s}$$

Eine Lotterie, die 100 Lose enthält, wird mit 5 Gewinnen ausgestattet.
Berechnen Sie die Wahrscheinlichkeit, dass ein Käufer von 5 Losen

a) keinen Gewinn b) mindestens einen Gewinn c) genau ein Gewinn
d) genau zwei Gewinne e) höchstens zwei Gewinne

erzielt.

a) kein Gewinn

Mit $N = 100$, $S = 5$ sowie $s = 0$ und $n = 5$ folgt:

$$P(X=0) = \frac{\binom{5}{0}\binom{95}{5}}{\binom{100}{5}}$$
$$= 1 \cdot \frac{95!}{5! \cdot 90!} \frac{100!}{5! \cdot 95!}$$
$$\approx 0{,}7696$$

Die Wahrscheinlichkeit beträgt ca. 76,96%.

K

Es liegt folgender Fall vor:
Urnenexperiment - Stichprobe ohne Zurücklegen mit N als Anzahl der Lose und S als Anzahl der Gewinne. Damit folgt als Ansatz:

$$P(X=s) = \frac{\binom{S}{s}\binom{N-S}{n-s}}{\binom{N}{n}}.$$

b) mindestens ein Gewinn

„Mindestens ein Gewinn" bedeutet 1, 2, ..., 5 Gewinne. Wegen
P(„mindestens")$= 1 - P$(„kein Nachbar")
folgt:

$$P(X \geq 1) = 1 - P(X=0)$$
$$\approx 1 - 0{,}7696$$
$$= 0{,}2304$$

Die Wahrscheinlichkeit beträgt ca. 23,04%.

K

Beachte:
P(„mindestens")$= 1 - P$(„kein Nachbar")

c) genau ein Gewinn K

Mit $N = 100, S = 5$ sowie $s = 1$ und $n = 5$ folgt:

$$P(X=1) = \frac{\binom{5}{1}\binom{95}{4}}{\binom{100}{5}} \approx 0{,}2114$$

Die Wahrscheinlichkeit beträgt ca. 21,14%.

Beachte:

$$P(X=s) = \frac{\binom{S}{s}\binom{N-S}{n-s}}{\binom{N}{n}}.$$

$$\binom{5}{1} = \frac{5!}{1! \cdot 4!} = 5$$

$$\binom{95}{4} = \frac{95!}{4! \cdot 91!} = 3\,183\,545$$

$$\binom{100}{5} = \frac{100!}{5! \cdot 95!} = 75\,287\,520$$

d) genau zwei Gewinne K

Mit $N = 100, S = 5$ sowie $s = 2$ und $n = 5$ folgt:

$$P(X=1) = \frac{\binom{5}{2}\binom{95}{3}}{\binom{100}{5}} \approx 0{,}0184$$

Die Wahrscheinlichkeit beträgt ca. 1,84%.

Beachte:

$$P(X=s) = \frac{\binom{S}{s}\binom{N-S}{n-s}}{\binom{N}{n}}.$$

$$\binom{5}{2} = \frac{5!}{2! \cdot 3!} = 10$$

$$\binom{95}{3} = \frac{95!}{3! \cdot 92!} = 138\,415$$

e) höchstens zwei Gewinne K

Höchstens zwei Gewinne bedeutet:

$$\begin{aligned} P(X \leq 2) &= P(X=0) + P(X=1) + P(X=2) \\ &\approx 0{,}7696 + 0{,}2114 + 0{,}0184 \\ &= 0{,}9994 \end{aligned}$$

Die Wahrscheinlichkeit beträgt ca. 99,94%.

Beachte:
Höchstens zwei Gewinne bedeutet: kein Gewinn oder ein Gewinn oder zwei Gewinne.

Ein Würfel wird zehnmal geworfen. Berechnen Sie die Wahrscheinlichkeit dafür, genau dreimal eine Sechs zu würfeln. Benutzen Sie zur Lösung dieser Aufgabe das Urnenmodell.

Würfeln als Urnenmodell K

Modellbildung: Ziehen mit Zurücklegung
Bei diesem Versuch interessieren nur die Zahlen 6 und „nicht" 6. Damit legt man fest: $N = 6$, $S = 1$; damit folgt $p = \frac{1}{6}$.
X sei die Anzahl der schwarzen Kugeln beim Ziehen mit Zurücklegen, also die Anzahl der gewürfelten Sechsen. Es folgt:

$$P(X=3) = \binom{10}{3} \cdot \left(\frac{1}{6}\right)^3 \cdot \left(\frac{5}{6}\right)^7$$
$$= 120 \cdot \left(\frac{1}{6}\right)^3 \cdot \left(\frac{5}{6}\right)^7$$
$$\approx 0{,}155$$

Die Wahrscheinlichkeit beträgt ca. 15,5%.

Beachte:

$$P(X=s) = \binom{n}{s} \cdot \left(\frac{S}{N}\right)^s \cdot \left(1 - \frac{S}{N}\right)^{n-s}$$

bzw. für $\frac{S}{N} = p$

$$P(X=s) = \binom{n}{s} \cdot p^s \cdot (1-p)^{n-s}$$

$$\binom{10}{3} = \frac{10!}{3! \cdot 7!} = 120$$

Eine Urne enthält 5 Kugeln mit der Nummer 1, 4 Kugeln mit der Nummer 2 und 5 Kugeln mit der Nummer 3. Es werden Kugeln nacheinander gezogen, wieder zurück gelegt und die Summe der Nummern notiert. Berechnen Sie die Wahrscheinlichkeit dafür, nach 3 Ziehungen die Nummernsumme 7 zu erhalten.

a) K

Mit $\Omega = \{1, 1, 1, 1, 1, 2, 2, 2, 2, 3, 3, 3, 3, 3\}$ folgt $|\Omega| = 14$.

Für einen einzelnen Zug gilt jeweils:

$$P(\text{„1"}) = \frac{5}{14}, \quad P(\text{„2"}) = \frac{4}{14}, \quad P(\text{„3"}) = \frac{5}{14}.$$

Bestimmung von E(„Nummersumme 7") $= \{(133), (313), (331), (223), (232), (322)\}$.

Wegen der Unabhängigkeit folgt unter Beachtung der Produktregel

$$P(\{e_1, e_2, e_3\}) = P(e_1) \cdot P(e_2) \cdot P(e_3)$$

zum Beispiel:

$$P(\{(133)\}) = P(„1“) \cdot P(„3“) \cdot P(„3“) = \frac{5}{14} \cdot \frac{5}{14} \cdot \frac{5}{14} = \left(\frac{5}{14}\right)^3$$

und für

$$P(\{(223)\}) = P(„2“) \cdot P(„2“) \cdot P(„3“) = \frac{4}{14} \cdot \frac{4}{14} \cdot \frac{5}{14} = \left(\frac{4}{14}\right)^2 \cdot \left(\frac{5}{14}\right)$$

Insgesamt folgt:

$$P(E) = 3 \cdot \left(\frac{5}{14}\right)^3 + 3 \cdot \left(\frac{4}{14}\right)^2 \cdot \left(\frac{5}{14}\right) = \frac{3}{14^3} \cdot 5 \cdot (5^2 + 4^2) = \frac{615}{2744} \approx 0{,}2241$$

Die Wahrscheinlichkeit beträgt ca. 22,41%.

In einer Urne befinden sich 12 rote und eine unbekannte Anzahl blauer Kugeln.
Wie groß ist diese Anzahl, wenn die Wahrscheinlichkeit, eine blaue Kugel zu ziehen, 0,4 beträgt?

K

x sei die Anzahl der blauen Kugeln.
Die Wahrscheinlichkeit, eine blaue Kugel zu ziehen, beträgt $\frac{x}{x+12}$, also folgt:

$$\frac{x}{x+12} = 0{,}4$$

Damit erhält man:

$$x = 0{,}4(x+12)$$
$$x = 0{,}4x + 4{,}8$$
$$0{,}6x = 4{,}8$$
$$x = 8$$

Die Anzahl der blauen Kugeln beträgt 8.

Beachte:

$$P(E) = \frac{|E|}{|\Omega|}$$

$|E| = x,\ \ |\Omega| = x + 12$

$P(E) = 0{,}4$

In einer Urne befinden sich x weiße und y schwarze Kugeln ($x \geq 2$; $y \geq 2$). Der Urne werden zwei Kugeln mit einem Griff entnommen. Welches der beiden Ereignisse hat die größere Wahrscheinlichkeit:

A: die Kugeln sind von gleicher Farbe;
B: die Kugeln sind von ungleicher Farbe.

K

Die Anzahl der möglichen Ziehungen folgt aus

$$|\Omega| = \binom{a+b}{2} = \frac{(a+b)((a+b)-1)}{1 \cdot 2}.$$

Für die Anzahl der günstigen Fälle erhält man aus $|E| = |a \cup b| = |a| + |b|$

$$|E| = \binom{a}{2} + \binom{b}{2} = \frac{a(a-1)+b(b-1)}{1 \cdot 2}.$$

Mit $P(A) = \frac{|E|}{|\Omega|}$ folgt

$$P(A) = \frac{a(a-1)+b(b-1)}{(a+b)((a+b)-1)}.$$

Für das Ereignis E: „die Kugeln sind von ungleicher Farbe“ folgt mit der Produktregel

$$|E| = \binom{a}{1} \cdot \binom{b}{1} = a \cdot b.$$

Mit $P(B) = \frac{|E|}{|\Omega|}$ erhält man

$$P(B) = \frac{2ab}{(a+b)((a+b)-1)}.$$

Beachte: Es lassen sich $\binom{n}{k}$ ungeordnete Stichproben (ohne Reihenfolge) vom Umfang k ohne Zurücklegen (mit einem Griff) ziehen. Man rechnet:

$$\binom{a+b}{2} = \frac{(a+b)!}{2! \cdot ((a+b)-2)!} = \frac{(a+b)((a+b)-1)((a+b)-2)!}{1 \cdot 2 \cdot ((a+b)-2)!} = \frac{(a+b)((a+b)-1)}{1 \cdot 2}$$

$$\binom{a}{2} + \binom{b}{2} = \frac{a!}{2! \cdot (a-2)!} + \frac{b!}{2! \cdot (b-2)!} = \frac{a(a-1)}{1 \cdot 2} + \frac{b(b-1)}{1 \cdot 2} = \frac{a(a-1)+b(b-1)}{1 \cdot 2}$$

Beachte:

$$P(A) = \frac{|E|}{|\Omega|}$$

$$\binom{a}{1} \cdot \binom{b}{1} = \frac{a!}{1! \cdot (a-1)!} \cdot \frac{b!}{1! \cdot (b-1)!} = a \cdot b$$

Vergleicht man die Zähler der Brüche von $P(A)$ und $P(B)$, so folgt:

$P(A) < P(B)$ für $(a-b)^2 < a+b$

$P(A) = P(B)$ für $(a-b)^2 = a+b$

$P(A) > P(B)$ für $(a-b)^2 > a+b$

Beachte:

$$\begin{aligned} a(a-1)+b(b-1) &= 2ab \\ a^2-a+b^2-b &= 2ab \\ a^2-2ab+b^2 &= a+b \\ (a-b)^2 &= a+b \end{aligned}$$

Glücksspiele

Einige Glücksspiele (z. B. Lotto, Toto) wurden bereits im Zusammenhang zur Berechnung verschiedener Wahrscheinlichkeiten behandelt. Im Folgenden sollen einige Aufgaben zum Roulette und zu einem Kartenspiel (Skat) behandelt werden.
Beim Roulette sind 37 Zahlen $(0,1,\ \ldots,36)$ kreisförmig in einer bestimmten Reihenfolge auf einem drehbaren Zylinder (Kessel, s. Abb.) angeordnet. Der Kessel trägt den Kranz der Nummernfächer.

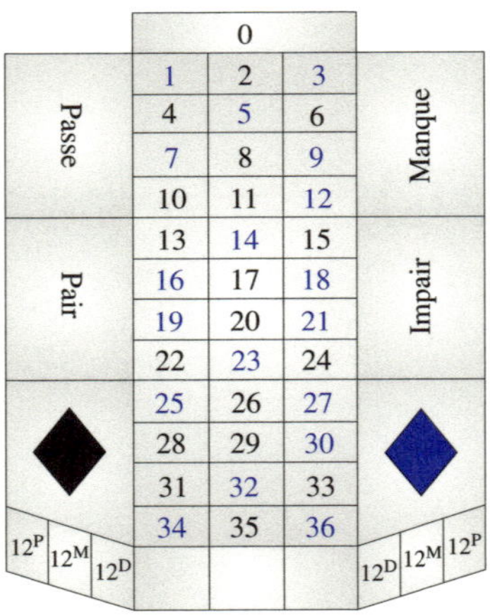

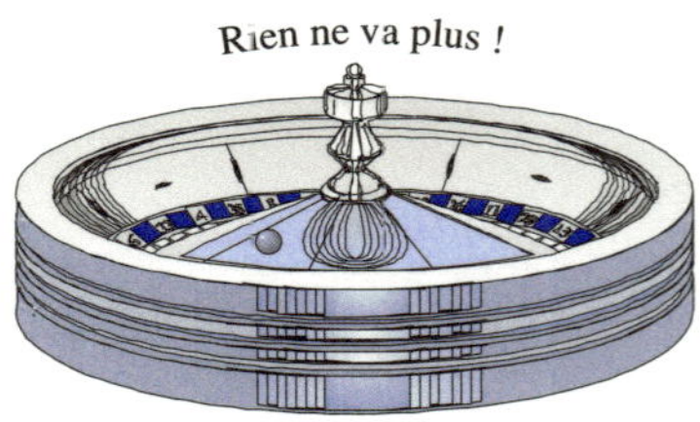

Zum Spiel gehört mindestens eine Kugel, die vom Croupier in den sich drehenden Kessel geworfen wird. Nachdem die Kugel den Kessel mehrfach umrundet hat, bleibt sie in einem Fach liegen. Die zugehörige Nummer gewinnt (Bezeichnung: Coup). Der Spielplan (Tableau, s. Abb. links[1]) besteht aus einer Reihe von Feldern, auf die der Spieler seine Spielmarken (Jetons) setzen kann. Roulette ist ein Spiel mit dem Zufall. Jeder Coup bringt als Ergebnis eine Zahl aus dem Ergebnisraum $\Omega = \{0,1,\ \ldots,36\}$. Der Spieler hat verschiedene Setzmöglichkeiten.

[1] Aus drucktechnischen Gründen sind die eigentlich roten Elemente des Spielplans in blauer Farbe dargestellt.

In der folgenden Tabelle sind einige Setzmöglichkeiten und die Auszahlungsbeträge dargestellt:

Setzmöglichkeiten	Beispiele	Auszahlungsbetrag
(1) eine Zahl (plain)	13	36-facher Einsatz
(2) 2 benachbarte Zahlen (cheval)	13, 14	18-facher Einsatz
(3) Querreihe (3 Zahlen)	13, 14, 15	12-facher Einsatz
(4) Zahlenviereck (4 Zahlen)	10, 11, 13, 14	9-facher Einsatz
(5) die ersten 4 Zahlen	0, 1, 2, 3	9-facher Einsatz
(6) 2 verbundene Querreihen	13, ..., 18	6-facher Einsatz
(7) Längsreihe (12 Zahlen)	1, 4, 7, ..., 34	3-facher Einsatz
(8) $1-12:12^P, 13-24:12^M, 25-36:12^D$	$1-12:12^P$	3-facher Einsatz
(9) Rot / Schwarz	Schwarz	2-facher Einsatz
(10) Gerade / Ungerade (ohne 0)	Ungerade	2-facher Einsatz
(11) 1 – 18 (Manque) / 19 – 36 (Passe)	Manque	2-facher Einsatz

Bei Verlust streicht die Bank den Einsatz des Spielers ein, bei Gewinn erhält der Spieler als Auszahlung ein bestimmtes Vielfaches seines Einsatzes. Wenn die Kugel z. B. im Fach mit der Nummer 13 liegen bleibt, so erhält ein Spieler die in der Tabelle dargestellten Auszahlungen (bis auf (5) gewinnen die entsprechenden Setzmöglichkeiten). Der Spieler errechnet seinen Reingewinn, wenn er vom Auszahlungsbetrag seinen Einsatz subtrahiert. Setzt er z. B. 100 € auf 13 und gewinnt, so ist der Auszahlungsbetrag 3 600 €, sein Reingewinn beträgt 3 600 € – 100 € = 3 500 €.

Berechnen Sie die Wahrscheinlichkeiten für die Setzmöglichkeiten (1), (2), (3), (6), (7) und (9).

K

Für alle Setzmöglichkeiten gilt $|\Omega| = 37$. Es gilt: $\Omega = \{0, 1, 2, \ldots, 36\}$.

Im Einzelnen erhält man

(1) $|E_1| = 1$, damit folgt $P(E_1) = \frac{1}{37}$ — Das Ereignis E_1: „plain“ enthält nur ein Element.

(2) $|E_2| = 2$, damit folgt $P(E_2) = \frac{2}{37}$ — Das Ereignis E_2: „cheval“ enthält zwei Elemente.

(3) $|E_3| = 3$, damit folgt $P(E_3) = \frac{3}{37}$ — Das Ereignis E_3: „Querreihe“ enthält drei Elemente.

(6) $|E_6| = 6$, damit folgt $P(E_6) = \frac{6}{37}$ — Das Ereignis E_6: „2 Querreihen“ enthält sechs Elemente.

(7) $|E_7| = 12$, damit folgt $P(E_7) = \frac{12}{37}$ — Das Ereignis E_7: „Längsreihe“ enthält 12 Elemente.

(9) $|E_9| = 18$, damit folgt $P(E_9) = \frac{18}{37}$ — Das Ereignis E_9: „Rot oder Schwarz“ enthält 18 Elemente.

Berechnen Sie die Wahrscheinlichkeit dafür, dass beim Roulette viermal nacheinander die Kugel in ein Fach mit einer schwarzen Farbe fällt.

K

Mit $|\Omega| = 37$ und $|E_9| = 18$ sowie
$P(E_9 \cap E_9 \cap E_9 \cap E_9) =$
$P(E_9) \cdot P(E_9) \cdot P(E_9) \cdot P(E_9)$
erhält man:

$$[P(E_9)]^4 = \left(\frac{18}{37}\right)^4 \approx 0{,}056$$

Die Wahrscheinlichkeit beträgt ca. 5,6%.

Da die einzelnen Spiele unabhängig voneinander sind, gilt der Multiplikationssatz:
$P(A \cap B \cap C \cap D) = P(A) \cdot P(B) \cdot P(C) \cdot P(D)$.

Berechnen Sie die Wahrscheinlichkeit dafür, dass beim Roulette die Kugel bei 50 Coups in einem bestimmten Fach (z. B. Nummer 13) einmal liegen bleibt.

K

Modellbildung:
Ziehen mit Zurücklegen aus einer Urne.
Mit $n = 50$, $s = 1$, $S = 1$ und $N = 37$ folgt:

$$P(X = 1) = \binom{50}{1} \cdot \left(\frac{1}{37}\right)^1 \cdot \left(\frac{36}{37}\right)^{49}$$

$$\approx 0{,}3529$$

Die Wahrscheinlichkeit beträgt ca. 35,29%.

Beachte:

$$P(X = s) = \binom{n}{s} \cdot \left(\frac{S}{N}\right)^s \cdot \left(1 - \frac{S}{N}\right)^{n-s}$$

bzw. für $\frac{S}{N} = p$

$$P(X = s) = \binom{n}{s} \cdot p^s \cdot (1-p)^{n-s}$$

Ein Roulette-Spieler setzt bei 3 Spielen jeweils auf „pair (Gerade)“. Mit welcher Wahrscheinlichkeit gewinnt er zweimal?

Es handelt sich um ein dreistufiges Zufallsexperiment. Das Ereignis E: „zweimal pair“ besteht aus den Ergebnissen $pp\overline{p}$, $p\overline{p}p$, $\overline{p}pp$. Die Wahrscheinlichkeit des Ergebnisses von z. B. $pp\overline{p}$ ergibt sich durch Multiplikation der Einzelwahrscheinlichkeiten. Im Einzelnen gilt dann:

$$P(E) = P(pp\overline{p}) + P(p\overline{p}p) + P(\overline{p}pp)$$

Die Wahrscheinlichkeit für „pair (Gerade)“ beträgt in jeder Stufe $\frac{18}{37}$, die für „impair (Ungerade)“ und „zero (Null)“ zusammen $\frac{19}{37}$, damit folgt:

$$P(E) = \left(\frac{18}{37}\right)\left(\frac{18}{37}\right)\left(\frac{19}{37}\right) + \left(\frac{18}{37}\right)\left(\frac{19}{37}\right)\left(\frac{18}{37}\right) + \left(\frac{19}{37}\right)\left(\frac{18}{37}\right)\left(\frac{18}{37}\right)$$

$$= 3 \cdot \left(\frac{18}{37}\right)^2 \left(\frac{19}{37}\right) \approx 0{,}3646$$

Die Wahrscheinlichkeit beträgt ca. 36,46%.

Wie groß ist die Wahrscheinlichkeit, mit einem fairen Würfel

a) eine ungerade Zahl oder mindestens 4 Augen zu werfen

b) bei 3 Würfen 3 verschiedene Ergebnisse zu würfeln

c) bei 3 Würfen nicht die Augensumme 16 zu erhalten und

d) bei 3 Würfen die Augensumme 12 zu würfeln, unter der Voraussetzung, beim 1. Wurf bereits eine 6 geworfen zu haben.

Anmerkung: Es wird vorausgesetzt, dass die Experimente LAPLACE-Experimente sind.

a) K

Mit
$\Omega = \{1, 2, 3, 4, 5, 6\}$, also $|\Omega| = 6$ sowie
$E = \{1, 3, 4, 5, 6\}$, also $|E| = 5$ und

$$P(E) = \frac{|E|}{|\Omega|}$$

folgt

$$P(E) = \frac{5}{6}.$$

Die Ergebnismenge Ω besteht aus den möglichen Augenzahlen des Würfels.
Das Ergebnis
E : „ungerade Zahl oder mind. 4 Augen“ besteht aus allen ungeraden Zahlen sowie den Zahlen 4 bis 6.

b) K

Mit
$\Omega = \{(111), (112), \ldots, (665), (666)\}$ erhält man
$|\Omega| = 6^3$.

Die Ergebnismenge besteht aus allen Zahlentripeln, deren 1. Zahl die geworfene Augenzahl von Wurf 1, deren 2. Zahl die von Wurf 2 und deren 3. Zahl die von Wurf 3 darstellt.
Es handelt sich um eine Variation (Reihenfolge: wichtig, Wiederholung: ja, $n = 6, k = 3$), also $V_w(n, k) = n^k = 6^3$.

Die Berechnung von $|E|$ ergibt
$|E| = 6 \cdot 5 \cdot 4$.

Mit $P(E) = \frac{|E|}{|\Omega|}$ folgt schließlich

$$P(E) = \frac{6 \cdot 5 \cdot 4}{6 \cdot 6 \cdot 6} = \frac{120}{216} = \frac{15}{27}.$$

Es gibt 6 Möglichkeiten, eine Augenzahl e_1, dann verbleiben 5 Möglichkeiten, eine Augenzahl $e_2 \neq e_1$ zu würfeln und weiter 4 Möglichkeiten, eine Augenzahl $e_3 \neq e_2 \neq e_1$ zu würfeln.

c)

Mit
$\Omega = \{(111), (112), \ldots, (665), (666)\}$ erhält man wieder
$|\Omega| = 6^3$.

Zur Berechnung von $|E|$:
Die Augensumme 16 kann auf folgende Arten gewürfelt werden:
$\overline{E} = \{(664), (646), (466), (655), (565), (556)\}$.
Damit folgt $|\overline{E}|$. Mit $P(E) = 1 - P(\overline{E})$ erhält man schließlich

$$P(E) = 1 - \frac{6}{6^3} = \frac{35}{36}.$$

$\overline{E}$ ist das Gegenereignis zu E.

d)

Da das Ergebnis des 1. Wurfs schon feststeht, folgt mit
$\Omega = \{(611), (612), \ldots, (665), (666)\}$ für
$|\Omega| = 6^2$.

Unter der Voraussetzung, dass bereits eine 6 gewürfelt wurde, folgt für die Augensumme 12: $E = \{(615), (624), (633, (642), (651)\}$, also $|E| = 5$.

Mit $P(E) = \frac{|E|}{|\Omega|}$ folgt $P(E) = \frac{5}{36}$.

Beachte: $6 + e_2 + e_3 = 12$.

Ein Kartenspiel bestehe aus 32 Karten (Skatblatt, s. Abb.).
Berechnen Sie die Wahrscheinlichkeit dafür, dass jeder der 4 teilnehmenden Spieler einen Buben erhält, wenn alle Karten auf die Spieler gleichmäßig verteilt werden.

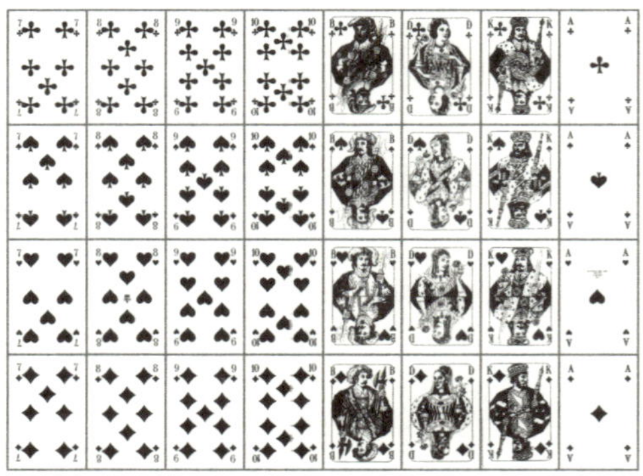

Die 32 Karten lassen sich auf 32! Arten verteilen, dabei führen 8! Verteilungen pro Spieler

Beachte: Für eine Permutation (ohne Wiederholung) gilt:

zum gleichen Blatt. Damit folgt:

$$|\Omega| = \frac{32!}{(8!)^4}$$

Es git 4! Möglichkeiten, die 4 Buben an 4 Spieler zu verteilen. Von den verbleibenden 28 Karten, die auf 28! Arten verteilt werden können, erhält jeder Spieler 7 Karten, wobei 7! Verteilungen pro Spieler zum gleichen Blatt führen. Insgesamt folgt für
E: „ein Bube pro Spieler“ :

$$|E| = \frac{28!}{(7!)^4} \cdot 4!$$

Mit $P(E) = \frac{|E|}{|\Omega|}$ folgt

$$P(E) = \frac{\frac{28!}{(7!)^4} \cdot 4!}{\frac{32!}{(8!)^4}} = \frac{28!(8!)^4 \cdot 4!}{32!(7!)^4} \approx 0{,}1139$$

Die Wahrscheinlichkeit beträgt ca. 11,39%.

$P_{ow}(n) = n!$.

Beachte: Für eine Permutation (mit Wiederholung) gilt:

$$P_{mw}(n) = \frac{n!}{n_1! \cdot n_2! \cdot \ldots \cdot n_i!}.$$

Beachte:

$$P(E) = \frac{|E|}{|\Omega|}$$

Qualitätskontrolle und Zuverlässigkeit

Bei einer Qualitätskontrolle von je 1 000 Glühlampen wurde festgestellt, dass jeweils vier 75-Watt-Lampen, drei 60-Watt-Lampen bzw. zwei 100-Watt-Lampen defekt waren.
Berechnen Sie die Wahrscheinlichkeit dafür, dass unter drei Glühlampen mit jeweils unterschiedlicher Leistung sich eine Glühlampe befindet, die defekt ist.

K

Man legt fest:
A: „75-Watt-Lampe defekt“
B: „60-Watt-Lampe defekt“
C: „100-Watt-Lampe defekt“
Da A, B, C unvereinbare Ereignisse sind, folgt:

$$\begin{aligned} P(A \cup B \cup C) &= P(A) + P(B) + P(C) \\ &= 0{,}004 + 0{,}003 + 0{,}002 \\ &= 0{,}009 \end{aligned}$$

Die Wahrscheinlichkeit beträgt 0,9%.

Die Wahrscheinlichkeit für das Eintreten von mindestens eines von drei paarweise unvereinbaren (d. h. sich einander ausschließenden) Ereignissen A, B, C ist gleich der Summe der Wahrscheinlichkeiten von A und B und C (Additionssatz).

Aus 20 CD-Playern, von denen 2 fehlerhaft sind, werden 4 mit einem Griff zufällig ausgewählt. Berechnen Sie die Wahrscheinlichkeit dafür, dass ein fehlerhafter CD-Player darunter ist.

K

Modellbildung: Urnenmodell ohne Zurücklegen mit $N=20$, $S=2$, $n=4$ und $s=1$, damit folgt:

$$P(X=1)=\frac{\binom{2}{1}\binom{18}{3}}{\binom{20}{4}}$$

$$=\frac{2\cdot 816}{4\,845}\approx 0{,}3368$$

Die Wahrscheinlichkeit beträgt ca. 33,68%.

Beachte: Für das Urnenmodell ohne Zurücklegen gilt

$$P(X=s)=\frac{\binom{S}{s}\binom{N-S}{n-s}}{\binom{N}{n}}.$$

Ein System produziert Bauelemente, von denen auf je 1000 Stück 50 defekte kommen. Berechnen Sie die Wahrscheinlichkeit dafür, dass sich unter

a) 20 zufällig ausgewählten Bauelementen kein defektes,

b) 25 zufällig ausgewählten Bauelementen mindestens ein defektes Bauelement befindet.

Hinweis: Bei dieser Art der Qualitätskontrolle kann davon ausgegangen werden, dass es sich um Ziehen mit Zurücklegen handelt.

a) **K**

Modellbildung:
Urnenmodell mit Zurücklegen mit $N=1\,000$, $S=50$, $p=\frac{S}{N}=0{,}05$, $n=20$ und $s=0$, damit folgt:

$$P(X=0)=\binom{20}{0}\cdot 0{,}05^0\cdot 0{,}95^{20}$$

$$=1\cdot 1\cdot 0{,}95^{20}$$

$$\approx 0{,}3585$$

Die gesuchte Wahrscheinlichkeit beträgt ca. 35,85%.

Bei der Modellvorstellung wird davon ausgegangen, dass der Vorrat an Bauelementen so groß ist, dass die Entnahme eines Bauelements keine Konsequenzen hat, so dass die Annahme „Ziehen mit Zurücklegen“ gerechtfertigt ist.
Beachte:

$$P(X=s)=\binom{n}{s}\cdot\left(\frac{S}{N}\right)^s\cdot\left(1-\frac{S}{N}\right)^{n-s}$$

bzw. für $\frac{S}{N}=p$

$$P(X=s)=\binom{n}{s}\cdot p^s\cdot(1-p)^{n-s}$$

b)

Mit der Überlegung zu (a) erhält man mit $P(„\text{mindestens ein Bauelement defekt}“) = 1 - P(„\text{kein Bauelement defekt}“)$:

$$P(1 \leq X \leq 50) = 1 - P(X = 0) = 1 - 0{,}95^{25} \approx 0{,}7226$$

Die Wahrscheinlichkeit beträgt ca. 72,26%.

K

Beachte:
$P(„\text{mindestens}“) = 1 - P(„\text{kein}“)$
In diesem Fall ist

$$P(X = 0) = \binom{25}{0} \cdot 0{,}05^0 \cdot 0{,}95^{25} = 1 \cdot 1 \cdot 0{,}95^{25} = 0{,}095^{25}$$

Ein System produziert Bauelemente, von denen auf je 1000 Stück 100 defekte kommen. Berechnen Sie die Wahrscheinlichkeit dafür, dass bei einer Palette mit 50 Bauelementen von drei zufällig ausgewählten Bauelementen

a) keines defekt ist, b) genau eines defekt ist bzw. c) mindestens eines defekt ist.

a)

Allgemein gibt es $|\Omega| = \binom{50}{3} = \frac{50 \cdot 49 \cdot 48}{1 \cdot 2 \cdot 3} = 19\,600$ Zusammenstellungen der Stichprobe. Da sich in der Stichprobe keines der 5 defekten Bauelemente befinden soll, gibt es $|E_1| = \binom{45}{3} = \frac{45 \cdot 44 \cdot 43}{1 \cdot 2 \cdot 3} = 14\,190$ günstige Zusammenstellungen. Mit $P(E_1) = \frac{|E_1|}{|\Omega|}$ folgt $P(E_1) = \frac{14\,190}{19\,600} \approx 0{,}724$. Die Wahrscheinlichkeit beträgt ca. 72,4%.

Rechnet man diese Aufgabe nach der Modellvorstellung „Urnenmodell: Ziehen mit Zurücklegen“, so erhält man $P(E_1) \approx 72{,}9\%$; zur Übung sei dies empfohlen.

b)

Allgemein gibt es wieder $|\Omega| = 19\,600$ Zusammenstellungen der Stichprobe. In der Stichprobe soll sich nun genau 1 defektes Bauelement befinden; damit gibt es $|E_2| = \binom{5}{1} \cdot \binom{45}{2} = 4\,950$ günstige Zusammenstellungen der Stichprobe.

Mit $P(E_2) = \frac{|E_2|}{|\Omega|}$ folgt $P(E_2) = \frac{4\,950}{19\,600} \approx 0{,}2526$. Die Wahrscheinlichkeit beträgt ca. 25,26%.

c)

Allgemein gibt es wieder $|\Omega| = 19\,600$ Zusammenstellungen der Stichprobe. Die Stichprobe soll nun mindestens 1 defektes Bauelement enthalten; damit gibt es

$$|E_3| = \binom{5}{1} \cdot \binom{45}{2} + \binom{5}{2} \cdot \binom{45}{1} + \binom{5}{3} \cdot \binom{45}{0} = 4\,950 + 450 + 10 = 5\,410$$

günstige Zusammenstellungen dieser Stichprobe.

Mit $P(E_3) = \frac{|E_3|}{|\Omega|}$ folgt $P(E_2) = \frac{5\,410}{19\,600} \approx 0{,}2760$. Die Wahrscheinlichkeit beträgt ca. 27,6%.

Die Wahrscheinlichkeit des defektfreien Zustands eines Systems (z. B. elektronisches Bauelement, mechanische Anlage) während einer gewissen Zeitdauer T wird oft als **Zuverlässigkeit** bezeichnet.
Betrachtet werden im folgenden zwei Grundtypen von Systemen, sog. Reihen- bzw. Parallelschaltung (s. Abb.), wobei die einzelnen Elemente $T_1, T_2, \ldots, T_n$ voneinander unabhängig sind.

Es gelten folgende allgemeine Aussagen:

Das Reihensystem ist höchstens so zuverlässig, wie das schwächste Element.

Das Parallelsystem ist mindestens so zuverlässig, wie das sicherste Element.

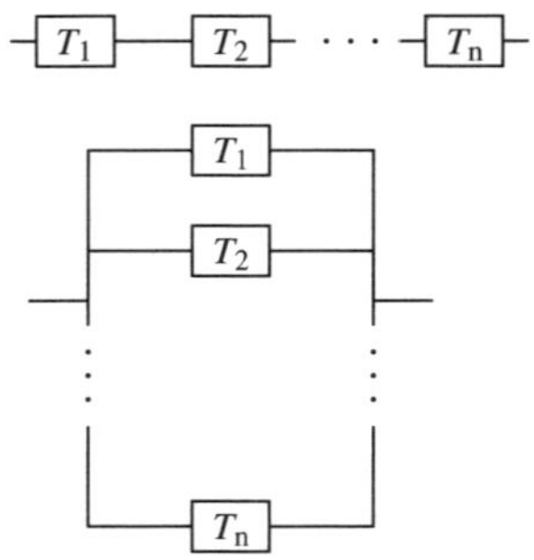

Reihensystem

Parallelsystem

Zur Lösung von Aufgaben, die die Zuverlässigkeit von Systemen bzw. die Ausfallwahrscheinlichkeit von Systemen betreffen, sind folgende Regeln zu beachten:

- Multiplikationsregel für n voneinander unabhängige Ereignisse:
  $P(A_1 \cap A_2 \cap \ldots \cap A_n) = P(A_1) \cdot P(A_2) \cdot \ldots \cap P(A_n)$
  Anmerkung:
  Beachte den Unterschied zwischen den Begriffen „unvereinbar“ und „unabhängig"':
  Für die Unvereinbarkeit zweier Ereignisse A_1 und A_2 gilt:
  $A_1 \cap A_2 = \emptyset$ bzw. $P(A_1 \cap A_2) = 0$.
  Für die Unabhängigkeit zweier Ereignisse A_1 und A_2 gilt:
  $P(A_1 \cap A_2) = P(A_1) \cdot P(A_2)$.

- Additionsregel für n voneinander unabhängige Ereignisse:
  Sind die Ereignisse $A_1, A_2, \ldots, A_n$ unabhängig voneinander, dann ist die Wahrscheinlichkeit dafür, dass mindestens eines der Ereignisse $A_i (i = 1, 2, \ldots, n)$ eintritt:
  $P(A_1 \cup A_2 \cup \ldots \cup A_n) = 1 - [(1 - P(A_1))(1 - P(A_2)) \ldots (1 - P(A_n))]$
  Sonderfall: Für $P(A_i) = p$ gilt: $P_n(A) = 1 - (1 - p)^n$.

Die folgende Zusammenstellung soll helfen, einen schnellen und sicheren Überblick über die Berechnung von Ausfallwahrscheinlichkeit bzw. Zuverlässigkeit eines Systems bei gegebenen Ausfallwahrscheinlichkeiten bzw. Zuverlässigkeiten von Elementen bei Reihen- und Parallelsystemen zu erhalten:

Reihensystem (RS) 	p: Ausfallwahrscheinlichkeit eines Elements	p: Zuverlässigkeit eines Elements
Ausfallwahrscheinlichkeit eines Systems von 2 Elementen eines Systems von n Elementen	 $1-(1-p)^2$ $1-(1-p)^n$	 $1-p^2$ $1-p^n$
Zuverlässigkeit eines Systems von 2 Elementen eines Systems von n Elementen	 $(1-p)^2$ $(1-p)^n$	 p^2 p^n

Parallelsystem (PS) 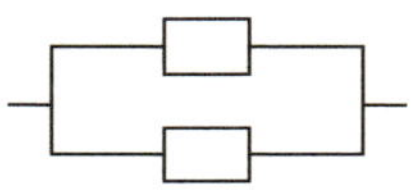	p: Ausfallwahrscheinlichkeit eines Elements	p: Zuverlässigkeit eines Elements
Ausfallwahrscheinlichkeit eines Systems von 2 Elementen eines Systems von n Elementen	 p^2 p^n	 $(1-p)^2$ $(1-p)^n$
Zuverlässigkeit eines Systems von 2 Elementen eines Systems von n Elementen	 $1-p^2$ $1-p^n$	 $1-(1-p)^2$ $1-(1-p)^n$

Berechnen Sie die Ausfallwahrscheinlichkeit für ein System aus 5 Widerständen, die unabhängig voneinander eine Ausfallwahrscheinlichkeit von $p = 0{,}095$ aufweisen bei

a) Reihenschaltung

b) Parallelschaltung

a) Reihenschaltung

K

Bei einer Reihenschaltung fällt das System genau dann aus, wenn mindestens ein Widerstand ausfällt. Damit ist die Wahrscheinlichkeit der Summe von 5 zufälligen Ereignissen zu berechnen:

Das Reihensystem ist höchstens so zuverlässig, wie das schwächste Element, wenn also bereits ein Element ausfällt.
Es ist folgende Gleichung zu benutzen (s. Tab.)

$P_n(A) = 1-(1-p)^n.$

$$P_5(RS) = 1 - (1-p)^5 = 1 - (1-0{,}095)^5 = 1 - 0{,}905^5 \approx 0{,}3929$$

Die Wahrscheinlichkeit, dass das System bei Reihenschaltung ausfällt, beträgt ca. 39,29%.

b) Parallelschaltung

Bei einer Parallelschaltung fällt das System dann aus, wenn sowohl Widerstand 1, als auch Widerstand 2 usw. Widerstand 6 ausfällt. Damit ist die Ausfallswahrscheinlichkeit des Produkts aus 5 zufälligen Ereignissen zu berechnen:

$$P_5(PS) = p^5 = 0{,}095^5 \approx 0{,}00000774$$

Die Wahrscheinlichkeit, dass das System bei Parallelschaltung ausfällt, beträgt ca. 0,000774%; das System fällt bei dieser Schaltungsart praktisch nicht aus.

K

Das Parallelsystem ist mindestens so zuverlässig, wie das schwächste Element, wenn also wenigstens noch ein Element nicht ausfällt.
Es ist folgende Gleichung zu benutzen (s. Tab.)

$$P_n(A) = p^n.$$

Ein System bestehe aus drei Elementen, die wie nebenstehend abgebildet geschaltet sind. Die Zuverlässigkeit (d.h. die Wahrscheinlichkeit des defektfreien Zustand) eines jeden Elements beträgt unabhängig voneinander $p = 0{,}95$.
Berechnen Sie die Zuverläsigkeit des Systems.

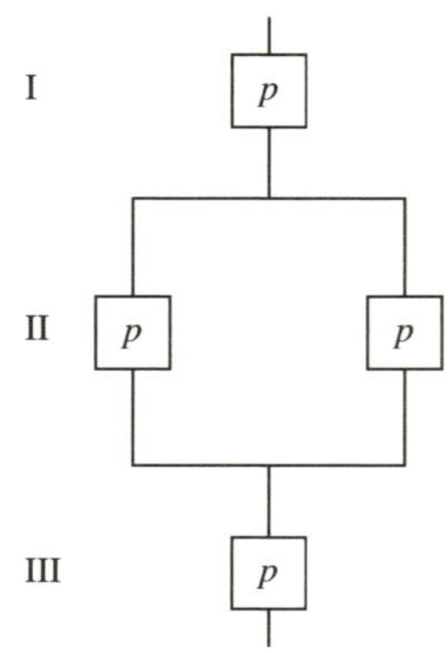

Die Zuverlässigkeit des Teilsystems *II* ist

$$P(PS) = 1 - (1-p)^2.$$

Die Teilsysteme *I*, *II* und *III* stellen ein Reihensystem dar; damit folgt:

$$P = p \cdot \left[1 - (1-p)^2\right] \cdot p.$$

Mit $p = 0{,}95$ folgt:

$$P = 0{,}95 \cdot \left[1 - (1-0{,}95)^2\right] \cdot 0{,}95 \approx 0{,}9002$$

Die Zuverlässigkeit des o. a. Systems beträgt ca. 90,02%.

Das Teilsystem *II* ist ein Parallelsystem; es fällt aus, wenn beide Elemente ausfallen.

Das System aus den Teilsystemen *I*, *II* und *III* ist ein Reihensystem; der Ausfall eines Elements führt zum Ausfall des gesamten Systems.

Eine elektronische Schaltung enthält zwei Widerstände R_1 und R_2, von denen jeder mit einer Wahrscheinlichkeit von $p = 0{,}9$ defektfrei ist (s. Abb. a).

a) Um die Zuverlässigkeit des Systems zu erhöhen, werden zwei Arten von Verdopplungen untersucht:

(i) Verdopplung des gesamten Systems (s. Abb. b)

(ii) Verdopplung jedes einzelnen Elements (s. Abb. c)

Berechnen Sie für die Verdopplungsarten die Zuverlässigkeit des Systems.

b) Untersuchen Sie diese Fragestellung für eine Reihenschaltung aus n Widerständen, von denen jeder mit der Wahrscheinlichkeit p defektfrei ist.

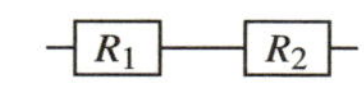

- a -

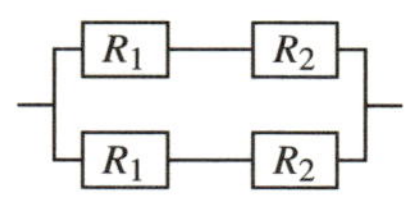

- b -

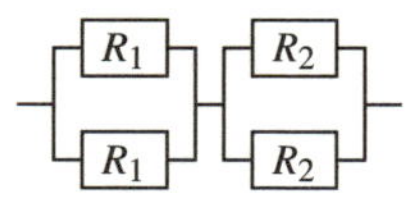

- c -

a)

Für die Zuverlässigkeit der Reihenschaltung zweier Widerstände bei gegebener Zuverlässigkeit p der Einzelelemente gilt:

$$P_2(RS) = p^2.$$

Mit $p = 0{,}9$ folgt $P_2(RS) = 0{,}81$.

Das Reihensystem fällt dann aus, wenn mindestens ein Element ausfällt.

Zu i:
Für eine Parallelschaltung aus zwei Elementen gilt:

$$P = 1 - (1-p)^2,$$

wobei für p die oben ermittelte Zuverlässigkeit einzusetzen ist:

$$P_a = 1 - (1-p^2)^2 \approx 0{,}9639.$$

Eine Verdopplung des gesamten Systems bedeutet, dass eine Parallelschaltung aus zwei Reihenschaltungen aufgebaut wird.

Zu ii:
Für eine Reihenschaltung aus zwei Elementen gilt:

$$P = p^2$$

wobei für p die Zuverlässigkeit $1-(1-p)^2$ einzusetzen ist:

$$P_b = \left(1-(1-p)^2\right)^2 \approx 0{,}9801.$$

Die Zuverlässigkeit der Verdopplungsmethode (b) ist also größer als die von (a).

Eine Verdopplung jedes einzelnen Elements bedeutet, dass eine Reihenschaltung aus zwei Parallelschaltungen aufgebaut wird.

b) K

Eine Verallgemeinerung der Verdopplungsmethoden (a) bzw. (b) führt auf folgende Zuverlässigkeiten:

$$P_a = 1 - (1-p^n)^2$$

bzw.

$$P_b = \left[1-(1-p)^2\right]^n.$$

Aus der o. a. Aufgabenstellung und deren Lösung ist zu vermuten, dass gilt:

$$P_b > P_a$$

Wegen

$$P_b = p^n(2-p)^n$$

Man rechnet:

$$\left[1-(1-p)^2\right]^n = \left[1-1+2p-p^2\right]^n = p^n(2-p)^n$$

und

$P_a = p^n(2-p^n)$

genügt es, für alle $n > 1$ und $0 < p < 1$ die Ungleichung

$(2-p)^n > 2-p^n$

zu beweisen. Mit $q = 1-p (q > 0)$ folgt

$(2-1-q)^n > 2-p^n$

bzw.

$(1+q)^n + (1-q)^n > 2.$

Unter Beachtung des binomischen Lehrsatzes folgt

$(1+q)^n + (1-q)^n = 2 + n(n-1)q^2 + \ldots > 2$

was zu beweisen war.

bzw.

$$1-(1-p^n)^2 = 1-1+2p^n - p^{2n} = p^n(2-p^n)$$

Beachte:

$$(1+q)^n = \left[1 + nq + \frac{n(n+1)}{2} q^2 + \ldots\right]$$

sowie

$$(1-q)^n = \left[1 - nq + \frac{n(n+1)}{2} q^2 - + \ldots\right]$$

Geometrische Wahrscheinlichkeiten

Wahrscheinlichkeiten, die auf Grund von geometrischen Überlegungen (Längen- bzw. Flächenvergleiche) ermittelt werden, nennt man geometrische Wahrscheinlichkeiten.
Es gelten folgende Regeln:

- Geometrische Wahrscheinlichkeiten auf einem Intervall $\Omega = [a; b]$:
  Sind die Ergebnisse eines Zufallsexperiments gleichmäßig auf Ω verteilt, d. h., die Wahrscheinlichkeit für ein Teilintervall $A = [c; d] \subseteq \Omega$ hänge nur von der Länge von A, nicht jedoch von seiner Lage ab, dann heißt die durch

  $$P(A) = \frac{d-c}{b-a} = \frac{l(A)}{l(\Omega)} = \frac{\text{Länge von } A}{\text{Länge von } \Omega}$$

  definierte Funktion P die geometrische Wahrscheinlichkeit auf dem Intervall $[a; b]$.
- Geometrische Wahrscheinlichkeiten auf einem Gebiet Ω:
  Es sei Ω ein abgeschlossenes Gebiet der Zahlenebene mit dem endlichen Flächeninhalt $F(\Omega)$. Wählt man aus Ω zufällig einen Punkt Q aus, wobei die Wahrscheinlichkeit dafür, dass Q in einer Teilmenge $A \subseteq \Omega$ liegt, nur vom Flächeninhalt $F(A)$ und nicht von dessen Länge auf Ω abhängt, so heißt die durch

$$P(A) = \frac{F(A)}{F(\Omega)} = \frac{\text{Flächeninhalt von } A}{\text{Flächeninhalt von } \Omega}$$

definierte Funktion P die geometrische Wahrscheinlichkeit auf dem Gebiet Ω.
Hinweis: Einzelne Punkte und Linien besitzen in der Ebene die geometrische Wahrscheinlichkeit 0.

Auf einer Strecke der Länge $\overline{OC} = c$ werden unabhängig voneinander und zufällig zwei Punkte A und B markiert.
Berechnen Sie die Wahrscheinlichkeit für das Ereignis I, zufällig einen Punkt aus dem Intervall $\overline{AB} = b - a$ auszuwählen.

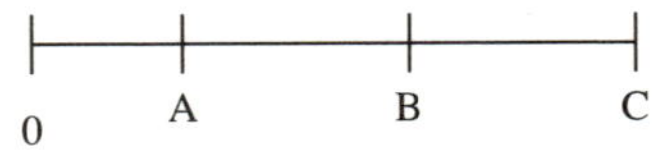

K

Für das sichere Ereignis gilt:

$l(\Omega) = c$

Die günstige Länge entspricht der Länge des Teilintervalls

$l(\overline{AB}) = b - a.$

Die geometrische Wahrscheinlichkeit beträgt dann

$$P(I) = \frac{b-a}{c}.$$

Beachte:

$$P(A) = \frac{l(A)}{l(\Omega)} = \frac{\text{Länge von } A}{\text{Länge von } \Omega}$$

Auf einem Rummel kommt es darauf an, mit einem Wurfpfeil einen der weißen Kreisringe der abgebildeten Scheibe zu treffen. Die Scheibe hat einen Radius von 40 cm. Die Radien der markierten Kreisflächen sind (von Außen nach Innen):
$r_1 = 36$ cm, $r_2 = 30$ cm, $r_3 = 25$ cm,
$r_4 = 15$ cm, $r_5 = 8$ cm.
Berechnen Sie die Wahrscheinlichkeit dafür, die weißen Kreisringe zu treffen (es zählen nur die Versuche, bei denen die Scheibe rein zufällig getroffen wird).

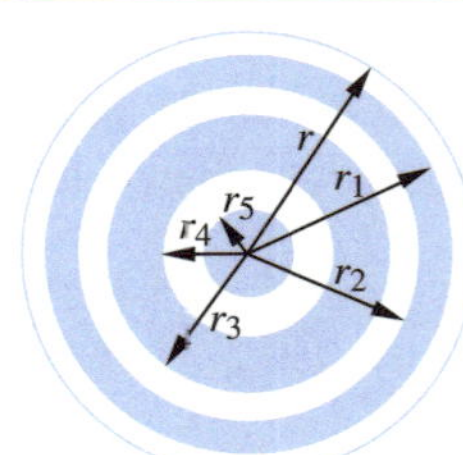

K

Die Fläche der gesamten Scheibe ist der mögliche Treffbereich $F(\Omega) = \pi r^2 = 1\,600\pi$. Die Berechnung der Fläche der weißen Kreisringe ergibt

$$F(AB) = 304\pi + 275\pi + 161\pi = 740\pi.$$

Die geometrische Wahrscheinlichkeit beträgt

$$P(A) = \frac{740\pi}{1\,600\pi} \approx 0{,}4625,$$

also ca. 46,25%.

Die Fläche eines Kreises folgt aus $A = \pi r^2$.

Für die Fläche eines Kreisrings mit $r_2 > r_1$ gilt

$$A = \pi(r_2^2 - r_1^2).$$

Beachte:

$$P(A) = \frac{F(A)}{F(\Omega)} = \frac{\text{Fläche von } A}{\text{Fläche von } \Omega}$$

In der quadratischen Gleichung $x^2 + px + q = 0$ werden die Zahlen p, q unabhängig und zufällig aus dem Intervall $[0; 9] \in \mathbb{R}$ ausgewählt.
Berechnen Sie die Wahrscheinlichkeit dafür, dass die entsprechende quadratische Gleichung reelle Lösungen besitzt.

K

Beachtet man die Lösungsformel für eine quadratische Gleichung in Normalform, so hat diese genau dann reelle Lösungen, wenn gilt

$$\frac{p^2}{4} \geq q.$$

Da das Zufallsexperiment in der Auswahl eines Zahlenpaars $(p; q)$ mit $0 \leq p \leq 9$ und $0 \leq q \leq 9$ besteht, folgt $F(\Omega) = 81$.
Um die Bedingung

$$\frac{p^2}{4} \geq q$$

zu erfüllen, ist der Flächeninhalt unterhalb der Parabel $q = \frac{p^2}{4}$ zu ermitteln:

$$\begin{aligned} F(A) &= \int_0^6 \frac{p^2}{4}\,dp + 3 \cdot 9 \\ &= \left[\frac{p^3}{12}\right]_0^6 + 27 \\ &= 45 \end{aligned}$$

Die quadratische Gleichung $x^2 + px + q = 0$ in Normalform hat die Lösungen

$$x_{1,2} = -\frac{p}{2} \pm \sqrt{\left(\frac{p}{2}\right)^2 - q}.$$

Beachte:

$$\frac{1}{4}\int x^2\,dx = \frac{1}{4} \cdot \frac{x^3}{3} + C$$

Damit folgt:

$$P(A) = \frac{45}{81} \approx 0{,}5556$$

Die gesuchte geometrische Wahrscheinlichkeit beträgt ca. 55,56%.

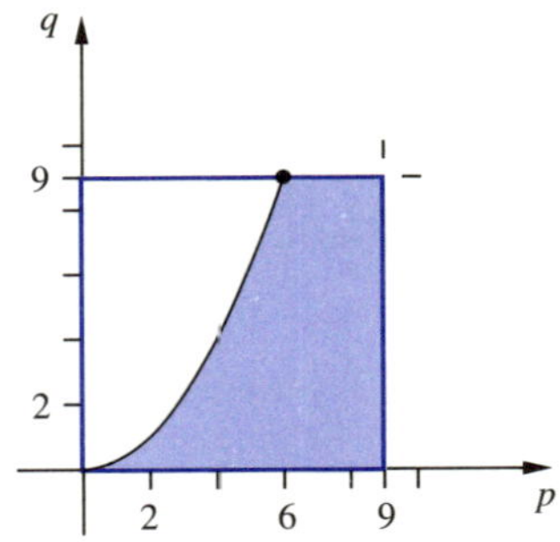

3.3 Baumdiagramm und Pfadregeln

Bestehen Zufallsexperimente jeweils nur aus einem Vorgang (z. B. einmaliges Werfen einer oder mehrerer Münzen, Würfel o. ä. bzw. einmaliges Ziehen einer oder mehrerer Kugeln aus einer Urne), so handelt es sich um ein einstufiges Zufallsexperiment. Ein mehrstufiges Zufallsexperiment liegt dann vor, wenn sich ein Experiment aus mehreren nacheinander ablaufenden zusammensetzt.
Die Ergebnismenge mehrstufiger Zufallsexperimente lässt sich in einem Baumdiagramm (s. auch Kap. I) übersichtlich darstellen.

Beispiel:
In einer Urne befinden sich 5 schwarze (s) und 7 weiße (w) Kugeln. Es werden nacheinander zwei Kugeln ohne Zurücklegen (mit einem Griff) gezogen und ihre Farbe notiert. Es ist die Wahrscheinlichkeit dafür anzugeben, dass beide gezogenen Kugeln verschiedenfarbig sind.

Darstellung des Zufallsexperimentes durch ein Baumdiagramm

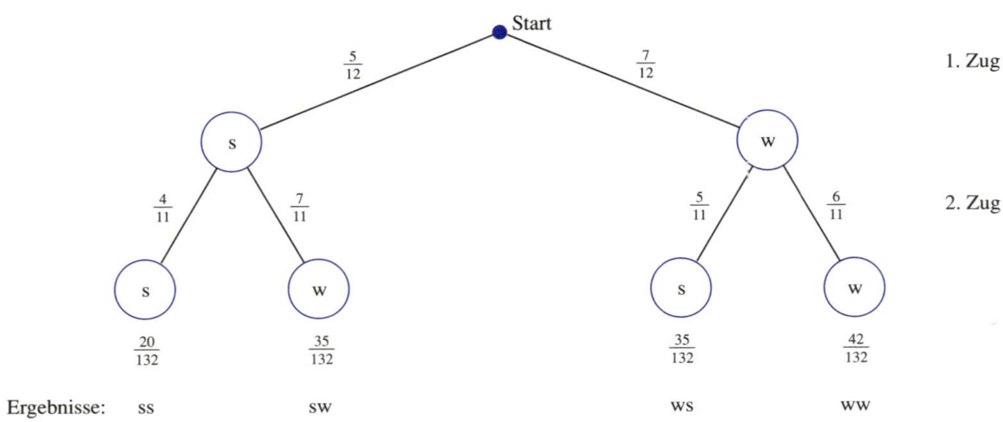

Hinweise zur Konstruktion eines Baumdiagramms:

- Festlegung der Stufenanzahl
- Unterscheidung zwischen Zweig- und Pfadwahrscheinlichkeit
- Beachten der Summe der von einem Knoten ausgenden Zweigwahrscheinlichkeiten (diese beträgt jeweils 1)
- Beachten der Summe der Pfadwahrscheinlichkeiten (diese beträgt 1).

Die Abbildung zeigt die Zweig- und Pfadwahrscheinlichkeiten für das Zufallsexperiment; z. B. gilt $P(sw) = \frac{5}{12} \cdot \frac{7}{11} = \frac{35}{12} \approx 0{,}2652$. Zur Lösung der Aufgabe wird als Ereignis definiert E: „Kugeln sind verschiedenfarbig". Damit erhält man: $E = \{sw, ws\}$. Das Ereignis E besteht aus den beiden Ergebnissen sw und ws. Die Wahrscheinlichkeit von E ist dann

$$P(E) = P(sw) + P(ws) = \frac{35}{132} + \frac{35}{132} = \frac{70}{132} \approx 0{,}5303.$$

Die Ergebnisse dieses Beispiels führen zu folgenden Pfadregeln für Baumdiagramme:

- **Pfadregel 1:** Die Wahrscheinlichkeit eines Pfades ist gleich dem Produkt der Zweigwahrscheinlichkeiten längs des Pfades (Produktregel).
- **Pfadregel 2:** Die Wahrscheinlichkeit eines Ereignisses ist gleich der Summe der zugehörigen Pfadwahrscheinlichkeiten (Summenregel).

In einer Urne befinden sich drei schwarze (s), zwei rote (r) und eine blaue (b) Kugel. Es werden nacheinander zwei Kugeln ohne Zurücklegen gezogen und ihre Farbe notiert.

a) Zeichnen Sie ein Baumdiagramm.

b) Berechnen Sie die Wahrscheinlichkeiten folgender Ereignisse:
A: „s b", B : „ss", C : „zwei gleichfarbige Kugeln" bzw. D : „zuerst eine rote Kugel".

c) Berechnen Sie die Wahrscheinlichkeit des Ereignisses
E: „es wird mindestens eine schwarze Kugel gezogen".

a) Baumdiagramm

K

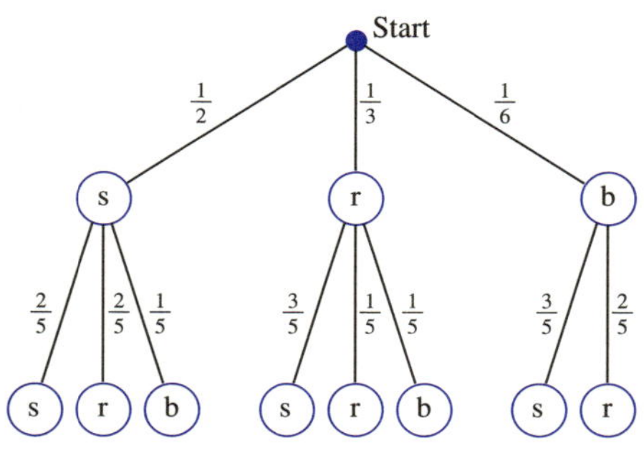

Eigenschaften des Baumdiagramms:
Stufenanzahl: 2
Anzahl der möglichen Fälle im ersten Zug: $|\Omega| = 6$.
Anzahl der günstigen Fälle für schwarz im ersten Zug 3, rot 2 und blau 1.
Anzahl der möglichen Fälle im zweiten Zug: $|\Omega| = 5$.
Anzahl der günstigen Fälle für die entsprechenden Kugelfarben ist abhängig von der im ersten Zug entnommenen Kugelfarbe.

b)

$$P(A) = P(\{sb\}) = \frac{1}{2} \cdot \frac{1}{5} = \frac{1}{10} = 0{,}1$$

$$P(B) = P(\{ss\}) = \frac{1}{2} \cdot \frac{2}{5} = \frac{1}{5} = 0{,}2$$

$$\begin{aligned} P(C) &= P(\{ss, rr\}) \\ &= \frac{1}{2} \cdot \frac{2}{5} + \frac{1}{3} \cdot \frac{1}{5} \\ &= \frac{4}{15} \approx 0{,}2667 \end{aligned}$$

$$\begin{aligned} P(D) &= P(\{rs, rr, rb\}) \\ &= \frac{1}{3} \cdot \frac{3}{5} + \frac{1}{3} \cdot \frac{1}{5} + \frac{1}{3} \cdot \frac{1}{5} \\ &= \frac{1}{3} \\ &\approx 0{,}3333 \end{aligned}$$

K

Die Wahrscheinlichkeit eines Pfades ist gleich dem Produkt der Zweigwahrscheinlichkeiten längs des Pfades (Produktregel).

Die Wahrscheinlichkeit eines Ereignisses ist gleich der Summe der zugehörigen Pfadwahrscheinlichkeiten (Summenregel).

c)

$$P(E) = P(\{ss, sr, sb, rs, bs\}) = \frac{4}{5} = 0{,}8$$

Die Wahrscheinlichkeit beträgt 80%.

K

Beachte:

$$\begin{aligned} P(E) &= 1 - P(\overline{E}) \\ &= 1 - P(\{rr, rb, br\}) \\ &= 1 - \frac{3}{15} \\ &= 0{,}8 \end{aligned}$$

Ein bestimmtes Produkt durchläuft einen dreistufigen Produktionsprozess. Auf der ersten Stufe gibt es 15% fehlerhafte Produkte, auf der zweiten Stufe 20% fehlerhafte und auf der dritten Stufe 25% fehlerhafte Produkte.

a) Zeichnen Sie ein Baumdiagramm.

Berechnen Sie die Wahrscheinlichkeiten

b) für ein fehlerfreies Produkt

c) für ein Produkt, das nur einen Fehler aufweist

d) für ein Produkt, das zwei oder drei Fehler aufweist.

a) Baumdiagramm

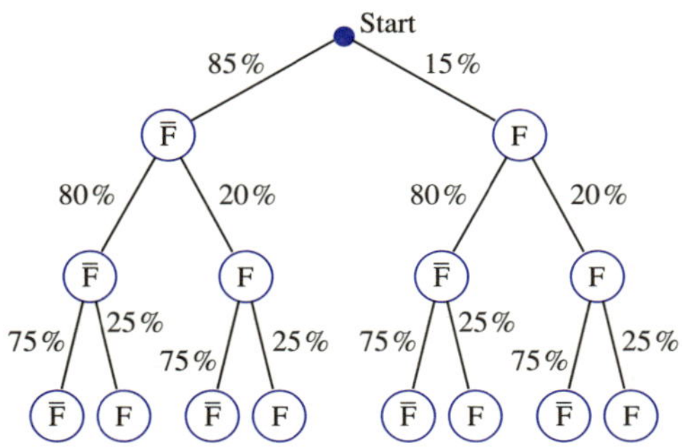

Eigenschaften des Baumdiagramms:
Stufenanzahl: 3
Es ist zwischen fehlerfreien Produkten ($\overline{F}$) und fehlerhaften Produkten (F) zu unterscheiden.

b) fehlerfreies Produkt

Mit Hilfe der Produktregel folgt für A: „Produkt fehlerfrei"

$$P(A) = 0{,}85 \cdot 0{,}8 \cdot 0{,}75 \ = \ 0{,}51$$

Die Wahrscheinlichkeit beträgt 51 %.

Die Wahrscheinlichkeit eines Pfades ist gleich dem Produkt der Zweigwahrscheinlichkeiten längs des Pfades (Produktregel).

c) Produkt mit einem Fehler

Mit Hilfe der Produkt- und Summenregel folgt für B: „Produkt mit einem Fehler":

$$\begin{aligned} P(B) &= 0{,}85 \cdot 0{,}8 \cdot 0{,}25 + 0{,}85 \cdot 0{,}2 \cdot 0{,}75 \\ &\quad 0{,}15 \cdot 0{,}8 \cdot 0{,}75 \\ &\approx 0{,}3875 \end{aligned}$$

Die Wahrscheinlichkeit beträgt ca. 38,75 %.

Die Wahrscheinlichkeit eines Pfades ist gleich dem Produkt der Zweigwahrscheinlichkeiten längs des Pfades (Produktregel).
Die Wahrscheinlichkeit eines Ereignisses ist gleich der Summe der zugehörigen Pfadwahrscheinlichkeiten (Summenregel).

c) Produkt mit zwei oder drei Fehlern

Mit Hilfe der Produkt- und Summenregel folgt für C: „Produkt mit zwei oder drei Fehlern":

$$\begin{aligned} P(C) &= 0{,}85 \cdot 0{,}2 \cdot 0{,}25 + 0{,}15 \cdot 0{,}8 \cdot 0{,}25 \\ &\quad 0{,}15 \cdot 0{,}2 \cdot 0{,}75 + 0{,}15 \cdot 0{,}2 \cdot 0{,}25 \\ &\approx 0{,}1025 \end{aligned}$$

Die Wahrscheinlichkeit beträgt ca. 10,25 %.

Die Wahrscheinlichkeit eines Pfades ist gleich dem Produkt der Zweigwahrscheinlichkeiten längs des Pfades (Produktregel).
Die Wahrscheinlichkeit eines Ereignisses ist gleich der Summe der zugehörigen Pfadwahrscheinlichkeiten (Summenregel).

Ein Multiple-Choice-Test enthält 6 Fragen mit jeweils 6 Antworten, von denen jeweils genau eine richtig ist. Der Test soll als bestanden gelten, wenn mehr als drei Fragen richtig beantwortet wurden.
Berechnen Sie die Wahrscheinlichkeit dafür, dass bei zufälligem Ankreuzen der Antworten der Test bestanden wird.

Multiple-Choice-Test

K

Jede Frage kann mit einer Wahrscheinlichkeit von $\frac{1}{6}$ richtig beantwortet werden.

Der Multiple-Choice-Test kann als 6-stufiges Zufallsexperiment aufgefasst werden.
Auszug aus dem Baumdiagramm:

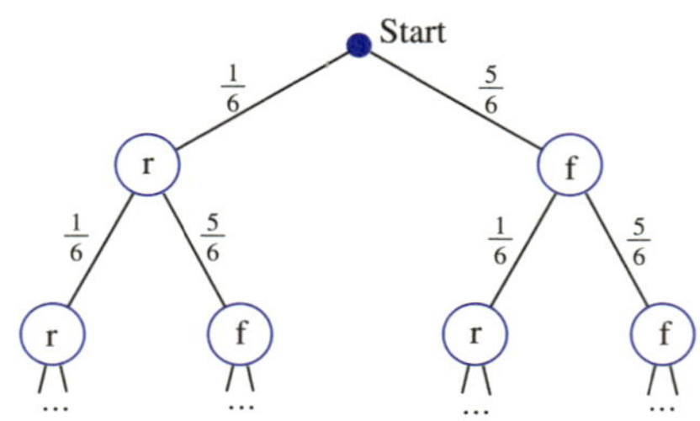

Es gibt nur einen Pfad mit 6 richtigen Antworten. Die dazugehörige Wahrscheinlichkeit beträgt dann $\left(\frac{1}{6}\right)^6$.

Es gibt 6 Pfade, die jeweils 5 richtige und eine falsche Antwort enthalten, damit folgt $6 \cdot \left(\frac{1}{6}\right)^5 \cdot \frac{5}{6}$.

Es gibt 12 Pfade, die jeweils 4 richtige und zwei falsche Antworten enthalten, damit folgt $15 \cdot \left(\frac{1}{6}\right)^4 \cdot \left(\frac{5}{6}\right)^2$.

Die Wahrscheinlichkeit eines Pfades ist gleich dem Produkt der Zweigwahrscheinlichkeiten längs des Pfades (Produktregel).

Insgesamt folgt für E: „Test bestanden“:

$$\begin{aligned} P(E) &= \left(\frac{1}{6}\right)^6 + 6 \cdot \left(\frac{1}{6}\right)^5 \cdot \left(\frac{5}{6}\right) \\ &\quad + 15 \cdot \left(\frac{1}{6}\right)^4 \cdot \left(\frac{5}{6}\right)^2 \\ &\approx 0{,}0087 \end{aligned}$$

Die Wahrscheinlichkeit eines Ereignisses ist gleich der Summe der zugehörigen Pfadwahrscheinlichkeiten (Summenregel).

Die Chance, einen Test dieser Art mit zufälligem Ankreuzen zu bestehen, beträgt ca. 0,87%, ist also sehr klein.

Ein Dominospiel enthält 28 unterschiedliche Steine mit Kombinationen von jeweils zwei Zahlen. Es werden die Zahlen 1 bis 6 als Punktemuster dargestellt (fehlt ein Muster, so steht dies für Null). Die Spielregeln verlangen, dass nur solche Steine aneinander gelegt werden dürfen, die an der Anschlussseite identische Punktemuster aufweisen.

a) Konstruieren Sie für den allgemeinen Fall ein Baumdiagramm.

b) Berechen Sie die Wahrscheinlichkeit dafür, dass zwei Steine zusammen passen.

Hinweis: Es werden zwei Arten von Dominosteinen unterschieden; es gibt 21 unterschiedliche Steine mit unterschiedlichen Punktemuster und 7 Steine mit jeweils gleichem Punktemuster.

a) Baumdiagramm

Reduziertes Baumdiagramm:

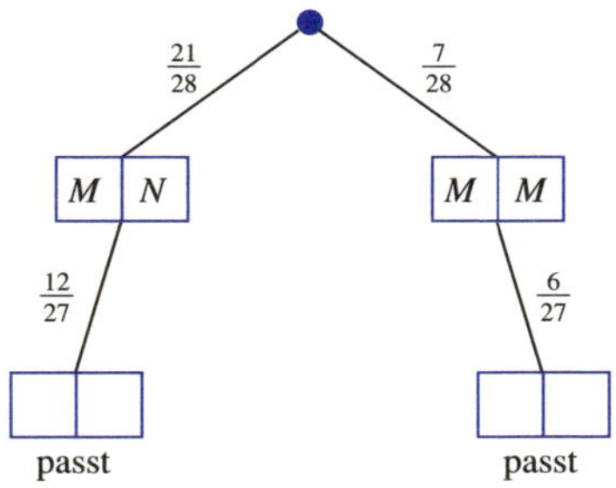

Da zuerst ein Stein genommen wird und dann ein zweiter zum Anlegen, liegt ein zweistufiges Zufallsexperiment vor.
Die beiden Arten der Dominosteine mit unterschiedlichen Muster werden mit *MN* bezeichnet, die mit jeweils gleichem Muster mit *MM*.
Aus der Aufgabenstellung liest man für die Stufe 1 ab: $|\Omega| = 28$, für E_1: „MN" sowie E_2: „MM" folgen $|E_1| = 21$ bzw. $|E_2| = 7$.
In Stufe 2 kann man alle Steine an *M* anlegen, die ebenfalls das Muster *M* zeigen, davon gibt es 6 Steine, da der bereits vorliegende Stein einzigartig ist; analog folgert man für *N*, mithin gibt es 12 passende Steine.
Zeigt das Muster *MM*, so kann man einen passenden Stein entweder rechts oder links anlegen; insgesamt gibt es 6 von 27 Möglichkeiten.

b)

Aus dem Baumdiagramm folgt für
E: „Dominostein passt":

$$P(E) = \frac{21}{28} \cdot \frac{12}{27} + \frac{7}{28} \cdot \frac{6}{27}$$
$$\approx 0{,}3883$$

Die Wahrscheinlichkeit dafür, dass beim zufälligen Auswählen zwei Dominosteine zusammen passen, beträgt ca. 38,83%,

Die Wahrscheinlichkeit eines Pfades ist gleich dem Produkt der Zweigwahrscheinlichkeiten längs des Pfades (Produktregel).

Die Wahrscheinlichkeit eines Ereignisses ist gleich der Summe der zugehörigen Pfadwahrscheinlichkeiten (Summenregel).

Eine Urne enthält 25 Kugeln von denen n schwarz und der Rest weiß ist. Es werden ohne zwischenzeitliches Zurücklegen zwei Kugeln gezogen.

a) Berechnen Sie die Wahrscheinlichkeit dafür, dass die Kugeln gleichfarbig sind. Zeichnen Sie ein reduziertes Baumdiagramm.

b) Berechnen Sie die Wahrscheinlichkeit dafür, dass für $n = 12$ zwei gleichfarbige Kugeln gezogen werden.

c) Für welche Anzahl n ist die Wahrscheinlichkeit für das Ziehen von gleichfarbigen Kugeln gleich 0,5?

a)

Reduziertes Baumdiagramm:

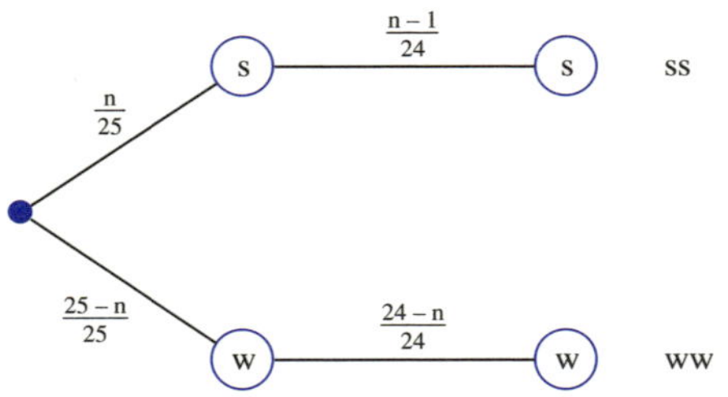

Die beiden Pfadregeln für Baumdiagramme liefern für E: „gleichfarbige Kugeln“:

$$P(E) = \frac{n}{25} \cdot \frac{(n-1)}{24} + \frac{(25-n)}{25} \cdot \frac{(24-n)}{24}$$
$$= \frac{n^2 - n + n^2 - 49n + 600}{600}$$
$$= \frac{2n^2 - 50n + 600}{600}$$

K

Das reduzierte Baumdiagramm enthält nur die für das Ereignis
E: „gleichfarbige Kugeln“ günstigen Pfade.
Da Ziehen ohne Zurücklegen vorliegt, verringert sich der Urneninhalt nach dem ersten Zug.
Es gelten:

$$P(ss) = \frac{n}{25} \cdot \frac{(n-1)}{24}$$
$$= \frac{n^2 - n}{600}$$

bzw.

$$P(ww) = \frac{(25-n)}{25} \cdot \frac{(24-n)}{24}$$
$$= \frac{n^2 - 49n + 600}{600}$$

$$P(E) = P(ss) + P(ww)$$

b)

Mit dem Ergebnis aus (a) und $n = 12$ folgt:

$$P(E_{n=12}) = \frac{2 \cdot 12^2 - 50 \cdot 12 + 600}{600}$$
$$= \frac{288}{600} = 0{,}48$$

Die Wahrscheinlichkeit beträgt Fall 48%.

K

$n = 12$ muss in die Formel aus Teilaufgabe (a) eingesetzt werden.

c)

Aus $P(E) = 0{,}5$ folgt:

$$\frac{2n^2 - 50n + 600}{600} = 0{,}5$$
$$2n^2 - 50n + 600 = 300$$
$$n^2 - 25n + 300 = 0$$

K

Der Ansatz $P(E) = 0{,}5$ liefert eine quadratische Gleichung zur Bestimmung der Werte für n.

c) K

und weiter mit Hilfe der pq–Formel:

$$n_{1,2} = \frac{25}{2} \pm \sqrt{\frac{625}{4} - \frac{600}{4}} = \frac{25}{2} \pm \frac{5}{2}$$

Damit folgt $n_1 = 15$ bzw. $n_2 = 10$.
Für $n = 15$ bzw. $n = 10$ beträgt die Wahrscheinlichkeit genau 0,5 bzw. 50%.

Die pq–Formel zur Bestimmung der Lösungen einer quadratischen Gleichung in Normalform lautet

$$n_{1,2} = -\frac{p}{2} \pm \sqrt{\left(\frac{p}{2}\right)^2 - q}$$

3.4 Multiple-Choice-Test

(Lösungen auf Seite 237)

1. Bei einer Stichprobe an 4 825 Personen wird die relative Häufigkeit der Zuneigung zur Partei ABC mit 16% angegeben. Wie viele der befragten Personen gaben an, der Partei ABC nahe zu stehen?

A) 727 B) 772 C) 277 D) 4 053 E) 4 098 F) 4 548

2. An einer Schule befinden sich 156 Schüler in der Sekundarstufe II; diese Anzahl macht 26% aller Schüler der Schule aus. Wie viele Schüler hat die Schule?

A) 252 B) 78 C) 1 667 D) 600 E) 1 200 F) 800

3. Die Wahrscheinlichkeit für das günstige Ereignis eines Zufallsexperiments sei 35%. Wie oft muss das Zufallsexperiment (ungefähr) durchgeführt werden, damit das Ereignis 245mal eintritt?

A) 8 600 B) 2 920 C) 860 D) 290 E) 7 000 F) 700

4. Angenommen, 70% der Berliner trinken Bier und 60% Wein. Wie groß ist die Wahrscheinlichkeit dafür, dass ein Berliner Bier und Wein trinkt?

A) 10% B) 42% C) 13% D) 11,67% E) 76% F) 67%

5. In einer Urne liegen 20 schwarze, 30 weiße und 50 rote Kugeln. Wie groß ist die Wahrscheinlichkeit dafür, dass beim zweimaligen Ziehen mit Zurücklegen zuerst eine weiße und dann eine rote Kugel gezogen wird?

A) 15% B) 20% C) 25% D) 50% E) 60% F) 70%

6. Aus einem Skatspiel (32 Karten, 4 Farben) wird zufällig eine Karte gezogen. Wie groß ist die Wahrscheinlichkeit dafür, dass die gezogene Karte Karo oder eine Lusche („7", „8", „9") ist?

A) 9,3% B) 12,5% C) 25% D) 37,5% E) 46,8% F) 53,13%

7. Wie groß ist beim einmaligen Werfen von 2 unterscheidbaren Würfeln die Wahrscheinlichkeit dafür, dass beide Würfel nicht die gleiche Augenzahl zeigen?

A) 2,78% B) 97,22% C) 83,33% D) 96,22% E) 16,67% F) 3,78%

8. In einer Urne befinden sich 16 schwarze und eine unbekannte Anzahl weißer Kugeln. Wie groß ist die Anzahl der weißen Kugeln, wenn die Wahrscheinlichkeit, eine weiße Kugel zu ziehen, 20% beträgt?

A) 2 B) 3 C) 4 D) 5 E) 6 F) 8

9. Wie groß ist die Wahrscheinlichkeit dafür, dass beim Roulette die Kugel auf einem Feld liegen bleibt, dessen Zahl zum unteren Dutzend gehört?

A) 50% B) 33% C) 67% D) 48,65% E) 32,43% F) 8,11%

10. In einer Urne befinden sich 6 schwarze und 5 weiße Kugeln. Wie groß ist die Wahrscheinlichkeit dafür, dass der Urne 3 schwarze Kugeln nacheinander und ohne Zurücklegen der gezogenen Kugeln entnommen werden.

A) 16,23% B) 21,82% C) 9,02% D) 12,12% E) 83,33% F) 57,65%

11. In einer Urne befinden sich 6 schwarze und 5 weiße Kugeln. Wie groß ist die Wahrscheinlichkeit dafür, dass der Urne 3 schwarze Kugeln nacheinander und mit Zurücklegen der gezogenen Kugeln entnommen werden.

A) 16,23% B) 21,82% C) 9,02% D) 12,12% E) 83,33% F) 57,65%

12. Wie groß ist die Wahrscheinlichkeit dafür, dass mit zwei Würfeln die Augensumme neun gewürfelt wird?

A) 12,5% B) 72,5% C) 50% D) 16,67% E) 22,22% F) 11,11%

13. Zwei Urnen stehen nebeneinander. In der einen Urne befinden sich sieben schwarze Kugeln und drei weiße Kugeln, in der anderen vier schwarze und sechs weiße Kugeln. Wie groß ist die Wahrscheinlichkeit dafür, dass aus beiden Urnen gleichzeitig je eine schwarze Kugel gezogen wird?

A) 70% B) 40% C) 30% D) 28% E) 14% F) 8%

14. In einer Klasse befinden sich 30 Schüler. Wie groß ist die Wahrscheinlichkeit dafür, dass mindestens zwei Schüler am selben Tag Geburtstag haben?

A) 29,4% B) 50% C) 60,5% D) 65,8% E) 70,6% F) 39,5%

15. Auf einem Brett mit hohem Rand (Abmessungen 60 cm mal 30 cm) ist ein Kreis mit dem Radius 7,5 cm markiert. Auf das Brett wird eine Münze mit dem Durchmesser von 3 cm so geworfen, dass sie zufällig auf dem Brett liegen bleibt. Wie groß ist die Wahrscheinlichkeit dafür, dass die Münze vollständig im Innern des Kreises liegen bleibt?

A) 6,28% B) 7,35% C) 11,48% D) 9,82% E) 8,73% F) 2,87%

16. Ein Drahtgitter mit quadratischen Maschen der Seitenlänge 10 cm dient als Zaun beim Ballspielen mit einem Ball, der einen Durchmesser von 6 cm hat. Welche Chance hat der Ball durch das Gitter zu fliegen ohne dieses zu berühren?

A) 36% B) 72% C) 16% D) 70% E) 9% F) 30%

17. Peter Zielwasser behauptet, ein Ziel beim Ballwerfen mit einer Wahrscheinlichkeit von 30% zu treffen. Wie viele solcher Ballwürfe muss er absolvieren um mit einer Wahrscheinlichkeit von wenigstens 80% ein Ziel mindestens einmal zu treffen?

A) 10 B) 8 C) 6 D) 5 E) 4 F) 16

18. In einer Urne befinden sich sechs schwarze, drei weiße und eine rote Kugel. Der Urne werden nacheinander zwei Kugeln zufällig und ohne Zurücklegen entnommen. Wie groß ist die Wahrscheinlichkeit dafür, dass die zweite entnommene Kugel schwarz ist?

A) 33,33% B) 66,67% C) 20% D) 40% E) 60% F) 80%

19. Welche Zuverlässigkeit besitzt das abgebildete System für den Fall, dass gilt $p = 0{,}8$?

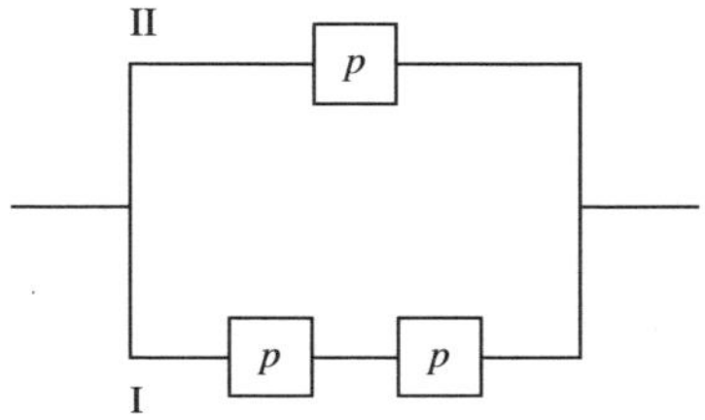

A) 0,512
B) 0,488
C) 0,928
D) 0,008
E) 0,82
F) 0,64

20. Welche Zuverlässigkeit besitzt das abgebildete System für den Fall, dass gilt $p = 0{,}85$?

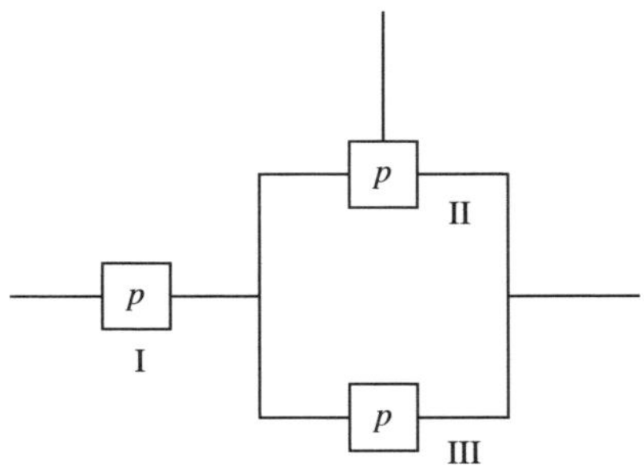

A) 0,0416
B) 0,8309
C) 0,6141
D) 0,0034
E) 0,0191
F) 0,1084

4 Bedingte Wahrscheinlichkeiten

4.1 Bedingte Wahrscheinlichkeiten und der Satz von BAYES

Als bedingte Wahrscheinlichkeit bezeichnet man die Wahrscheinlichkeit eines Ereignisses A unter der Bedingung, dass ein anderes Ereignis B (mit $P(B) \neq 0$) bereits eingetreten ist und schreibt:

$$P_B(A) = \frac{P(A \cap B)}{P(B)} \quad \text{bzw. in analoger Darstellung} \quad P_A(B) = \frac{P(A \cap B)}{P(A)}.$$

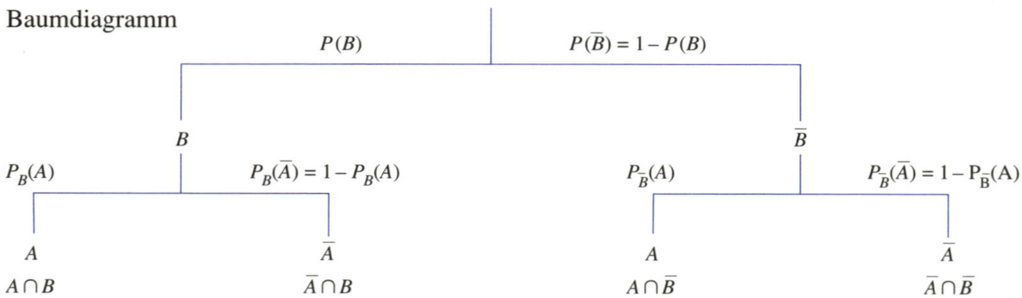

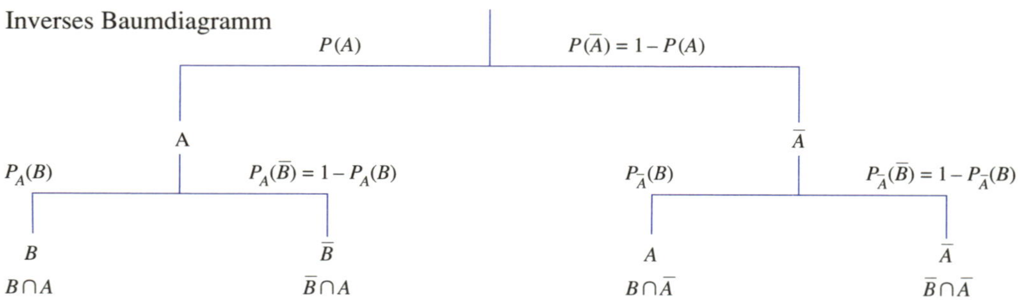

Die Pfadregel 1 (Produktregel) für Baumdiagramme liefert die oben angegebenen Definitionsgleichungen für $P_B(A)$ bzw. $P_A(B)$. Für $P(B)$, $P(A)$ folgt[1]

$P(A \cap B) = P(B) \cdot P_B(A)$ bzw.

$P(A \cap B) = P(A) \cdot P_A(B)$.

Unter Beachtung der Pfadregel 2 (Summenregel) folgt

$P(A) = P(B) \cdot P_B(A) + P(\overline{B}) \cdot P_{\overline{B}}(A)$ bzw.

$P(B) = P(A) \cdot P_A(B) + P(\overline{A}) \cdot P_{\overline{A}}(B)$.

[1] Für die Wahrscheinlichkeit $P_B(A)$, dass A unter der Bedingung B eintritt, wird häufig auch die Schreibweise $P(A|B)$ verwendet. Entsprechend bezeichnet $P(B|A)$ dasselbe wie $P_A(B)$.

$P(A), P(B)$ werden auch als „totale Wahrscheinlichkeiten" (gelegentlich auch als unbedingte Wahrscheinlichkeiten) bezeichnet. Diese Beziehungen führen die „totalen Wahrscheinlichkeiten" $P(A)$, $P(B)$ auf die bedingten Wahrscheinlichkeiten zurück.

Anmerkung:
Die hier beschriebenen Regeln gelten analog auch für mehr als zwei paarweise unvereinbare Ereignisse.

Da die Ereignisse $A \cap B$ und $B \cap A$ identisch sind, folgt dies auch für die entsprechenden Wahrscheinlichkeiten:

$$P(B) \cdot P_B(A) = P(A) \cdot P_A(B).$$

Die Auflösung dieser Beziehung nach $P(B) \cdot P_B(A)$ ergibt den Satz von BAYES in seiner einfachsten Form:

$$P_B(A) = \frac{P(A) \cdot P_A(B)}{P(B)} = \frac{P(A) \cdot P_A(B)}{P(A) \cdot P_A(B) + P(\overline{A}) \cdot P_{\overline{A}}(B)}$$

Analog folgt:

$$P_A(B) = \frac{P(B) \cdot P_B(A)}{P(A)} = \frac{P(B) \cdot P_B(A)}{P(B) \cdot P_B(A) + P(\overline{B}) \cdot P_{\overline{B}}(A)}$$

Mit Hilfe des Baumdiagramms kann der Satz von BAYES auch für die Berechnung von z. B. $P_B(\overline{A})$ oder $P_{\overline{B}}(\overline{A})$ formuliert werden.

Der Satz von BAYES ermöglicht das Lösen von Problemen der Wahrscheinlichkeit bzw. Stochastik, wenn bei Kenntnis von bedingten Wahrscheinlichkeiten der Art $P_B(A)$ die inverse bedingte Wahrscheinlichkeit der Art $P_A(B)$ zu berechnen ist.

Professor Wuschel hat seinen Schlüssel verlegt. Er liegt mit einer Wahrscheinlichkeit von 0,7 in einer der neun Schubfächern seines Schreibtischs. In acht Schubfächern hat er bereits vergeblich gesucht. Mit welcher Wahrscheinlichkeit findet er den Schlüssel in der letzten Schublade?

Man wählt $\Omega = \{1, 2, \ldots 9, 10\}$, also $|\Omega| = 10$. Es ist zweckmäßig, den Schubfächern die Nummern 1 bis 9 und der 10 sämtliche anderen Möglichkeiten zuzuordnen; damit folgt dann $p_1 + \ldots + p_9 = 0{,}7$ und $p_{10} = 0{,}3$. Da der Schlüssel nicht in den Schubfächern 1 bis 8 liegt, muss er sich entweder im Fach mit der Nummer 9 oder anderswo (also unter 10) befinden; damit ist das Ergebnis $A = \{9, 10\}$ eingetreten.

Es ist die Wahrscheinlichkeit gesucht, den Schlüssel im Schubfach 9 unter der Bedingung, dass er im Schubfach 9 oder anderswo („10") liegt, zu finden.

Damit folgt:

$$P_A(\{9\}) = \frac{P(\{9\} \cap A)}{P(A)} = \frac{P(\{9\} \cap A)}{P(\{9, 10\})} = \frac{p_9}{p_9 + p_{10}} = \frac{\frac{0{,}7}{9}}{\frac{0{,}7}{9} + 0{,}3} = \frac{7}{34} \approx 0{,}2059$$

Professor Wuschel wird mit einer Wahrscheinlichkeit von ca. 20,59% seinen Schlüssel im letzten Schubfach finden.

In einer Urne befinden sich a schwarze und b weiße Kugeln. Der Urne werden zwei Kugeln entnommen und zwar
a) ohne Zurücklegen und b) mit Zurücklegen.
Berechnen Sie jeweils die Wahrscheinlichkeit dafür, dass beide Kugeln (i) schwarz bzw. (ii) verschiedenfarbig sind.

a) Ziehen ohne Zurücklegen

K

Zu i:
Nach der Produktregel (Pfadregel 1) folgt

$$P\{(ss)\} = \frac{a}{a+b} \cdot \frac{a-1}{a+b-1}$$

Zu ii: Nach der Produktregel (Pfadregel 1 und der Summenregel (Pfadregel 2) folgt mit $E = \{ws, sw\}$

$$P(E) = \frac{a}{a+b} \cdot \frac{b}{a+b-1} + \frac{b}{a+b} \cdot \frac{a}{a+b-1} = \frac{2ab}{(a+b)(a+b-1)}.$$

Pfadregel 1: Die Wahrscheinlichkeit eines Pfades ist gleich dem Produkt der Zweigwahrscheinlichkeiten längs des Pfades (Produktregel).
Pfadregel 2: Die Wahrscheinlichkeit eines Ereignisses ist gleich der Summe der zugehörigen Pfadwahrscheinlichkeiten (Summenregel).

b) Ziehen mit Zurücklegen

K

Zu i:
Nach der Produktregel (Pfadregel 1)folgt

$$P\{(ss)\} = \left(\frac{a}{a+b}\right) \cdot \left(\frac{a}{a+b}\right) = \left(\frac{a}{a+b}\right)^2$$

Zu ii: Nach der Produktregel (Pfadregel 1 und der Summenregel (Pfadregel 2) folgt mit $E = \{ws, sw\}$

$$P(E) = 2 \cdot \frac{ab}{(a+b)^2}$$

Pfadregel 1: Die Wahrscheinlichkeit eines Pfades ist gleich dem Produkt der Zweigwahrscheinlichkeiten längs des Pfades (Produktregel).
Pfadregel 2: Die Wahrscheinlichkeit eines Ereignisses ist gleich der Summe der zugehörigen Pfadwahrscheinlichkeiten (Summenregel).

Eine Palette enthält 20 Äpfel, von denen drei ungenießbar sind. Es werden zwei Äpfel mit einem Griff entnommen. Es werden folgende Vereinbarungen getroffen:
Ereignis A: „Apfel 1 ist essbar“ und Ereignis B: „Apfel 2 ist essbar“.
Berechnen Sie die bedingten Wahrscheinlichkeiten $P_A(B)$, $P_A(\overline{B})$, $P_{\overline{A}}(B)$ sowie $P_{\overline{A}}(\overline{B})$.

Für die erste Apfelentnahme gilt: $P(A) = \frac{17}{20}$ bzw. $P(\overline{A}) = \frac{3}{20}$. Im zweiten Schritt des Zufallsexperiments sind bedingte Wahrscheinlichkeiten zu beachten.
Falls A eintritt, bleiben 16 genießbare und 3 ungenießbare Äpfel übrig, damit folgt unter Beachtung von $P_A(\overline{B}) = 1 - P_A(B)$: $P_A(B) = \frac{16}{19}$ und $P_A(\overline{B}) = \frac{3}{19}$.
Falls $\overline{A}$ eintritt, bleiben 17 genießbare und 2 ungenießbare Äpfel übrig, damit folgt unter Beachtung von $P_{\overline{A}}(\overline{B}) = 1 - P_{\overline{A}}(B)$: $P_{\overline{A}}(B) = \frac{17}{19}$ und $P_{\overline{A}}(\overline{B}) = \frac{2}{19}$.

Herr M. hat für seinen Weg zur Arbeit zwei Strecken zur Auswahl: die kurze Strecke K bzw. die lange Strecke L. Jeden Tag wählt er zufällig einen der Wege.
Unglücklicherweise wird regelmäßig für die kurze Strecke eine Stauwahrscheinlichkeit von 80% und für die lange Strecke eine Stauwahrscheinlichkeit von 45% angegeben.
Herr M. entscheidet sich durchschnittlich in 10 von 30 Fahrten für die Strecke K.
Hinweis: K: kurze Strecke, L: lange Strecke, S: Stau, $\overline{S}$: kein Stau.

a) Fertigen Sie ein Baumdiagramm für die Fahrten des Herrn M. an und tragen Sie die entsprechenden Wahrscheinlichkeiten ein.
b) Berechnen Sie $P(S)$, $P_S(K)$ und $P_{\overline{S}}(L)$.

a) Baumdiagramm

Baumdiagramm:

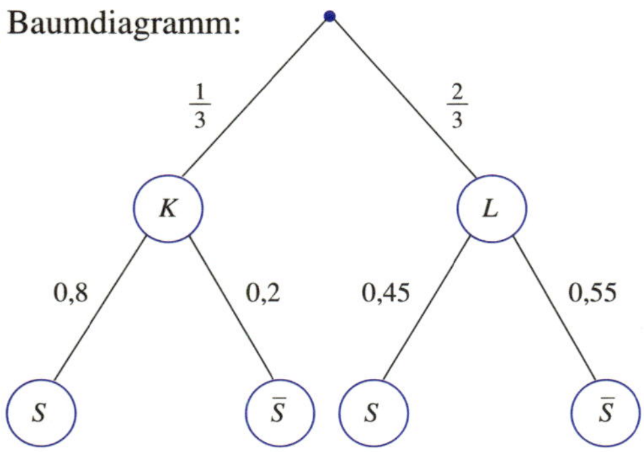

Man erhält:

$P(K) = \frac{1}{3}$, $P(L) = \frac{2}{3}$

$P_L(\overline{S}) = 0{,}55$, $P_L(S) = 0{,}45$

$P_K(\overline{S}) = 0{,}2$, $P_K(S) = 0{,}8$

b) Berechnen der Wahrscheinlichkeiten

Aus dem Baumdiagramm folgt für die Wahrscheinlichkeit $P(S)$, dass Herr M. in einen Stau gerät zu:

$$P(S) = P(K) \cdot P_K(S) + P(L) \cdot P_L(S) = \frac{1}{3} \cdot 0{,}8 + \frac{2}{3} \cdot 0{,}45 = \frac{4}{15} + \frac{3}{10} = \frac{17}{30} \approx 0{,}5667$$

Die Wahrscheinlichkeit dafür, dass Herr M. in einen Stau gerät, beträgt ca. 56,67%
Für die Wahrscheinlichkeit $P_S(K)$, dass Herr M. die kurze Strecke unter der Bedingung in einen Stau zu geraten wählt, folgt:

$$P_S(K) = \frac{P(K) \cdot P_K(S)}{P(S)} = \frac{\frac{1}{3} \cdot 0{,}8}{\frac{17}{30}} = \frac{8}{17} \approx 0{,}4706$$

Die Wahrscheinlichkeit beträgt ca. 47,06%.
Für die Wahrscheinlichkeit $P_{\overline{S}}(L)$, dass Herr M. die lange Strecke unter der Bedingung in keinen Stau zu geraten wählt, folgt (beachte: $P(\overline{S}) = 1 - P(S)$):

$$P_{\overline{S}}(L) = \frac{P(L) \cdot P_L(\overline{S})}{P(\overline{S})} = \frac{\frac{2}{3} \cdot 0{,}55}{\frac{13}{30}} = \frac{11}{13} \approx 0{,}8462$$

Die Wahrscheinlichkeit beträgt ca. 84,62%.

Eine Firma produziert Chips von denen 90% fehlerfrei sind. Ein Kontrolltest lässt einen fehlerfreien Chip mit einer Wahrscheinlichkeit von 98% passieren, während ein fehlerhafter Chip mit einer Wahrscheinlichkeit von 95% erkannt wird. Genügt der Kontrolltest für die Garantie der Firma, dass mehr als 99% der ausgelieferten Chips fehlerfrei sind?
Vereinbarungen:
F: „Chip ist fehlerhaft“ bzw. $\overline{F}$: „Chip ist fehlerfrei“
K: „Chip besteht Kontrolltest“ bzw. $\overline{K}$: „Chip besteht Kontrolltest nicht“

K

Gegeben:

$P(\overline{F}) = 0{,}9$, $P_{\overline{F}}(K) = 0{,}98$
$P(F) = 0{,}1$, $P_F(\overline{K}) = 0{,}95$

Gesucht: $P_K(\overline{F})$.
Aus dem Satz von BAYES folgt:

$$P_K(\overline{F}) = \frac{P(\overline{F}) \cdot P_{\overline{F}}(K)}{P(K)} = \frac{P(\overline{F}) \cdot P_{\overline{F}}(K)}{P(\overline{F}) \cdot P_{\overline{F}}(K) + P(F) \cdot P_K(F)}$$

Mit $P_F(K) = 1 - P_F(\overline{K}) = 0{,}05$ folgt:

$$P_K(\overline{F}) = \frac{0{,}9 \cdot 0{,}98}{0{,}9 \cdot 0{,}98 + 0{,}1 \cdot 0{,}05} \approx 0{,}9944$$

Damit folgt, dass $P_K(\overline{F}) > 0{,}99$ ist; der Kontrolltest ist also ausreichend.

Gilt $P_K(\overline{F}) \geq 0{,}99$?
Satz von BAYES:
Sind zwei zufällige Ereignisse A und B (mit $P(A) > 0$ und $P(B) > 0$) gegeben, und kennt man $P_A(B)$, so lässt sich $P_B(A)$ berechnen:

$$P_B(A) = \frac{P(A) \cdot P_A(B)}{P(B)} = \frac{P(A) \cdot P_A(B)}{P(A) \cdot P_A(B) + P(\overline{A}) \cdot P_{\overline{A}}(B)}$$

Gegeben sind drei Urnen mit folgenden Inhalten:
U_1: a weiße und b schwarze Kugeln
U_2: c weiße und d schwarze Kugeln
U_3: n weiße Kugeln.
Es wird zufällig eine Urne gewählt und eine Kugel entnommen; sie hat eine weiße Farbe.
Berechnen Sie die Wahrscheinlichkeit dafür, dass die Kugel aus U_1 entnommen wurde.

K

Gegeben:
A: „Kugel aus U_1"
B: „Kugel aus U_2"
C: „Kugel aus U_3" mit

$P(A) = P(B) = P(C) = \frac{1}{3}$ sowie

D: „Kugel ist weiß".
Die bedingten Wahrscheinlichkeiten für „Kugel ist weiß" unter der Bedingung, dass sie aus einer der Urnen U_1, U_2, U_3 stammt, ergeben sich zu

$$P_A(D) = \frac{a}{a+b},$$

$$P_B(D) = \frac{c}{c+d},$$

$$P_C(D) = 1.$$

Nun folgt unter Benutzung von

$$P(D) = P(A) \cdot P_A(D) + P(B) \cdot P_B(D) + P(C) \cdot P_C(D)$$

mit dem Satz von BAYES die gesuchte Wahrscheinlichkeit zu:

$$P_D(A) = \frac{P(A) \cdot P_A(D)}{P(D)} = \frac{\frac{1}{3} \cdot \frac{a}{a+b}}{\frac{1}{3} \cdot \frac{a}{a+b} + \frac{1}{3} \cdot \frac{c}{c+d} + \frac{1}{3} \cdot 1} = \frac{\frac{a}{a+b}}{\frac{a}{a+b} + \frac{c}{c+d} + 1}$$

Als bedingte Wahrscheinlichkeit bezeichnet man die Wahrscheinlichkeit eines Ereignisses A unter der Bedingung, dass ein anderes Ereignis B (mit $P(B) \neq 0$) bereits eingetreten ist und schreibt allgemein:

$$P_B(A) = \frac{P(A) \cdot P_A(B)}{P(B)}$$

Satz von BAYES:

$$P_B(A) = \frac{P(A) \cdot P_A(B)}{P(B)} = \frac{P(A) \cdot P_A(B)}{P(A) \cdot P_A(B) + P(\overline{A}) \cdot P_{\overline{A}}(B)}$$

4.2 Vierfeldertafel und Baumdiagramme

In diesem Abschnitt dient ein Beispiel als Grundlage für die Aufstellung bzw. Erläuterung von Regeln:
Von 1 000 Personen erhielten 498 eine Schutzimpfung gegen Grippe, von denen wiederum 48 Personen erkrankten. Von den nicht geimpften Personen erkrankten 241 nicht.
Aus den Angaben wird zunächst eine **Vierfeldertafel** erstellt, die in übersichtlicher Form die o. a. Häufigkeiten (entspricht einer 1 000fachen Wiederholung eines Zufallsexperiments) enthält:

	A: „Impfung"	$\overline{A}$: „keine Impfung"	Summe
B: „erkrankt"	$A \cap B$ 48	$\overline{A} \cap B$ 261	309
$\overline{B}$: „nicht erkrankt"	$A \cap \overline{B}$ 450	$\overline{A} \cap \overline{B}$ 241	691
Summe	498	502	1 000

Werden die Häufigkeiten durch 1 000 dividiert, so erhält man die relativen Häufigkeiten, die auch als dem Zufallsexperiment entsprechenden Wahrscheinlichkeiten interpretiert werden:

	A: „Impfung"	$\overline{A}$: „keine Impfung"	Summe
B: „erkrankt"	$P(A \cap B) = 0{,}048$	$P(\overline{A} \cap B) = 0{,}261$	$P(B) = 0{,}309$
$\overline{B}$: „nicht erkrankt"	$P(A \cap \overline{B}) = 0{,}45$	$P(\overline{A} \cap \overline{B}) = 0{,}241$	$P(\overline{B}) = 0{,}691$
Summe	$P(A) = 0{,}498$	$P(\overline{A}) = 0{,}502$	$P(\Omega) = 1$

Fragt man nach dem prozentualen Anteil der Erkrankten an den geimpften Personen, also nach $P_B(A)$, so folgt

$$
\begin{aligned}
P_B(A) &= \frac{P(A \cap B)}{P(B)} \\
&= \frac{0{,}048}{0{,}309} \\
&\approx 0{,}1553 = 15{,}53\,\%.
\end{aligned}
$$

Fragt man nach dem prozentualen Anteil der geimpften Personen unter den Erkrankten, also nach $P_A(B)$, so folgt

$$
\begin{aligned}
P_A(B) &= \frac{P(A \cap B)}{P(A)} \\
&= \frac{0{,}048}{0{,}498} \\
&\approx 0{,}0964 = 9{,}64\,\%.
\end{aligned}
$$

Übersetzt man die Angaben der Aufgabenstellung in ein Baumdiagramm, so erhält man z. B.

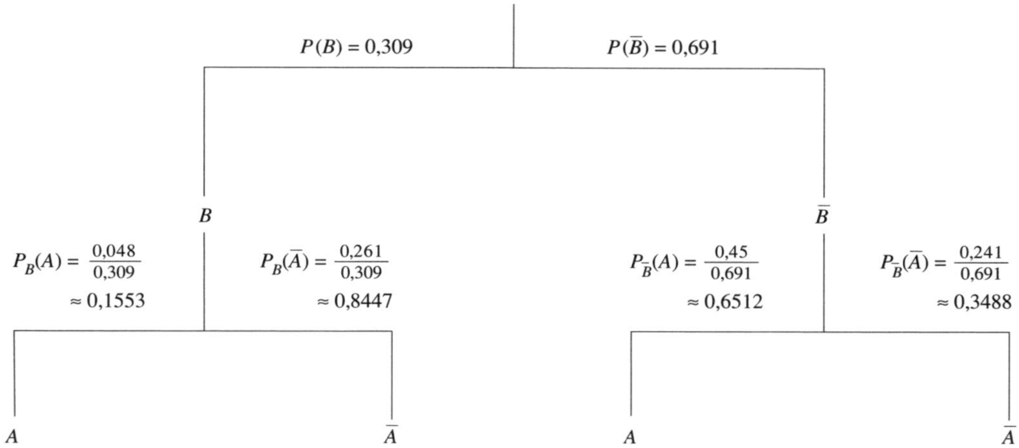

Neben den im Baumdiagramm dargestellten bedingten Wahrscheinlichkeiten erhält man z. B. auch die „totalen (unbedingten) Wahrscheinlichkeiten“ für A:

$$\begin{aligned} P(A) &= P(B) \cdot P_B(A) + P(\overline{B}) \cdot P_{\overline{B}}(A) \\ &= 0{,}309 \cdot 0{,}1553 + 0{,}691 \cdot 0{,}6512 \\ &\approx 0{,}048 + 0{,}45 \\ &= 0{,}498 \end{aligned}$$

Wie man leicht sieht, ist dieser Wert aus der Vierfeldertafel einfacher zu entnehmen. Will man mit Hilfe eines Baumdiagramms die Fragestellung nach $P_A(B)$ lösen, so kann dies über das sog. inverse Baumdiagramm zum o. a. Baumdiagramm erfolgen:

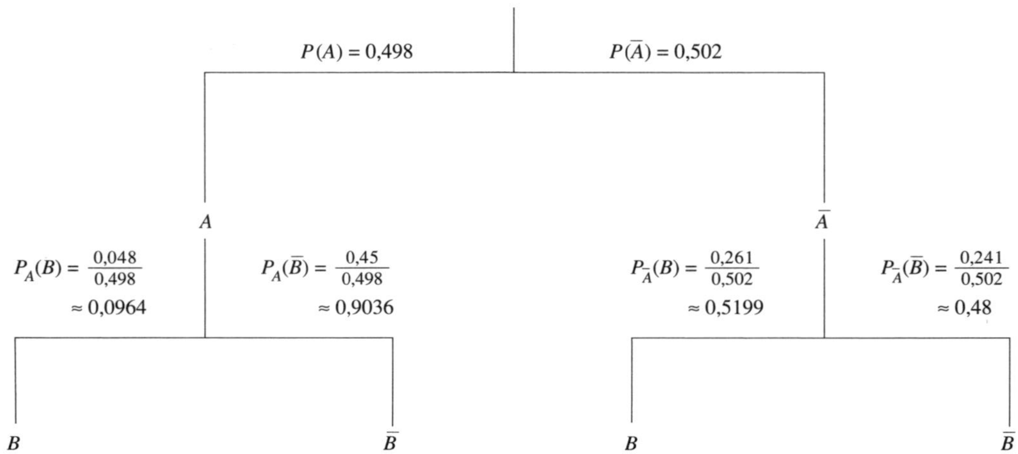

Die Verallgemeinerung der Überlegungen zum Zusammenhang zwischen Vierfeldertafel und Baumdiagramm führt wieder zum Satz von BAYES (s. o.).

Von 100 befragten Personen gaben 67 an, dass sie regelmäßig Alkohol trinken und 33, dass sie Nichtraucher sind. Unter den Nichttrinkern gibt es 17 Raucher.

a) Entwerfen Sie aus den Angaben der Aufgabenstellung eine Vierfeldertafel.

b) Wieviel Prozent der Raucher trinken regelmäßig Alkohol?

c) Wieviel Prozent der Trinker sind Nichtraucher?

a) Vierfeldertafel

K

	A: Trinker	$\overline{A}$: Nichttrinker	Summe
B: Raucher	50	17	67
$\overline{B}$: Nichtraucher	17	16	33
Summe	67	33	100

Vereinbarungen:
A: „Trinker"
$\overline{A}$: „Nichttrinker"
B: „Raucher"
$\overline{B}$: „Nichtraucher"

b)

K

Aus dem Ansatz

$$P_B(A) = \frac{P(A \cap B)}{P(B)}$$

folgt

$$P_B(A) = \frac{50}{67} \approx 0{,}7463.$$

Der prozentuale Anteil der Trinker unter den Rauchern beträgt ca. 74,63%

In diesem Fall ist der prozentuale Anteil der Trinker (A) unter den Rauchern (B) gesucht.

c)

K

Aus dem Ansatz

$$P_A(\overline{B}) = \frac{P(\overline{B} \cap A)}{P(A)}$$

folgt

$$P_A(\overline{B}) = \frac{17}{67} \approx 0{,}2537.$$

Der prozentuale Anteil der Nichtraucher unter den Trinkern beträgt ca. 25,37%.

In diesem Fall ist der prozentuale Anteil der Nichtraucher ($\overline{B}$) unter den Trinkern (A) gesucht.

Ein Supermarkt erhält eine Alarmanlage, die bei einem Einbruch mit einer Wahrscheinlichkeit von 99% einen Alarm auslöst. Ein Fehlalarm wird mit einer Wahrscheinlichkeit von 0,5% ausgelöst. Die Polizei gibt auf Nachfrage an, dass der Supermarkt mit einer Wahrscheinlichkeit von 0,1% mit Einbrüchen zu rechnen hat.
Angenommen, die Anlage hat einen Alarm ausgelöst. Berechnen Sie für diesen Fall die Wahrscheinlichkeit dafür, dass tatsächlich ein Einbruch stattfindet.
Lösen Sie die Aufgabe mit Hilfe
(a) einer Vierfeldertafel und
(b) eines Baumdiagramms.

a) Vierfeldertafel

K

	Alarm (A)	kein Alarm ($\overline{A}$)	Summe
Einbruch (B)	$P(A \cap B) =$ 0,00099	0,00001	0,001
kein Einbruch ($\overline{B}$)	$P(A \cap \overline{B}) =$ 0,004995	0,994005	0,999
Summe	0,005985	0,994015	1

Aus den Angaben der Vierfeldertafel folgt für die Beantwortung der Fragen nach der Wahrscheinlichkeit, dass ein Einbruch stattfindet unter der Bedingung, dass Alarm ausgelöst wurde:

$$P_A(B) = \frac{P(B \cap A)}{P(A)} = \frac{0{,}00099}{0{,}005985} \approx 0{,}1654$$

Die Wahrscheinlichkeit dafür, dass bei Alarm tatsächlich ein Einbruch vorgenommen wird, beträgt also nur ca. 16,54%, in 84,46% aller Fälle wird unter den oben gemachten Voraussetzungen ein Fehlalarm ausgelöst.

Vereinbarungen:
A: „Alarm“
$\overline{A}$: „kein Alarm“
B: „Einbruch“
$\overline{B}$: „kein Einbruch“
Damit folgt:
$P(B) = 0{,}1\% = 0{,}001$
$P_B(A) = 99\% = 0{,}99$
$P_{\overline{B}}(A) = 0{,}5\% = 0{,}005$ und
$P(\overline{B}) = 99{,}9\% = 0{,}999$.
Aus

$$P_B(A) = \frac{P(A \cap B)}{P(B)}$$

folgt

$$P(A \cap B) = P(B) \cdot P_B(A) = 0{,}001 \cdot 0{,}99 \approx 0{,}00099$$

und weiter folgt mit

$$P_{\overline{B}}(A) = \frac{P(A \cap \overline{B})}{P(\overline{B})}$$

nach einer kleinen Umformung

$$P(A \cap \overline{B}) = P(\overline{B}) \cdot P_{\overline{B}}(A) = 0{,}999 \cdot 0{,}005 \approx 0{,}004995.$$

Mit diesen Werten und den entsprechenden Ergänzungen lässt sich die Vierfeldertafel ausfüllen.

b) Baumdiagramm

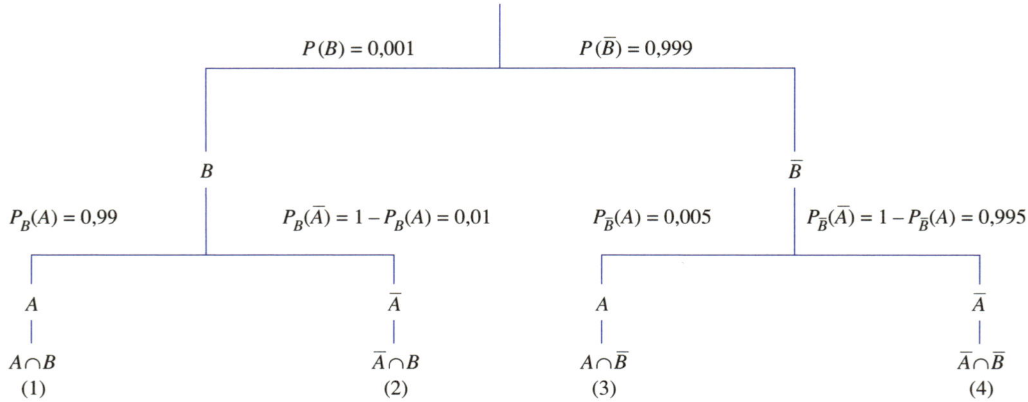

Mit den Bezeichnungen von oben folgt:

(1) $P(A \cap B) = P(B) \cdot P_B(A) = 0{,}001 \cdot 0{,}99 = 0{,}00099$

(2) $P(\overline{A} \cap B) = P(B) \cdot P_B(\overline{A}) = 0{,}001 \cdot 0{,}01 = 0{,}00001$

(3) $P(A \cap \overline{B}) = P(B) \cdot P_{\overline{B}}(A) = 0{,}999 \cdot 0{,}005 = 0{,}004995$

(4) $P(\overline{A} \cap \overline{B}) = P(\overline{B}) \cdot P_{\overline{B}}(\overline{A}) = 0{,}999 \cdot 0{,}995 = 0{,}994005$

Für die gesuchte Wahrscheinlichkeit folgt nach dem Satz von BAYES

$$P_A(B) = \frac{P(A \cap B)}{P(A)} = \frac{P(A \cap B)}{P(B \cap A) + P(\overline{B} \cap A)} = \frac{0{,}00099}{0{,}00099 + 0{,}004995} \approx 0{,}1654\,.$$

Zeigen Sie, dass beide unten angegebene Aussagen dieselben statistischen Daten als Grundlage haben:
Statement 1:
Bei der Untersuchung des Wahlverhaltens von 1000 Personen, unter denen sich 640 Männer befanden, stellte sich heraus, dass von diesen 56,25% die Partei *ABC* wählten. Der Anteil der befragten Frauen, die die Partei *ABC* wählten, betrug 66,67%.
Statement 2:
Ein Wahlforschungsinstitut befragte 1 000 Personen und stellte fest, dass 60% der *ABC*-Wähler Männer waren, während sich unter den Personen, die nicht die *ABC*-Partei wählten, 30% Frauen befanden. Weiter folgte, dass von den befragten Personen 600 die *ABC*-Partei wählten.

Aus den Angaben der Statements lassen sich zwei zueinander inverse Baumdiagramme aufstellen:

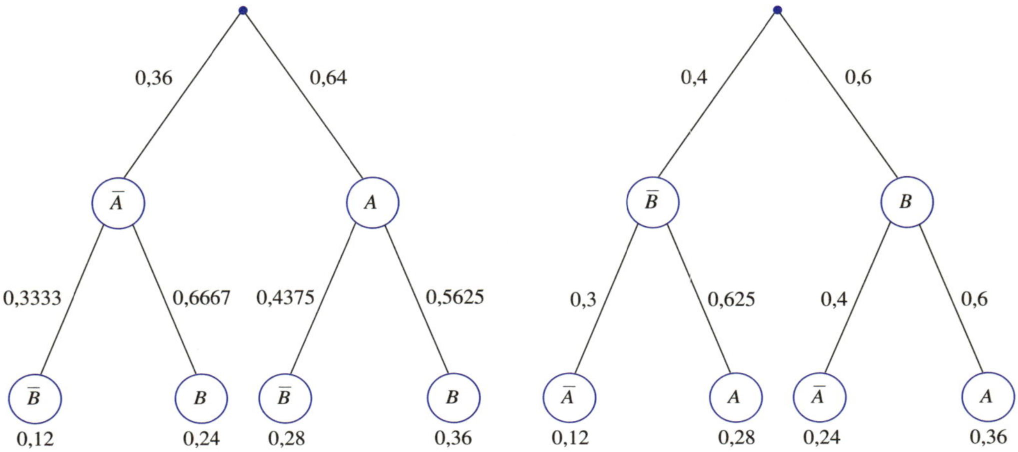

Aus dem linken Baumdiagramm liest man ab: $P(A) = 0{,}64$, $P_A(B) = 0{,}5625$, $P_{\overline{A}}(B) = 0{,}6667$, und aus dem rechten Baumdiagramm: $P(B) = 0{,}6$, $P_B(A) = 0{,}6$, $P_{\overline{B}}(\overline{A}) = 0{,}3$.

Trägt man die Daten in ein Vierfelderdiagramm ein, so lässt sich ebenfalls ablesen, dass beide Statements dieselben statistischen Daten als Grundlage haben:

	A: „Mann“	$\overline{A}$: „Frau“	Summe
B: „ABC-Partei“	$36\% = 0{,}36$	$24\% = 0{,}24$	$60\% = 0{,}60$
$\overline{B}$: „nicht ABC-Partei“	$28\% = 0{,}28$	$12\% = 0{,}12$	$40\% = 0{,}40$
Summe	$64\% = 0{,}64$	$36\% = 0{,}36$	$100\% = 1$

4.3 Unabhängigkeit von Ereignissen

Bei mehrstufigen Zufallsexperimenten, die mit dem Urnenmodell beschrieben wurden, war die Unterscheidung zwischen Kugelentnahmen beziehungsweise Stichproben **mit und ohne Zurücklegen wichtig**.

Bei Stichproben **mit** Zurücklegen wird nach jeder Ziehung der ursprüngliche Zustand wiederhergestellt, d. h., die Wahrscheinlichkeit, eine Kugel zu ziehen, ändert sich nicht. Bei Stichproben **ohne** Zurücklegen ändert sich die Ausgangssituation und damit die Wahrscheinlichkeit, eine bestimmte Kugel zu ziehen mit jeder Kugelentnahme.

Beispiel:

In einer Urne befinden sich n schwarze (s) und $(m-n)$ weiße (w) Kugeln.

Betrachtet man das Ziehen zweier Kugeln **mit** Zurücklegen, so sind die Wahrscheinlichkeiten für das Ziehen einer schwarzen oder weißen Kugel unbedingte Wahrscheinlichkeiten und für jede Ziehung gleich (s. Tabelle).

Betrachtet man das Ziehen zweier Kugeln **ohne** Zurücklegen und fragt nach der Wahrscheinlichkeit für eine bestimmte Farbe der zweiten Kugel, so handelt es sich um eine bedingte Wahrscheinlichkeit.

Die Tabelle zeigt allgemein die verschiedenen Möglichkeiten der unbedingten (totalen) Wahrscheinlichkeit $P(E)$ und der bedingten Wahrscheinlichkeit $P_E(F)$. Das Ereignis E, das dem Ereignis F vorangeht, kann im Ziehen einer schwarzen oder weißen Kugel bestehen.

Ereignis E	s	s	w	w
$P(E)$	$\frac{n}{m}$	$\frac{n}{m}$	$\frac{m-n}{m}$	$\frac{m-n}{m}$
Ereignis F	s	s	w	w
$P_E(F)$	$\frac{n-1}{m-1}$	$\frac{n-m}{m-1}$	$\frac{n}{m-1}$	$\frac{m-n-1}{m-1}$

Für $n=3$ schwarze und $m-n=5-3=2$ weiße Kugeln sowie den Vereinbarungen A: „Kugel 1 weiß" und B: „Kugel 2 schwarz" erhält man für

$P(A)=\frac{2}{5}$ und $P(B)=\frac{3}{5}$ sowie $P(A\cap B)=\frac{6}{25}$; damit folgt schließlich

$$P_B(A)=\frac{P(A\cap B)}{P(B)}=\frac{\frac{6}{25}}{\frac{3}{5}}=\frac{2}{5}=P(A) \text{ und } P_A(B)=\frac{P(A\cap B)}{P(A)}=\frac{\frac{6}{25}}{\frac{2}{5}}=\frac{3}{5}=P(B).$$

Es folgt: Bei dieser Stichprobe **mit** Zurücklegen gilt $P_B(A)=P(A)$ und $P_A(B)=P(B)$. In diesem Fall heißen die beiden Ereignisse stochastisch unabhängig.

Allgemein gelten folgende Aussagen:

- Zwei Ereignisse A, B heißen stochastisch unabhängig voneinander, wenn gilt: $P(A\cap B)=P(A)\cdot P(B)$
- Sind A und B zwei voneinander unabhängige Ereignisse, so gilt für $P(A), P(B)>0$: $P_B(A)=P(A)$ und $P_A(B)=P(B)$.
- Für zwei Ereignisse A, B mit $P(A), P(B)>0$ gilt:
  - sind A und B unvereinbar, so sind sie voneinander abhängig
  - sind A und B unabhängig, so sind sie miteinander vereinbar.

Untersuchen Sie das oben beschriebene Urnenexperiment (3 schwarze und 2 weiße Kugeln) für den Fall des Ziehens zweier Kugeln **ohne** Zurücklegen auf Abhängigkeit bzw. Unabhängigkeit der Ereignisse A : „Kugel 1 weiß“ und B : „Kugel 2 schwarz“.

K

Mit $P(A) = \frac{2}{5}$ sowie

$$P(B) = \frac{3}{5} \cdot \frac{2}{4} + \frac{2}{5} \cdot \frac{3}{4} = \frac{3}{10} + \frac{3}{10} = \frac{3}{5}$$

und $P(A \cap B) = \frac{2}{5} \cdot \frac{3}{4} = \frac{6}{20}$

sowie $P(A) \cdot P(B) = \frac{2}{5} \cdot \frac{3}{5} = \frac{6}{25}$

folgt $P(A \cap B) \neq P(A) \cdot P(B)$.

A, B sind also abhängig voneinander.

Als Baumdiagramm erhält man:

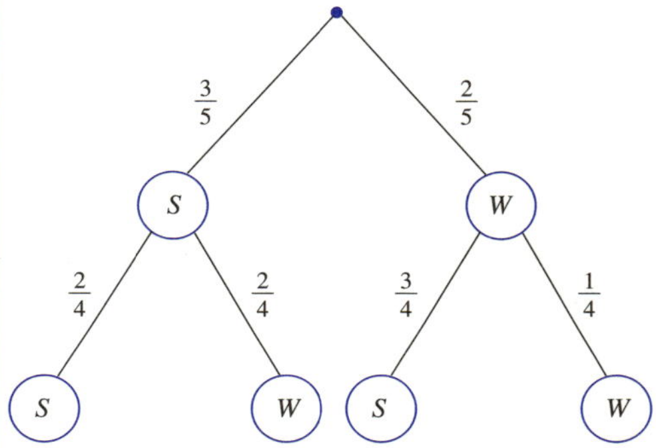

Jemand wirft zweimal mit einem Würfel. Welche Paare der folgenden Ereignisse sind voneinander abhängig?
A: „ungerade und gerade Zahl“
B: „zuerst ungerade, dann gerade Zahl“
C: „Augensumme ist mindestens 11“

K

Mit $|\Omega| = 36$ und $|A| = 18$ folgt

$$P(A) = \frac{18}{36} = \frac{1}{2},$$

mit $|\Omega| = 36$ und $|B| = 9$ folgt

$$P(B) = \frac{9}{36} = \frac{1}{4}.$$

und weiter folgt mit $|\Omega| = 36$ und $|C| = 3$

$$P(C) = \frac{3}{36} = \frac{1}{12}.$$

Man findet für

$$\Omega = \{(11), (12), \ldots, (21), (22), \ldots, (66)\}$$

und weiter

$$A = \{(12), (14), (16), \ldots, (25), (45), (65)\}$$

sowie

$$B = \{(12), (14), (16), \ldots, (52), (54), (56)\}$$

und

$$C = \{(65), (56), (66)\}.$$

Beachtet man die Bedingung für die Unabhängigkeit von Ereignissen, so erhält man

$$P(A \cap B) = \frac{1}{4} \neq P(A) \cdot P(B) = \frac{1}{8}$$

bzw.

$$P(A \cap C) = \frac{1}{18} \neq P(A) \cdot P(C) = \frac{1}{24}$$

bzw.

$$P(B \cap C) = \frac{1}{36} \neq P(B) \cdot P(C) = \frac{1}{48}$$

A, B, C sind jeweils paarweise abhängig voneinander.

Die Bedingung für die Unabhängigkeit von A, B:

$$P(A \cap B) = P(A) \cdot P(B)$$

Beachte:

$A \cap B = B$

$A \cap C = \{(65), (56)\}$

$B \cap C = \{(56)\}$.

Eine Schule wird von 656 Personen, davon 312 Mädchen, besucht. An der letzten Mathematik-Olympiade haben sich 162 Jungen und 184 Mädchen beteiligt.

a) Stellen Sie aus den Angaben der Aufgabenstellung eine Vierfeldertafel auf.

b) Berechnen Sie die Wahrscheinlichkeit dafür, dass eine zufällig ausgewählte Person (i) an der Mathematik-Olympiade teilgenommen hat bzw. (ii) ein Junge ist.

c) Zeigen Sie, dass die Ereignisse A, B stochastisch voneinander abhängig sind.

d) Verändern Sie die Angaben in der Vierfeldertafel unter Beibehaltung der Randwerte so, dass A, B stochastisch voneinander unabhängig sind.

Anmerkung:

Aus einer Menge gleichartiger Objekte können Elemente (**Merkmalsträger**) entnommen werden, denen z. B. ein gleiches **Merkmal** zukommt (z. B.: Merkmalsträger: Schüler, Merkmal: Geschlecht). Die sog. **Ausprägungen** eines Merkmals können quantitativ oder qualitativ erfasst werden. Im Zusammenhang mit Vierfeldertafeln wird oft von Merkmalen statt von Ereignissen gesprochen.

a) Vierfeldertafel

K

Aus den Angaben der Aufgabenstellung entnimmt man die Daten für die Konstruktion der Vierfeldertafel:

	A	$\overline{A}$	Summe
B	162	184	346
$\overline{B}$	182	128	310
Summe	344	312	656

Es werden die Merkmale „Geschlecht“ mit A: „Junge“ und $\overline{A}$: „Mädchen“ sowie „Teilnahme an der Mathematik-Olympiade“ mit B: „Teilnahme ja“ und $\overline{B}$: „Teilnahme nein“ unterschieden.

b) K

Für A: „Junge" folgt

$$P(A)=\frac{344}{656}\approx 0{,}5244$$

sowie B: „Teilnahme ja"

$$P(B)=\frac{346}{656}\approx 0{,}5274.$$

Aus der Angabe der absoluten Häufigkeiten:
– 344 Personen sind Jungen
– 346 Personen haben an der Mathematik-Olympiade teilgenommen
– 656 Personen besuchen die Schule
werden die gesuchten Wahrscheinlichkeiten berechnet.

c) K

Mit den Werten aus der Vierfeldertafel erhält man:

$$P(A\cap B)=\frac{162}{656}\approx 0{,}247$$

bzw.

$$P(A)\cdot P(B)=\frac{344}{656}\cdot\frac{346}{656}\approx 0{,}2766\neq 0{,}247$$

A und B sind also stochastisch voneinander abhängig.

Die Bedingung für stochastische Unabhängigkeit von A, B lautet:

$$P(A\cap B)=P(A)\cdot P(B).$$

Anmerkung: Die Lösung kann auch auf anderem Wege gefunden werden:
Sind A, B stochastisch unabhängig voneinander, so muss gelten:
$P_B(A)=P(A)$ bzw. $P_A(B)=P(B)$.
Mit den Werten aus der Vierfeldertafel folgt

$$P_B(A)=\frac{162}{344}\approx 0{,}4709\neq P(A)=0{,}5244 \text{ bzw. } P_A(B)=\frac{162}{346}\approx 0{,}4682\neq P(B)=0{,}5274.$$

d) K

Die Vierfeldertafel hat folgendes Aussehen:

	A	$\overline{A}$	Summe
B	182	164	346
$\overline{B}$	162	148	310
Summe	344	312	656

Allgemein gilt für eine Vierfeldertafel:

$A\cap B$	$\overline{A}\cap B$
$A\cap\overline{B}$	$\overline{A}\cap\overline{B}$

Aus der Unabhängigkeit von A, B folgt, dass die Zahlenverhältnisse in den Zeilen oder den Spalten gleich sein müssen. Das bedeutet: ca. 52,74% der Jungen (also 182) und ca. 52,74% der Mädchen (also 164) haben an der Mathematik-Olympiade teilgenommen.

4.4 Multiple-Choice-Test

(Lösungen auf Seite 237)

1. Die Klasse 7A besteht aus 14 Jungen und 13 Mädchen, die Klasse 7B aus 12 Jungen und 17 Mädchen. Es soll durch zufällige Wahl eine Person bestimmt werden. Wie groß ist die Wahrscheinlichkeit, dass ein Junge ausgewählt wurde?

A) 53,57% B) 56,67% C) 44,44% D) 46,43% E) 51,85% F) 21,43%

2. Die Klasse 7A besteht aus 14 Jungen und 13 Mädchen, die Klasse 7B aus 12 Jungen und 17 Mädchen. Es soll durch zufällige Wahl eine Person bestimmt werden. Wie groß ist die Wahrscheinlichkeit, dass ein Mädchen ausgewählt wurde?

A) 53,57% B) 56,67% C) 44,44% D) 46,43% E) 51,85% F) 21,43%

3. Die Klasse 7A besteht aus 14 Jungen und 13 Mädchen, die Klasse 7B aus 12 Jungen und 17 Mädchen. Es soll durch zufällige Wahl eine Person bestimmt werden. Wie groß ist die Wahrscheinlichkeit, dass ein ausgewählter Junge aus der 7A stammt?

A) 53,57% B) 58,62% C) 44,44% D) 46,43% E) 51,85% F) 21,43%

4. Die Klasse 7A besteht aus 14 Jungen und 13 Mädchen, die Klasse 7B aus 12 Jungen und 17 Mädchen. Es soll durch zufällige Wahl eine Person bestimmt werden. Wie groß ist die Wahrscheinlichkeit, dass ein ausgewähltes Mädchen aus der 7B stammt?

A) 53,57% B) 56,67% C) 44,44% D) 46,43% E) 51,85% F) 21,43%

5. Bei einer Volkszählung ergaben sich folgende Daten: Die Anzahl der unter 25-jährigen Personen betrug 449 220. Von allen befragten Personen sind 741 918 Männer. Der Anteil der über 25-jährigen Männer an der Gesamtzahl der befragten Personen betrug 511 830. Wie groß ist die Wahrscheinlichkeit, dass eine zufällig ausgewählte Person weiblich ist?

A) 28,7% B) 45,9% C) 52,6% D) 47,4% E) 26,6% F) 71,3%

6. Bei einer Volkszählung ergaben sich folgende Daten: Die Anzahl der unter 25-jährigen Personen betrug 449 220. Von allen befragten Personen sind 741 918 Männer. Der Anteil der über 25-jährigen Männer an der Gesamtzahl der befragten Personen betrug 511 830.

Wie groß ist die Wahrscheinlichkeit, dass eine zufällig ausgewählte Person höchstens 25 Jahre alt ist?

A) 28,7% B) 45,9% C) 52,6% D) 47,4% E) 26,6% F) 71,3%

7. **Bei einer Volkszählung ergaben sich folgende Daten:**
Die Anzahl der unter 25-jährigen Personen betrug 449 220. Von allen befragten Personen sind 741 918 Männer. Der Anteil der über 25-jährigen Männer an der Gesamtzahl der befragten Personen betrug 511 830.
Wie groß ist die Wahrscheinlichkeit, dass eine zufällig ausgewählte Frau höchstens 25 Jahre alt ist?

A) 28,7% B) 45,9% C) 52,6% D) 47,4% E) 26,6% F) 71,3%

8. **Bei einer Volkszählung ergaben sich folgende Daten:**
Die Anzahl der unter 25-jährigen Personen betrug 449 220. Von allen befragten Personen sind 741 918 Männer. Der Anteil der über 25-jährigen Männer an der Gesamtzahl der befragten Personen betrug 511 830.
Wie groß ist die Wahrscheinlichkeit, dass eine zufällig ausgewählte über 25-jährige Person ein Mann ist?

A) 28,7% B) 45,9% C) 52,6% D) 47,4% E) 26,6% F) 71,3%

9. **Von einem medizinischen Test für die Diagnose einer Krankheit wird berichtet, dass er in 94% aller Fälle, in denen die Testperson nicht erkrankt ist, zu einem negativen Ergebnis führt. Er ist positiv in 96% aller Fälle, in denen die Testperson tatsächlich an der Krankheit leidet. In einer untersuchten Personengruppe beträgt die Wahrscheinlichkeit, die untersuchte Krankheit tatsächlich zu haben 1/145.**
Wie groß ist die Wahrscheinlichkeit, dass eine Person aus der untersuchten Personengruppe tatsächlich erkrankt ist, wenn der Test positiv ausgefallen ist?

A) 6% B) 93,48% C) 6,52% D) 5,86% E) 10% F) 0,66%

10. **In einer Arbeitsgruppe mit 36 Personen sind 15 Männer. 20% dieser Männer kommen mit öffentlichen Verkehrsmitteln zur Arbeit.**
Wie groß ist die Wahrscheinlichkeit dafür, dass eine zufällig ausgewählte Person ein mit der U-Bahn fahrender Mann ist?

A) 20% B) 80% C) 41,67% D) 58,33% E) 3,33% F) 8,33%

11. **Gegeben sind zwei Urnen: U(1) enthält drei schwarze und eine weiße Kugel, U(2) enthält zwei schwarze und drei weiße Kugeln. Es wird zufällig eine weiße Kugel gezogen.**
Wie groß ist die Wahrscheinlichkeit dafür, dass die weiße Kugel aus U(1) stammt?

A) 57,5% B) 42,5% C) 30% D) 12,5% E) 70,59% F) 29,41%

12. **Eine Urne enthalte 100 schwarze (s) und weiße (w) Kugeln, deren Masse jeweils m(1) = 25 Gramm und m(2) = 50 Gramm haben. Die Aufteilung der Kugeln habe folgende Gestalt:**

	weiß	schwarz
m(1) = 25 g	15	25
m(2) = 50 g	40	22

Wie groß ist die Wahrscheinlichkeit dafür, dass eine zufällig entnommene Kugel eine Masse von 25 g hat, wenn bekannt ist, dass sie weiß ist?

A) 72,7% B) 27,3% C) 37,5% D) 41,7% E) 88,9% F) 36,4%

13. **Welchen Wert muss *x* in der nachfolgenden Vierfeldertafel annehmen, damit die Ereignisse A und B stochastisch unabhängig voneinander sind?**

	A	nicht A	
B	15	45	
nicht B	x	$40-x$	
	$15+x$	$85-x$	100

A) 2 B) 4 C) 6 D) 8 E) 10 F) 12

14. **Welche Werte müssen *x* und *y* in der nachfolgenden Vierfeldertafel annehmen, damit die Ereignisse A und B stochastisch unabhängig voneinander sind?**

	B	nicht B
A	0,15	0,35
nicht A	x	y

A) $x = 0{,}15$, $y = 0{,}15$ B) $x = 0{,}25$, $y = 0{,}25$ C) $x = 0{,}35$, $y = 0{,}35$
D) $x = 0{,}15$, $y = 0{,}35$ E) $x = 0{,}45$, $y = 0{,}35$ F) $x = 0{,}45$, $y = 0{,}45$

5 Zufallsgrößen

Was einen Spieler bei einem Glücksspiel oft interessiert, sind nicht die während dieses Zufallsexperiments stattfindenden Ereignisse selbst, sondern der von diesen Ereignissen abhängige Gewinn oder Verlust, also die den einzelnen Ereignissen zugeordneten „Wertigkeiten“. Man stellt diese „Wertigkeit“ oder diesen Wert dadurch fest, dass jedem möglichen Ergebnis des Zufallsversuchs **eine reelle Zahl zugeordnet** wird.

Ordnet man den Ergebnissen eines Zufallsversuchs reelle Zahlen zu, so heisst diese Zuordnung **Zufallsgröße** (Zufallsvariable).

Betrachtet man als Beispiel den zweifachen Würfelversuch, so gibt es hier zunächst 36 verschiedene Ergebnisse (Ausgänge). Interessiert man sich aber nur für die möglichen Augensummen, so legt man die **Zufallsgröße** X: „Augensumme beim zweifachen Würfeln“ fest und ordnet darauf jedem der 36 Ergebnisse eine Zahl k zu.

Damit wird die Zufallsgröße X zu einer **Funktion**, die jedem Ausgang eines Zufallsversuchs eine reelle Zahl zuordnet. Man beschreibt mit $X = k$ ein Ereignis, und man kann (in der Regel tabellarisch) eine Verteilung der festgelegten Zufallsgröße vornehmen.

Zurück zum obigen Beispiel: Die möglichen Augensummen beim zweifachen Würfelversuch sind die reellen Zahlen 2, 3, 4, 5, ..., 11, 12. Die bisherige Wahrscheinlichkeitsverteilung mit 36 möglichen Ergebnissen wird durch die Festlegung der Zufallsgröße X zu einer Verteilung mit 11 Ausgängen.

Die folgende Tabelle zeigt einen **Ausschnitt** aus der Verteilung der Zufallsgröße X: Augensumme beim zweifachen Würfeln.

Ausgänge	k als Funktionswerte von X	Wahrscheinlichkeiten $P(X = k)$
(1, 1)	2	$\frac{1}{36}$
(1, 2) (2, 1)	3	$\frac{2}{36}$
(1, 3) (2, 2) (3, 1)	4	$\frac{3}{36}$
(1, 4) (2, 3) (3, 2) (4, 1)	5	$\frac{4}{36}$
$\vdots$	$\vdots$	$\vdots$
(5, 6) (6, 5)	11	$\frac{2}{36}$
(6, 6)	12	$\frac{1}{36}$

Es gilt allgemein:
Ordnet man jedem Wert k, den die Zufallsgröße X annehmen kann, die jeweilige Wahrscheinlichkeit $P(X = k)$ zu, so erhält man die **Wahrscheinlichkeitsverteilung der Zufallsgröße** X.

In einem Gefäß befinden sich 20 Kugeln, die von 1 bis 20 nummeriert sind. Eine Kugel wird zufällig gezogen. Bestimmen Sie die Verteilung der Zufallsgröße X: Anzahl der Primteiler.

K

k	$P(X=k)$
0	$\frac{1}{20}$
1	$\frac{12}{20}$
2	$\frac{7}{20}$

Die Tabelle gibt die Übersicht über die Wahrscheinlichkeitsverteilung. Beachte: Die Kugel mit der Zahl 1 hat keinen Primteiler, da 1 keine Primzahl ist.
Die Zahl 10 hat 2 Primteiler: 2 und 5.

Bestimmen Sie die Verteilung der Zufallsgröße X: Summe der Augenzahlen beim dreifachen Würfeln.

K

k	$P(X=k)$
3	$\frac{1}{216}$
4	$\frac{3}{216}$
5	$\frac{6}{216}$
6	$\frac{10}{216}$
7	$\frac{15}{216}$
8	$\frac{21}{216}$
9	$\frac{25}{216}$
10	$\frac{27}{216}$
11	$\frac{27}{216}$
12	$\frac{25}{216}$
13	$\frac{21}{216}$
14	$\frac{15}{216}$
15	$\frac{10}{216}$
16	$\frac{6}{216}$
17	$\frac{3}{216}$
18	$\frac{1}{216}$

Die Anzahl der möglichen Ausgänge beim dreifachen Würfeln beträgt 216 ($|\Omega| = 216$). Die kleinste Augensumme ist $k = 3$, die größte $k = 18$. Die Tabelle gibt die Übersicht über die Verteilung der festgelegten Zufallsgröße.
Probe: $\sum P(X=k) = 1$

Max und Klaus vereinbaren ein Würfelspiel: Zeigt der Würfel von Max eine kleinere Augenzahl als der Würfel von Klaus, dann muss Max an Klaus 2 € zahlen und umgekehrt. Zeigen beide Würfel die gleiche Augenzahl, so gewinnt keiner. Bestimmen Sie die Verteilung der Zufallsgröße X: Gewinn in € des Spielers Max in einer Spielrunde.

K

k	$P(X=k)$
2	$\frac{15}{36}$
0	$\frac{6}{36}$
−2	$\frac{15}{36}$

Max gewinnt 2 € bei 15 möglichen Ausgängen bzw. er verliert 2 € bei 15 möglichen Ausgängen. Bei einem „Pasch“ (6 mögliche Ausgänge) gewinnt und verliert er nichts.

In einer Urne befinden sich 5 schwarze und 7 grüne Kugeln. Klaus zieht ohne Zurücklegen immer wieder eine Kugel, bis er zwei gleichfarbige Kugeln gezogen hat. Y sei die Anzahl der bis zu diesem Zeitpunkt gezogenen Kugeln. Ermitteln Sie die Verteilung der Zufallsgröße Y.

K

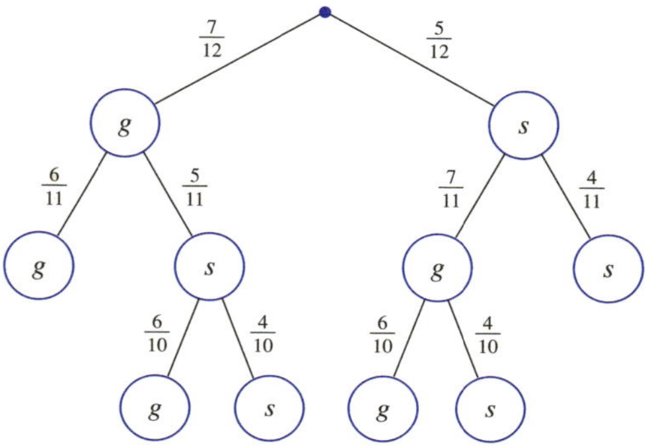

k	$P(Y=k)$
2	$\frac{62}{132}$
3	$\frac{70}{132}$

Das Baumdiagramm (verkürzt) ermöglicht zunächst eine Übersicht über die Anzahl der zu ziehenden Kugeln.
Da zwei gleichfarbige Kugeln gezogen werden sollen, muss $k=2$ oder $k=3$ sein.
Die Wahrscheinlichkeiten $P(Y=2)$ und $P(Y=3)$ werden mit Hilfe der Pfadregeln berechnet.

5.1 Erwartungswert

Wenn man einen Zufallsversuch häufig durchführt, so ist es sinnvoll, die Frage nach dem **Mittelwert bzw. Durchschnitt** aller von der Zufallsgröße X angenommenen Werte unter Berücksichtigung der Häufigkeit ihres Auftretens zu stellen.
Aus der Verteilung der Zufallsgröße X bestimmt man einen (theoretischen) Mittelwert der Zufallsgröße, den man **Erwartungswert** $E(X)$ nennt.
Wenn X eine Zufallsgröße ist, die die Werte $k_1, k_2, \ldots, k_n$ annimmt, dann heißt die Zahl

$$\mu = E(X) = k_1 \cdot P(X=k_1) + k_2 \cdot P(X=k_2) + k_3 \cdot (X=k_3) + \ldots + k_n \cdot P(X=k_n)$$

Erwartungswert der Zufallsgröße X.

Max und Klaus werfen drei Münzen. Zeigen alle Münzen das gleiche Bild, zahlt Max an Klaus 1€, sonst nichts. Wie groß muss der Einsatz von Klaus sein, damit ein faires Spiel gespielt wird?

K

Festlegung der Zufallsgröße
X: Betrag in €, den Max an Klaus zahlt.

Es muss zunächst die Zufallsgröße festgelegt werden.

K

k	$P(X=k)$	$k \cdot P(X=k)$
0	$\frac{3}{4}$	0
1	$\frac{1}{4}$	$\frac{1}{4}$

$E(X) = 0 \cdot \frac{3}{4} + 1 \cdot \frac{1}{4} = \frac{1}{4} = 0{,}25$ €

Der Einsatz von Klaus muss 0,25 € betragen.

Die Verteilung der Zufallsgröße wird vorgenommen.

Die Wahrscheinlichkeit, dass alle drei Münzen das gleiche Bild zeigen, beträgt $P(www;\, zzz) = \frac{2}{8} = \frac{1}{4}$.

In einer Schachtel liegen 6 Schalter, von denen 3 unbrauchbar sind. Wie oft muss man im Mittel ohne Zurücklegen einen Schalter entnehmen, bis man einen brauchbaren Schalter hat?

K

X: Anzahl der Ziehungen

k	$P(X=k)$	$k \cdot P(X=k)$
1	$\frac{3}{6} = 0{,}5$	0,5
2	$\frac{3}{6} \cdot \frac{3}{5} = 0{,}3$	0,6
3	$\frac{3}{6} \cdot \frac{2}{5} \cdot \frac{3}{4} = 0{,}15$	0,45
4	$\frac{3}{6} \cdot \frac{2}{5} \cdot \frac{1}{4} \cdot 1 = 0{,}05$	0,2

$E(X) = 0{,}5 + 0{,}6 + 0{,}45 + 0{,}2 = 1{,}75.$

Es wird festgelegt:

b – brauchbar bzw. u – unbrauchbar.

Ein verkürztes Baumdiagramm erklärt das Problem.

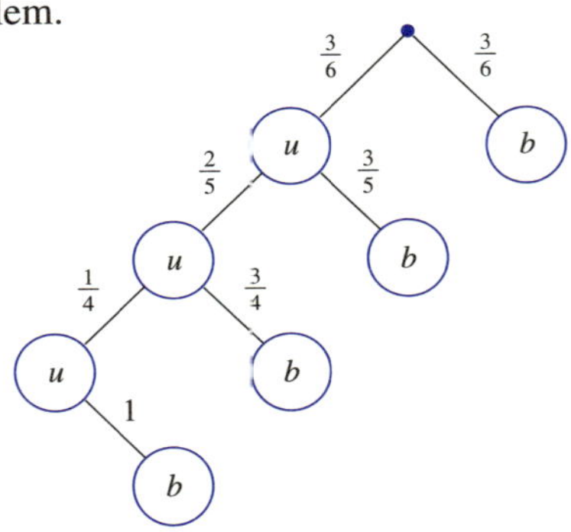

Bei einem Würfelspiel wird vereinbart, dass jeder Spieler das fünffache der Augenzahl eines Würfels in € in eine gemeinsame Kasse zu zahlen hat. Es wird nur mit einem Würfel gespielt. Welchen Betrag in € muss jeder Spieler durchschnittlich pro Spiel zahlen?

K

X: Betrag in € pro Spiel

k	$P(X=k)$	$k \cdot P(X=k)$
5	$\frac{1}{6}$	$\frac{5}{6}$
10	$\frac{1}{6}$	$\frac{10}{6}$
15	$\frac{1}{6}$	$\frac{15}{6}$
20	$\frac{1}{6}$	$\frac{20}{6}$
25	$\frac{1}{6}$	$\frac{25}{6}$
30	$\frac{1}{6}$	$\frac{30}{6}$

$E(X) = 17{,}5$ €

Die Frage nach dem durchschnittlichen Betrag in € pro Spiel verlangt die Berechnung des Erwartungswertes $E(X)$.

5.2 Varianz und Standardabweichung

Die Werte k, die eine Zufallsgröße X bei der Durchführung eines Zufallsexperiments tatsächlich annimmt, streuen in der Regel mehr oder weniger um den Erwartungswert $\mu = E(X)$ der Zufallsgröße. Wichtig für das Streuungsverhalten einer Zufallsgröße X mit dem Erwartungswert $\mu = E(X)$ sind die Abweichungen $|k_1 - \mu|, |k_2 - \mu|, \ldots, |k_n - \mu|$.

Man verwendet in der Praxis die Quadrate $(k_1 - \mu)^2, (k_2 - \mu)^2, \ldots, (k_n - \mu)^2$.

Multipliziert man die jeweilige quadratische Abweichung mit der Wahrscheinlichkeit ihres Eintretens, also mit $P(X = k_i)$ und addiert diese Produkte, so erhält man das gesuchte Streuungsmaß, welches man auch als **Varianz** $V(X)$ bezeichnet.

Ist X eine Zufallsgröße mit der Wertemenge $k_1, k_2, \ldots, k_n$ und dem Erwartungswert $\mu = E(X)$, so bezeichnet man als Varianz $V(X)$ der Zufallsgröße X die Beziehung

$$V(X) = (k_1 - \mu)^2 \cdot P(X = k_1) + (k_2 - \mu)^2 \cdot P(X = k_2) + \ldots + (k_n - \mu)^2 \cdot P(X = k_n).$$

Die Wurzel aus der Varianz $V(X)$ nennt man **Standardabweichung** der Zufallsgröße X und schreibt $\sigma(X) = \sqrt{V(X)}$.

Klaus würfelt mit einem Würfel. Die Zufallsgröße X beschreibt die auftretenden Augenzahlen. Berechnen Sie Erwartungswert, Varianz und Standardabweichung dieser Zufallsgröße.

Verteilung der Zufallsgröße *X*

k	1	2	3	4	5	6
$P(X = k)$	$\frac{1}{6}$	$\frac{1}{6}$	$\frac{1}{6}$	$\frac{1}{6}$	$\frac{1}{6}$	$\frac{1}{6}$

Berechnung des Erwartungswertes *E(X)*

$E(X) = \frac{1}{6}(1 + 2 + 3 + 4 + 5 + 6) = 3{,}5$

Berechnung der Varianz und der Standardabweichung

$$\begin{aligned} V(X) &= (1 - 3{,}5)^2 \cdot \tfrac{1}{6} + (2 - 3{,}5)^2 \cdot \tfrac{1}{6} + (3 - 3{,}5)^2 \cdot \tfrac{1}{6} \\ &\quad + (4 - 3{,}5)^2 \cdot \tfrac{1}{6} + (5 - 3{,}5)^2 \cdot \tfrac{1}{6} + (6 - 3{,}5)^2 \cdot \tfrac{1}{6} \\ &= \tfrac{1}{6}(6{,}25 + 2{,}25 + 0{,}25 + 0{,}25 + 2{,}25 + 6{,}25) \end{aligned}$$

$V(X) \approx 2{,}92$

$\sigma(X) = \sqrt{V(X)} \approx 1{,}71$

In einer Urne befinden sich 3 weiße und 4 schwarze Kugeln. Es werden 3 Kugeln ohne Zurücklegen gezogen. Man betrachte die Zufallsgröße X: Anzahl der gezogenen schwarzen Kugeln. Ermitteln Sie $E(X)$, $V(X)$ und $\sigma(X)$.

Verteilung der Zufallsgröße *X*

k	0	1	2	3
$P(X=k)$	$\frac{1}{35}$	$\frac{12}{35}$	$\frac{18}{35}$	$\frac{4}{35}$

Erwartungswert *E(X)*

$E(X) = 0 \cdot \frac{1}{35} + 1 \cdot \frac{12}{35} + 2 \cdot \frac{18}{35} + 3 \cdot \frac{4}{35} \approx 1{,}71$

Varianz $V(X)$

$V(X) = (0-1{,}71)^2 \cdot \frac{1}{35} + (1-1{,}71)^2 \cdot \frac{12}{35} + (2-1{,}71)^2 \cdot \frac{18}{35} + (3-1{,}71)^2 \cdot \frac{4}{35} \approx 0{,}49$

Standardabweichung *σ(X)*

$\sigma(X) = \sqrt{0{,}49} = 0{,}7$

100 Patienten einer Klinik wählen erfahrungsgemäß wie folgt aus dem Tagesangebot der Küche

Gericht	Kalorien	Preis	Anzahl
Fleischgericht	800 Kcal	5 €	28
Salatplatte	500 Kcal	3 €	22
Fischgericht	500 Kcal	7 €	12
Eintopf	950 Kcal	3 €	20
Spaghetti	950 Kcal	4 €	18

Es ist zu prüfen, ob auch bei größeren Abweichungen von den Erfahrungswerten die Kalkulation des Preises die anfallenden Kosten abdeckt.

X: Kosten des Essens pro Gericht

k	$P(X=k)$	$k \cdot P(X=k)$	$(k-\mu)^2$
3	0,42	1,26	1,4884
4	0,18	0,72	0,0484
5	0,28	1,40	0,6084
7	0,12	0,84	7,7284

$\mu = E(X) = 1{,}26 + 0{,}72 + 1{,}40 + 0{,}84 = 4{,}22$

$V(X) = 1{,}4884 \cdot 0{,}42 + 0{,}0484 \cdot 0{,}18 + 0{,}6084 \cdot 0{,}28 + 7{,}728 \cdot 0{,}12 = 1{,}73$

$\sigma(X) = \sqrt{1{,}73} = 1{,}32$

Der Erwartungswert der Einnahmen liegt bei 4,22 € pro Gericht.
Der Erwartungswert alleine beschreibt die mögliche Verteilung/Streuung der Einnahmen nicht vollständig.
Die Standardabweichung liegt bei 1,32 € und streut damit deutlich um den Erwartungswert.
Bei einer Abweichung der Bestellungen von den erfahrungsgemäßen Werten kann es zu größeren Verlusten kommen.

5.3 Tschebyschew'sche Ungleichung

Der russische Mathematiker P.L. Tschebyschew (1821–1894) fragte sich, wie wahrscheinlich es höchstens ist, dass eine Zufallsvariable X von ihren möglichen Werten $k_1, k_2, \ldots, k_n$ einen Wert annimmt, der von ihrem Erwartungswert $E(X)$ bzw. μ um einen bestimmten positiven Mindestbetrag, bezeichnet mit c, abweicht. Tschebyschew gelang es, für jede beliebige Wahrscheinlichkeitsverteilung die Wahrscheinlichkeit $P(|X-\mu| \geq c)$ grob nach oben abzuschätzen.

Bekannt ist als **Ungleichung von Tschebyschew:**
„Die Wahrscheinlichkeit, dass eine Zufallsgröße X einen Wert annimmt, der von ihrem Erwartungswert μ wenigstens um c abweicht, kann abgeschätzt werden durch $P(|X-\mu| \geq c) \leq \frac{\sigma^2}{c^2}$."
Die äquivalente Ungleichung lautet: $P(|X-\mu| < c) \geq 1 - \frac{\sigma^2}{c^2}$ (**beachte:** $\sigma^2 = V(X)$).

Bei der Herstellung von Kugeln (Solldurchmesser 0,8 cm), werden Abweichungen von 0,02 cm toleriert. Bei genauen Kontrollen stellt man fest, dass der Durchmesser der Kugel im Schnitt 0,8 cm beträgt. Für die Standardabweichung wird ein Wert von 0,006 cm ermittelt. Mit welchem Anteil an Ausschusskugeln innerhalb der Gesamtproduktion muss höchstens gerechnet werden?

Ausschuss liegt vor, wenn der Durchmesser X der Kugel um mehr als 0,02 cm vom Sollwert 0,8 cm abweicht. Ausgehend davon, dass der Sollwert gleich dem Erwartungswert (also $\mu = 0{,}8$ cm) ist, wird die Wahrscheinlichkeit des Ausschusses beschrieben durch $P(|X-0{,}8| \geq 0{,}02) = P(|X-\mu| \geq 0{,}02)$.
Damit berechnet man mit $c = 0{,}02$ und $\sigma = 0{,}006$ die Wahrscheinlichkeit

$$P\,(\text{„Kugel ist Ausschuss"}) = P(|X-0{,}8| \geq 0{,}02) \leq \frac{0{,}006^2}{0{,}02^2} = 0{,}09.$$

Es muss mit einem Anteil von Ausschusskugeln innerhalb der Gesamtproduktion von höchstens 9% gerechnet werden.

Eine faire Münze wird 50 mal geworfen. Worauf würden Sie setzen: Dass die Anzahl der Würfe mit dem Ergebnis „Zahl" im Intervall von 20 bis 30 (einschließlich) liegt oder dass sie außerhalb dieses Intervalls liegt (0 bis 19 und 31 bis 50)?

Anders formuliert lautet die Frage: Wie wahrscheinlich ist es höchstens, in einer Bernoulli-Kette der Länge 50 und einer Trefferwahrscheinlichkeit von $p = 0{,}5$ eine **Trefferzahl** X zu erzielen, die vom Erwartungswert $\mu = n \cdot p = 50 \cdot 0{,}5 = 25$ um mindestens $c = 6$ abweicht?

Abschätzung mit der Ungleichung von Tschebyschew:
$V(X) = \sigma^2 = n \cdot p \cdot (1-p) = 12{,}5$

$$P(|X-25|) \geq 6) = P(X \leq 19 \text{ oder } X \geq 31) \leq \frac{12{,}5}{6^2} \approx 0{,}35$$

Demnach wird die Wahrscheinlichkeit der Treffer (Zahl wird geworfen) mit einer Wahrscheinlichkeit von mindestens $1 - 0{,}35 = 0{,}65$ zwischen 20 und 30 liegen.

5.4 Multiple-Choice-Test

(Lösungen auf Seite 237)

1. Wir groß ist der Erwartungswert für die Augenzahl beim Werfen eines Würfels?

A) $E(X) = 4{,}0$ B) $E(X) = 4{,}5$ C) $E(X) = 3{,}5$ D) $E(X) = 5{,}0$

2. Man wirft eine Münze fünfmal. Man betrachtet die Zufallsgröße *X*, die angibt, wie oft „Zahl" auftritt. Wie groß ist *E*(*X*)?

A) $E(X) = 4{,}0$ B) $E(X) = 2{,}5$ C) $E(X) = 3{,}5$ D) $E(X) = 4{,}5$

3. In einer Losbude gewinnt man mit 20% aller Lose 1 €, mit 10% 5 € und mit 5% aller Lose 10 €. Was müssen die Lose kosten, damit der Besitzer der Losbude im Durchschnitt pro Los 0,50 € verdient?

A) 1,20 € B) 1,50 € C) 1,40 € D) 1,70 €

4. In einem Korb befinden sich 8 Eier, von denen 4 beschädigt sind. Wie oft muss man durchschnittlich ohne Zurücklegen ein Ei entnehmen, um ein nicht beschädigtes Ei zu ziehen?

A) 1,8 mal B) 1,6 mal C) 2,2 mal D) 1,4 mal

5. In einer Lotterie befinden sich 70% Nieten und 30% Gewinne. Klaus will so lange ein Los kaufen, bis er einen Gewinn gezogen hat, höchstens aber 5 Lose. Mit welcher Aus-gabe muss er im Durchschnitt rechnen, wenn jedes Los 2 € kostet?

A) 6,50 € B) 5,55 € C) 5,40 € D) 4,95 €

6. *X* sei die Augensumme beim zweifachen Würfeln. Ermitteln Sie Erwartungswert, Varianz und Standardabweichung.

A) $E(X) = 6{,}5$ $V(X) = 5{,}42$ $\sigma(X) = 2{,}33$ B) $E(X) = 7{,}5$ $V(X) = 6{,}75$ $\sigma(X) = 2{,}6$

C) $E(X) = 7{,}0$ $V(X) = 5{,}83$ $\sigma(X) = 2{,}42$ D) $E(X) = 7{,}3$ $V(X) = 5{,}94$ $\sigma(X) = 2{,}44$

7. Einem Karton mit 6 funktionsfähigen und 2 defekten Transistoren wird so lange ein Transistor zufällig entnommen, bis man einen funktionsfähigen Transistor erhält. Welcher Erwartungswert ergibt sich für die Anzahl von Transistoren, die dem Karton zu entnehmen sind?

A) 1,32 B) 1,29 C) 1,27 D) 1,42

8. Bei einer Leistungskontrolle erreichten die Schüler einer Klasse folgende Zensuren:
Note 1 = 2 Schüler, Note 2 = 3 Schüler, Note 3 = 9 Schüler
Note 4 = 5 Schüler, Note 5 = 4 Schüler, Note 6 = 1 Schüler
Berechnen Sie die Durchschnittswerte sowie die Standardabweichung.

A) $\mu = 3{,}375$ $\sigma(X) = 1{,}25$ B) $\mu = 3{,}455$ $\sigma(X) = 1{,}19$

C) $\mu = 3{,}875$ $\sigma(X) = 1{,}56$ D) $\mu = 3{,}685$ $\sigma(X) = 1{,}48$

9. Unter 20 Eiern befinden sich drei verdorbene. Daraus werden 4 Eier zufällig ausgewählt. Die Zufallsgröße *X* beschreibt die Anzahl der verdorbenen Eier unter den 4 ausgewählten. Berechnen Sie aus der Wahrscheinlichkeitsverteilung von *X* den Erwartungswert μ, die Varianz *V*(*X*) sowie die Standardabweichung $\sigma(X)$

A) $\mu = 0{,}8$ $V(X) = 0{,}6327$ $\sigma(X) = 0{,}7954$ B) $\mu = 0{,}6$ $V(X) = 0{,}4294$ $\sigma(X) = 0{,}6553$

C) $\mu = 1{,}1$ $V(X) = 0{,}8232$ $\sigma(X) = 0{,}9073$ D) $\mu = 0{,}7$ $V(X) = 0{,}5643$ $\sigma(X) = 0{,}7512$

6 Bernoulli-Ketten

6.1 Bernoulli-Experimente

Bei vielen Zufallsexperimenten ist es bedeutsam, ob ein bestimmtes Ereignis E eintritt oder nicht eintritt. Man unterscheidet nur zwei Ausgänge: E oder $\overline{E}$. Solche Experimente nennt man nach dem Mathematiker Jakob Bernoulli **Bernoulli-Versuche**.

Ein Standardbeispiel ist der Würfelwurf mit „Zahl" als **Treffer** und „Wappen" als **Niete**.

Tritt also das Ereignis E ein, so spricht man von einem Treffer bzw. von einem **Erfolg**, sonst von einer Niete bzw. einem **Misserfolg**. Demzufolge bezeichnet man die Wahrscheinlichkeit $P(E) = p$ für das Eintreten des Ereignisses E **Treffer-** bzw. **Erfolgswahrscheinlichkeit** eines Bernoulli-Versuches. Die Misserfolgswahrscheinlichkeit wird demnach mit $(1-p)$ bezeichnet.

Wiederholt man ein Bernoulli-Experiment n-mal und bleibt die Erfolgswahrscheinlichkeit p bei jeder Durchführung des Experimentes gleich, so spricht man von einer **Bernoulli-Kette der Länge *n*** mit der Erfolgswahrscheinlichkeit p.

Formel von Bernoulli:
Die Wahrscheinlichkeit für genau k Treffer bei einer Bernoulli-Kette der Länge n mit der Erfolgswahrscheinlichkeit p beträgt

$$P(X=k) = \binom{n}{k} \cdot p^k \cdot (1-p)^{n-k}.$$

Diese Wahrscheinlichkeit wird auch mit $B(n; p; k)$ bezeichnet.

Es wird zehnmal ein fairer Würfel geworfen. Berechnen Sie die Wahrscheinlichkeit, dass genau fünfmal eine ungerade Zahl fällt.

Es ist von Interesse, ob eine ungerade Zahl („Erfolg") bzw. eine gerade Zahl („Misserfolg") auftritt. Es handelt sich um eine Bernoulli-Kette der Länge $n = 10$ mit der Erfolgswahrscheinlichkeit $p = \frac{3}{6} = \frac{1}{2}$. Es ist nun zu berechnen, mit welcher Wahrscheinlichkeit in dieser Bernoulli-Kette die Erfolge (Treffer) $k = 5$ mal auftreten.
Es folgt demnach:

$$P(X=k) = \left(10; \frac{1}{2}; 5\right) = \binom{10}{5} \cdot \left(\frac{1}{2}\right)^5 \cdot \left(\frac{1}{2}\right)^{10-5} \approx 0{,}2461,$$

wobei X als Zufallsgröße die Anzahl des Auftretens der ungeraden Zahlen beim zehnmaligen Werfen des Würfels beschreibt.

Eine Urne enthält 7 schwarze und 9 grüne Kugeln. Man zieht sechs Kugeln mit Zurücklegen. Wie groß ist die Wahrscheinlichkeit, dass genau 1 schwarze und 5 grüne Kugeln gezogen werden?

Festlegung der Zufallsgröße X: Anzahl der gezogenen schwarzen Kugeln (Anzahl der Treffer).
Es liegt eine Bernoulli-Kette der Länge $n = 6$ vor.
Die Erfolgswahrscheinlichkeit beträgt $p = \frac{7}{16}$; die Misserfolgswahrscheinlichkeit beträgt $1 - p = \frac{9}{16}$.
Nach der Formel von Bernoulli $P(X = k) = \binom{n}{k} \cdot p^k \cdot (1-p)^{n-k}$ berechnet man für $k = 1$:

$$P(X = 1) = B\left(6; \frac{7}{16}; 1\right) = \binom{6}{1} \cdot \left(\frac{7}{16}\right)^1 \cdot \left(\frac{9}{16}\right)^5 = 6 \cdot \frac{7}{16} \cdot \frac{59\,049}{1\,048\,576} \approx 0{,}1478.$$

Anmerkung: Nimmt eine Zufallsgröße X die Werte $0, 1, 2, 3, \ldots, n$ mit den Wahrscheinlichkeiten $P(X = k) = B(n; p; k) = \binom{n}{k} \cdot p^k \cdot (1-p)^{n-k}$ für alle $k = 0, 1, 2, \ldots, n$ an, so nennt man X **binomialverteilt** mit den Parametern n und p. Diese Bezeichnung folgt aus dem Sachverhalt, dass man die Anzahl der Pfade bei einer bestimmten Trefferzahl kombinatorisch als Binomialkoeffizient $\binom{n}{k}$ darstellen kann.

Legt man X als Zufallsgröße fest, die die Anzahl der Erfolge in einer Bernoulli-Kette der Länge n angibt, so hängen ihr Erwartungswert $E(X) = \mu$ und die Varianz $V(X)$ als Stärke der Streuung um den Erwartungswert μ von den Parametern n und p der Bernoulli-Kette ab.
Für den Erwartungswert $\mu = E(X)$ und die Varianz $V(X)$ in einer Bernoulli-Kette der Länge n und der Erfolgswahrscheinlichkeit p gelten:

$\mu = E(X) = n \cdot p$ bzw. $V(X) = n \cdot p(1-p)$.

Weiterhin ist zu beachten, dass bei längeren Bernoulli-Ketten die Bestimmung von Trefferwahrscheinlichkeiten mit Hilfe von **Tabellen zur Binomialverteilung** (Seiten 227–235) vollzogen wird. Dabei kann man unter Umständen den Rechenaufwand erheblich verringern.

6.2 Binomialverteilung

Berechnen Sie die Wahrscheinlichkeiten dafür, dass es in einer Familie mit 6 Kindern
a) ebenso viele Jungen wie Mädchen bzw. b) mehr Jungen als Mädchen gibt.
(Man muss voraussetzen, dass Jungen- und Mädchengeburten gleich wahrscheinlich sind.)

a)

Zufallsgröße X: Anzahl der Jungen
Länge der Bernoulli-Kette: $n = 6$
Erfolgswahrscheinlichkeit: $p = \frac{1}{2}$
Anzahl der „Erfolge“: $k = 3$
Berechnung der Wahrscheinlichkeit
$P(3 \text{ Jungen}) = P(X = 3) = B(6; \frac{1}{2}; 3)$
$= \binom{6}{3} \cdot \left(\frac{1}{2}\right)^3 \cdot \left(\frac{1}{2}\right)^3 = \binom{6}{3} \cdot \left(\frac{1}{2}\right)^6 = 0{,}3125$
Die Wahrscheinlichkeit beträgt 31,25%.

K

Es muss entsprechend der Aufgabenstellung die Zufallsgröße festgelegt werden.
Danach bestimmt man die Parameter n und p.
k ist die Anzahl der „Erfolge“.
Zur Berechnung der geforderten Wahrscheinlichkeit $P(3 \text{ Jungen})$ nutzt man die Formel von Bernoulli:
$P(X = k) = \binom{n}{k} \cdot p^k \cdot (1-p)^{n-k} = B(n; p; k)$

b) **K**

$n = 6; p = \frac{1}{2}$
$k = 4, k = 5, k = 6$
$P(\text{mehr Jungen als Mädchen})$
$= P(X = 4) + P(X = 5) + P(X = 6)$
$= B(6; \frac{1}{2}; 4) + B(6; \frac{1}{2}; 5) + B(6; \frac{1}{2}; 6)$
$= \binom{6}{4} \cdot \left(\frac{1}{2}\right)^4 \cdot \left(\frac{1}{2}\right)^2 + \binom{6}{5} \cdot \left(\frac{1}{2}\right)^5 \cdot \left(\frac{1}{2}\right)^1$
$+ \binom{6}{6} \cdot \left(\frac{1}{2}\right)^6 \cdot \left(\frac{1}{2}\right)^0$
$= \left(\frac{1}{2}\right)^6 \cdot \left[\binom{6}{4} + \binom{6}{5} + \binom{6}{6}\right]$
$= 0{,}3437$

„Mehr Jungen als Mädchen“ bedeutet $k = 4$, $k = 5$, $k = 6$ für eine **summierte** Binomialverteilung.
Es sollten Möglichkeiten zur Vereinfachung der Rechnung beachtet werden, z. B. Ausklammern des gemeinsamen Faktors $\left(\frac{1}{2}\right)^6$.
Bei Benutzung eines grafikfähigen Taschenrechners (GTR) sollten entsprechende Rechnerprogramme eingesetzt werden.

Klaus und Max spielen häufig gegeneinander Federball. Max gewinnt dabei im Durchschnitt 11 von 20 Spielen.

a) Mit welcher Wahrscheinlichkeit gewinnt Max in einer Serie von 4 Spielen genau 3 Spiele?

b) Ist es wahrscheinlicher, dass Max genau 3 von 4 Spielen oder dass er genau 5 von 8 Spielen gewinnt?

c) Ist es wahrscheinlicher, dass Max **mindestens** 3 von 4 Spielen oder dass er **mindestens** 5 von 8 Spielen gewinnt?

a) **K**

X: Anzahl der Gewinnspiele von Max
Länge der Bernouli-Kette: $n = 4$
Erfolgswahrscheinlichkeit: $p = \frac{11}{20} = 0{,}55$
Anzahl der Erfolge: $k = 3$
$P(X = 3) = \binom{4}{3} \cdot 0{,}55^3 \cdot 0{,}45^1 \approx 0{,}2995$

Festlegung der Zufallsgröße für die jeweilige Spielserie sowie der Parameter n und p.

b) **K**

X: Anzahl der Gewinnspiele von Max
Weiter wird festgelegt: $n = 8$, $p = 0{,}55$ und $k = 5$.
$P(X = 5) = \binom{8}{5} \cdot 0{,}55^5 \cdot 0{,}45^3 \approx 0{,}2568$
Der Gewinn von 3 in einer Serie von 4 Spielen ist wahrscheinlicher.

Die festgelegte Zufallsgröße X bleibt erhalten. Die Parameter n und k werden entsprechend der Aufgabenstellung neu festgelegt.
Vergleich der Wahrscheinlichkeiten

c) **K**

$P(X \geq 3) = P(X = 3) + P(X = 4)$
$\approx 0{,}2995 + 0{,}0915 = 0{,}391$

$P(X \geq 5) = P(X = 5) + P(X = 6)$
$+ P(X = 7) + P(X = 8)$
$\approx 0{,}2568 + 0{,}1569 + 0{,}0548 + 0{,}0084$
$= 0{,}4769$

Die Fragestellung nach „mindestens“ 3 von 4 Spielen führt zu $P(X \geq 3)$ bzw. bei 5 von 8 Spielen zu $P(X \geq 5)$.

Mindestens 5 von 8 Spielen zu gewinnen ist wahrscheinlicher als mindestens 3 von 4 Spielen zu gewinnen.

Eine Münze wird 100 mal geworfen. Mit welcher Wahrscheinlichkeit hat man
a) mindestens 45 und höchstens 55 mal
b) weniger als 55 mal Wappen?

a)

X: Wappen wird geworfen
$n = 100$
$p = 0{,}5$
$k = 45$ bis $k = 55$
Berechnung der Wahrscheinlichkeit:
$P(45 \leq X \leq 55) \approx 0{,}7287$

K Festlegung der Zufallsgröße X sowie der Parameter n und p.
k als Anzahl der Treffer bewegt sich in einem Intervall.
Empfehlung: Benutzung des GTR

b)

$P(X < 55) = P(X \leq 54) = 0{,}8159$

K Empfehlung: Benutzung des GTR (Programm „Summe Binomialverteilung")

Jemand muss 5 Telefongespräche erledigen. Wie groß ist die Wahrscheinlichkeit, dass er
a) jedesmal direkt durchkommt,
b) keinmal durchkommt bzw.
c) zweimal nicht durchkommt?
Nach bekannten Informationen kommen nur 65% der Telefongespräche beim ersten Wählen zustande.

a)

X: Anzahl der direkt zustande gekommenen Gespräche
$n = 5$
$p = 0{,}65$
$P(X = 5) = \binom{5}{5} \cdot 0{,}65^5 \cdot 0{,}35^0 \approx 0{,}1160$

K Festlegung der Zufallsgröße X
Bestimmung der Parameter n und p
Nutzung der Formel von Bernoulli:
$P(X = k) = \binom{n}{k} \cdot p^k \cdot (1-p)^{n-k} = B(n; p; k)$

b)

$P(X = 0) = \binom{5}{0} \cdot 0{,}65^0 \cdot 0{,}35^5 \approx 0{,}0053$

K wie oben

c)

$P(X = 3) = \binom{5}{3} \cdot 0{,}65^3 \cdot 0{,}35^2 \approx 0{,}3364$

K wie oben

In einer Urne befinden sich 4 weiße und 6 schwarze Kugeln. Es werden 10 Kugeln mit Zurücklegen gezogen. Berechnen Sie die Wahrscheinlichkeiten der Ereignisse:
E_1: Man zieht genau 5 weiße Kugeln.
E_2: Man zieht mindestens 7 schwarze Kugeln.
Mit welcher Wahrscheinlichkeit tritt das Ereignis E_2 bei viermaliger Durchführung der 10 Ziehungen genau 2 mal ein.

K

Zufallsgröße X: Anzahl der weißen Kugeln
$n = 10$
$p = \frac{4}{10} = 0,4$
Ereignis E_1: $k = 5$

Die Zufallsgröße X ist binomialverteilt, die Länge der Bernoulli-Kette $n = 10$.

$P(E_1) = P(X = 5) = \binom{10}{5} \cdot 0{,}4^5 \cdot 0{,}6^5$
$\approx 0{,}2007$

$P(E_2) = P(X \leq 3)$
$= \sum_{i=0}^{3} \binom{10}{i} \cdot 0{,}4^i \cdot 0{,}6^{10-i} \approx 0{,}3823$

Beim weiteren Verwenden der Zufallsgröße X für die Ermittlung der Wahrscheinlichkeit $P(E_2)$ bedeutet „mindestens 7 schwarze Kugeln“ auch „höchstens 3 weiße Kugeln“.

Y: Anzahl des Eintretens von E_2 bei viermaliger Durchführung der 10 Ziehungen

$P(Y = 2) = \binom{4}{2} \cdot 0{,}3823^2 \cdot 0{,}6177^2 \approx 0{,}3346$

Festlegung einer weiteren Zufallsgröße Y.
Y ist binomialverteilt mit
$n = 4$ und $p = 0{,}3823$.

Das Ereignis E_2 tritt bei viermaliger Durchführung mit einer Wahrscheinlichkeit von 0,3346 genau zweimal ein.

Ein Glücksrad ist in 36 gleich große Sektoren eingeteilt, die paarweise verschieden mit den Zahlen 1 bis 36 beschriftet sind. Bei jeder Drehung des Rades wird genau ein Sektor durch einen Zeiger markiert.
Das Glücksrad wird 10 mal gedreht. Berechnen Sie die Wahrscheinlichkeit, dass dabei genau zweimal eine durch 5 teilbare Zahl markiert wird.
Ermitteln Sie die Wahrscheinlichkeit dafür, dass mindestens zweimal, aber höchstens fünfmal eine durch 5 teilbare Zahl markiert wird.
Bestimmen Sie, wie oft man das Glückrad mindestens drehen muss, damit mit einer Wahrscheinlichkeit von mindestens 99% wenigstens einmal eine durch 5 teilbare Zahl markiert wird.

K

X: Anzahl der durch 5 teilbaren Zahlen
Länge der Bernoulli-Kette: $n = 10$
Erfolgswahrscheinlichkeit: $p = \frac{7}{36}$
Anzahl der Erfolge: $k = 2$
Berechnung der Wahrscheinlichkeit:
$P(X = 2) = \binom{10}{2} \cdot \left(\frac{7}{36}\right)^2 \cdot \left(\frac{29}{36}\right)^8 \approx 0{,}3017$

Festlegung der Zufallsgröße X
Bestimmung der Parameter n und p
Es existieren 7 durch 5 teilbare Zahlen zwischen 1 und 36.
Verwendung der Formel von Bernoulli:
$P(X = k) = \binom{n}{k} \cdot p^k \cdot (1-p)^{n-k} = B(n; p; k)$

$P(2 \leq X \leq 5) = P(X=2) + P(X=3)$
$+P(X=4) + P(X=5) \approx 0{,}6017$

Für k gilt $2 \leq k \leq 5$.

$P(X \geq 1) = 1 - P(X=0) \geq 0{,}99$
$P(X=0) \leq 0{,}01$
$\left(\frac{29}{36}\right)^n \leq 0{,}01$
$n \cdot \lg\frac{29}{36} \leq \lg 0{,}01$
$n \geq 21{,}298$
Man muss das Glücksrad mindestens 22 mal drehen.

Die Wahrscheinlichkeit $P(X \geq 1)$ wird durch die Gegenwahrscheinlichkeit $1 - P(X=0)$ ausgetauscht.
Beachte die Umkehrung des Ungleichheitszeichens.

6.3 Binomialverteilung mit großen Parametern n

Wenn der Parameter n groß ist, so liegt eine **lange Bernoulli-Kette** vor. Die zur Auswertung von Bernoulli-Ketten verwendeten Tabellen zu Binomialverteilungen sind nur beschränkt für eine kleine Anzahl von Problemen mit bestimmten Kettenlängen verwendbar. Oft sind Tabellen für $n = 20$, $n = 50$ oder $n = 100$ einsetzbar, doch in der Praxis kommen weitaus längere Bernoulli-Ketten vor. So steht zum Beispiel eine Tabelle für die Kettenlänge $n = 600$ nicht zur Verfügung. Auch mit Computern kann kaum noch exakt gerechnet werden. Es hilft hier nur eine Näherungsrechnung. Die Gestalt eines Histogramms für eine binomialverteilte Zufallsgröße hängt nur von den Parametern n und p ab.

Wird der Stichprobenumfang n für eine feste Wahrscheinlichkeit p weiter vergrößert, so nähert sich die Form des Histogramms im Grenzfall einer **Glockenkurve** an. Sie ist nach dem Mathematiker Carl Friedrich Gauß (1777–1855) als **Gaußsche Glockenkurve** bekannt. Ihre Funktionalgleichung lautet:

$$\varphi(t) = \frac{1}{\sqrt{2\pi}} \cdot e^{-\frac{1}{2}t^2}.$$

Eine Zufallsgröße, deren Wahrscheinlichkeitsverteilung die Gaußsche Glockenkurve ist, bezeichnet man auch als **normalverteilte Zufallsgröße**.

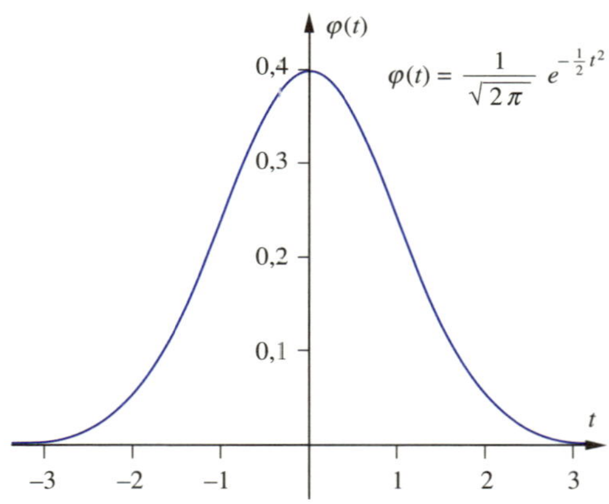

Man kann davon ausgehen, dass binomialverteilte Zufallsgrößen für großes n annähernd normalverteilt sind. Gilt die Laplace-Bedingung $n \cdot p(1-p) > 9$, so kann die entsprechende Näherungsrechnung durchgeführt werden. Möchte man für eine binomialverteilte Zufallsgröße X mit den Parametern n und p die kumulierte Wahrscheinlichkeit $P(X \leq k) = F(n; p; k)$ näherungsweise berechnen, so nutzt man die **Näherungsformel von Laplace und de Moivre** für Binomialverteilungen:

$$F(n; p; k) = \Phi\left(\frac{k - np}{\sqrt{n \cdot p(1-p)}}\right)$$

Die tabellierte Funktion $\Phi(z)$ (Tabelle Seite 236) liefert mit

$$z = \frac{k - np}{\sqrt{n \cdot p(1-p)}}$$

Näherungswerte für $F(n; p; k)$.

Lösungsschritte:

a) Prüfung der Laplace-Bedingung $np(1-p) > 9$
b) Berechnung der Standardabweichung $\sigma(X) = \sqrt{V(X)} = \sqrt{np(1-p)}$
c) Berechnung des Ausdrucks $\dfrac{k - np}{\sqrt{n \cdot p(1-p)}}$
d) Wenn $z \geq 0$, so wird der tabellierte Wert $\Phi(z)$ mit $\Phi(z) = F(n; p; k) = P(X \leq k)$ aufgesucht. Gilt $z \leq 0$, so wird der zu $-z$ gehörende Tabellenwert $\Phi(-z)$ aufgesucht und von 1 subtrahiert. Es gilt: $\Phi(-z) = 1 - \Phi(z)$, die Differenz ist dann der Näherungswert für die gesuchte Wahrscheinlichkeit.

Berechnen Sie für $n = 1\,000$ und $p = 0{,}5$ den Wert von $P(X \leq 457) = F(1\,000; 0{,}5; 457)$!

a) Prüfen der Laplace-Bedingung $np(1-p) > 9$: $1\,000 \cdot 0{,}5 \cdot 0{,}5 = 250 > 9$
b) $z = \dfrac{k - np}{\sqrt{np(1-p)}} = \dfrac{457 - 500}{\sqrt{250}} \approx -2{,}72 < 0$
c) $\Phi(-z) = 1 - \Phi(z)$; $\Phi(-(-2{,}72)) = \Phi(2{,}72) \approx 0{,}9967$ (s. Tabelle Seite 236)
d) Berechnung der Wahrscheinlichkeit $P(X \leq 457) \approx 1 - 0{,}9967 = 0{,}0033$

Bedeutung: Beim 1 000-fachen Wurf einer Laplace-Münze ist die Wahrscheinlichkeit, höchstens 457 mal „Zahl" zu werfen, sehr gering, nämlich nur ca. 0,33%.

Bei der Produktion von Glühlampen hat eine Firma einen Ausschuss von 2%.
Wie groß ist die Wahrscheinlichkeit dafür, dass unter 1 000 Glühlampen
a) höchstens
b) mindestens 25 Glühlampen defekt sind?

a)

$n = 1\,000$; $p = 0{,}02$; $n \cdot p(1-p) = 19{,}6 > 9$
Ermittlung des Erwartungswertes: $n \cdot p = 1\,000 \cdot 0{,}02 = 20$
Ermittlung der Standardabweichung $\sqrt{n \cdot p(1-p)} = \sqrt{19{,}6}$

$$z = \frac{k - np}{n \cdot p(1-p)} = \frac{25 - 20}{\sqrt{19{,}6}} \approx 1{,}129 > 0$$

Angabe der Wahrscheinlichkeit: $P(X \leq 25) = \Phi(1{,}129) \approx 0{,}8708$ (siehe Tabelle Seite 236).
Die Wahrscheinlichkeit, dass unter 1 000 Glühlampen höchstens 25 Glühlampen defekt sind, beträgt ca. 87,08%.

b)

Es ist $P(X \geq 25) = 1 - P(X \leq 24)$ zu bestimmen.

$$P(X \geq 25) = 1 - P(X \leq 24) = 1 - \Phi\left(\frac{24-20}{\sqrt{19,6}}\right) = 1 - \Phi(0{,}9035) \approx 1 - 0{,}8159 = 0{,}1841$$

Die Wahrscheinlichkeit, dass unter 1 000 Glühlampen mindestens 25 Glühlampen defekt sind, beträgt ca. 18,41%.

Eine Druckerei druckt täglich 10 000 Fragebögen für die theoretische Fahrschulprüfung. Davon sind 4% Ausschuss. Ausschussstücke treten unabhängig voneinander auf. Die Zufallsgröße X beschreibt die Anzahl der Fragebögen einer Tagesproduktion, die nicht Ausschuss sind.
Berechnen Sie die Wahrscheinlichkeit dafür, dass mehr als 9 580 Fragebögen einer Tagesproduktion kein Ausschuss sind.

Zufallsgröße X: Anzahl der Fragebögen; zu ermitteln: $P(X > 9580)$
$n = 10000; p = 0{,}96; n \cdot p(1-p) = 384 > 9$
Ermittlung des Erwartungswertes: $n \cdot p = 9600$
Ermittlung der Standardabweichung: $\sqrt{n \cdot p(1-p)} = \sqrt{384} \approx 19{,}6$

$$z = \frac{k - np}{\sqrt{n \cdot p(1-p)}} = \frac{9580 - 9600}{\sqrt{384}} \approx -1{,}02 < 0$$

$\Phi(-z) = 1 - \Phi(z); \Phi(-(-1{,}02)) = \Phi(1{,}02) \approx 0{,}8461$

Berechnung der Wahrscheinlichkeit:
$P(X > 9580) = 1 - P(X \leq 9580) = 1 - (1 - \Phi(1{,}02)) = \Phi(1{,}02) \approx 0{,}8461$
Die Wahrscheinlichkeit, dass mehr als 9 580 Fragebögen einer Tagesproduktion kein Ausschuss sind, beträgt ca. 84,61%.

Ein Betrieb stellt Batterien für grafikfähige Taschenrechner her. Der Ausschussanteil beträgt 2%. Ausschussstücke treten unabhängig voneinander auf. Nach Angabe des Betriebes ist die Lebensdauer der Batterien normalverteilt mit einem Erwartungswert von 300 Betriebsstunden und einer Standardabweichung von 15 Betriebsstunden. Ein Kontrolleur entnimmt der laufenden Produktion eine Batterie und prüft deren Lebensdauer. Ermitteln Sie die Wahrscheinlichkeit, dass die Lebensdauer dieser Batterie höchstens 280 Stunden beträgt.

Zufallsgröße X: Lebensdauer der Batterie; zu ermitteln: $P(X \leq 280)$
Erwartungswert: $n \cdot p = 300; n \cdot p(1-p) = 225 > 9$
Standardabweichung: $\sqrt{n \cdot p(1-p)} = 15$

$$z = \frac{k - np}{\sqrt{n \cdot p(1-p)}} = \frac{280 - 300}{15} = -1{,}33 < 0$$

$\Phi(-z) = 1 - \Phi(z) = 1 - \Phi(1{,}33) \approx 1 - 0{,}9082 = 0{,}0918 = P(X \leq 280)$
Mit einer Wahrscheinlichkeit von ca. 9,18% beträgt die Lebensdauer einer zufällig ausgewählten Batterie höchstens 280 Stunden.

Ein Erzeugnis einer Firma sind Taschenrechner. Bekannt ist, dass einige der hergestellten Rechner defekt sind. Ursache dafür könnte der Fehler F_1 sein. Die Wahrscheinlichkeit für das Auftreten von Fehler F_1 beträgt $0{,}04$. Um Taschenrechner preiswert kaufen zu können, gaben die Gymnasien einer Stadt eine Sammelbestellung von 750 Stück bei dieser Firma ab. Die Zufallsgröße Y beschreibt die Anzahl der Rechner unter den 750 gelieferten Geräten, die den Fehler F_1 aufweisen. Wie groß ist die Wahrscheinlichkeit dafür, dass der Fehler F_1 bei weniger als 20 Rechnern auftritt.

Zufallsgröße Y: Anzahl der Rechner unter den 750 gelieferten mit dem Fehler F_1 (Y ist normalverteilt); zu ermitteln ist $P(Y \leq 19)$. Man erhält mit $n = 750$; $p = 0{,}04$: $n \cdot p(1-p) = 28{,}8 > 9$.
Ermittlung des Erwartungswertes: $n \cdot p = 750 \cdot 0{,}04 = 30$
Ermittlung der Standardabweichung: $\sqrt{n \cdot p(1-p)} = \sqrt{28{,}8} \approx 5{,}37$

$$z = \frac{k - np}{\sqrt{n \cdot p(1-p)}} = \frac{19 - 30}{\sqrt{28{,}8}} \approx -2{,}05$$

$P(Y \leq 19) = 1 - \Phi(2{,}05) \approx 1 - 0{,}9798 = 0{,}0202$
Mit einer Wahrscheinlichkeit von ca. 2,02% tritt der Fehler F_1 bei weniger als 20 Rechnern auf.

6.4 Multiple-Choice-Test

(Lösungen auf Seite 237)

1. In einer Urne befinden sich 7 rote und 13 gelbe Kugeln. Wie groß ist die Wahrscheinlichkeit, dass von 4 mit Zurücklegen gezogenen Kugeln 1 rot und 3 gelb sind?

A) 0,2976 B) 0,3845 C) 0,3461 D) 0,3067

2. Eine Maschine produziert $\frac{1}{5}$ Ausschuss. Man entnimmt der laufenden Produktion 6 Stücke. Mit welcher Wahrscheinlichkeit ist kein Stück fehlerhaft?

A) 0,2621 B) 0,2589 C) 0,2763 D) 0,2411

3. Bei einer Produktionsüberprüfung hat man mit einem Ausschuss von 5% zu rechnen. Berechnen Sie die Wahrscheinlichkeit dafür, dass unter 20 Artikeln höchstens ein Artikel Ausschuss ist.

A) 0,7109 B) 0,7358 C) 0,7465 D) 0,6959

4. Der Anteil der Nichtschwimmer in einer Schule beträgt 10%. In einer Klasse von 20 Schülern werden 4 Schüler zufällig ausgewählt. Berechnen Sie die Wahrscheinlichkeit, dass 3 der Schüler Nichtschwimmer sind.

A) 0,3680 B) 0,3509 C) 0,3418 D) 0,3600

5. **Die Schülervertretung eines Gymnasiums besteht aus 12 Schülern. Jeder Schüler kommt mit einer Wahrscheinlichkeit von 40% zu einer einberufenen Versammlung. Mit welcher Wahrscheinlichkeit sind $\frac{2}{3}$ der Schülervertreter anwesend?**

A) 0,0420 B) 0,0426 C) 0,0462 D) 0,0432

6. **Berechnen Sie die Wahrscheinlichkeit dafür, dass bei einer Bernoulli-Kette der Länge $n = 20$ bei einer Erfolgswahrscheinlichkeit von $p = 0{,}4$ höchstens 5 Erfolge (Treffer) erzielt werden.**

A) 0,1211 B) 0,1253 C) 0,1256 D) 0,1287

7. **Ein fairer Würfel wird 18 000 mal geworfen. Berechnen Sie die Wahrscheinlichkeit dafür, dass die Augenzahl 4 mindestens 2 900mal und höchstens 3 100mal fällt.**

A) 0,9218 B) 0,9489 C) 0,9555 D) 0,9066

8. **Untersucht man die Lebensdauer einer Glühlampe, so stellt man fest, dass die durchschnittliche Lebensdauer einer Sorte von Glühbirnen 1 000 Stunden bei einer Standardabweichung von 30 Stunden beträgt. Wie groß ist die Wahrscheinlichkeit, dass eine Glühlampe länger als 1 000 Stunden brennt?**

A) 0,5 B) 0,5683 C) 0,5212 D) 0,5060

9. **Berechnen Sie die Wahrscheinlichkeit dafür, dass auf einer Schülerparty von 25 Schülern genau 3 am 11. April Geburtstag haben.**

A) 0,00004453 B) 0,00004125 C) 0,00004088 D) 0,00004263

10. **Wie viele von 1 000 Familien mit je 5 Kindern haben genau 3 Jungen, wenn man davon ausgeht, dass die Wahrscheinlichkeit für die Geburt eines Jungen 0,5 beträgt.**

A) etwa 308 Familien B) etwa 320 Familien C) etwa 313 Familien D) etwa 331 Familien

11. **Ein Multiple-Choice-Test besteht aus 20 Fragen mit jeweils 5 Antwortmöglichkeiten, von denen stets genau eine richtig ist. Ein Student absolviert den Test, indem er zu jeder Frage auf gut Glück eine der Antwortmöglichkeiten ankreuzt. Mit welcher Wahrscheinlichkeit erzielt er mindestens 6 richtige Antworten?**

A) 0,2156 B) 0,1811 C) 0,2023 D) 0,1958

7 Beurteilende Statistik

7.1 Einführung

σ-Umgebung des Erwartungswertes

Es sei X die Anzahl der Treffer in einer Bernoulli-Kette der Länge n, p die Trefferwahrscheinlichkeit, μ der Erwartungswert und σ die Standardabweichung von X. Ist weiter die sog. Laplace-Bedingung

$$\sigma = \sqrt{n \cdot p \cdot (1-p)} > 3$$

erfüllt, so fallen die Werte von X zu ca.

68,0% in das Intervall $[\mu - \sigma;\, \mu + \sigma]$
95,5% in das Intervall $[\mu - 2\sigma;\, \mu + 2\sigma]$
99,7% in das Intervall $[\mu - 3\sigma;\, \mu + 3\sigma]$.

Diese Aussage bedeutet, dass nahezu unabhängig von der Länge n und der Trefferwahrscheinlichkeit p der Bernoulli-Kette, die Wahrscheinlichkeit, dass eine binomialverteilte Zufallsgröße X in eine σ-Umgebung ihres Erwartungswertes fällt, ca. 68% beträgt (analog ca. 95,5% für eine 2σ- und ca. 99,7% für eine 3σ-Umgebung von μ). Analog zur Betrachtung der Abweichungen der absoluten Trefferzahl in einer Bernoulli-Kette (Länge n, Erwartungswert μ) gilt für die Abweichungen der relativen Trefferhäufigkeit $\frac{X}{n}$ in einer Bernoulli-Kette (Länge n, Trefferwahrscheinlichkeit p):
Unter der Voraussetzung, dass die o. a. Laplace-Bedingung erfüllt ist, fallen die Werte von $\frac{X}{n}$ zu ca.

68,0% in das Intervall $\left[p - \frac{\sigma}{n};\, p + \frac{\sigma}{n}\right]$
95,5% in das Intervall $\left[p - 2\frac{\sigma}{n};\, p + 2\frac{\sigma}{n}\right]$
99,7% in das Intervall $\left[p - 3\frac{\sigma}{n};\, p + 3\frac{\sigma}{n}\right]$.

In diesem Fall spricht man auch von den $\frac{\sigma}{n}$-Umgebungen von p.

Das Bernoulli'sche Gesetz der großen Zahlen

Das Ergebnis, dass die relative Häufigkeit der Trefferzahl $\frac{X}{n}$ in einer Bernoulli-Kette (Länge n, Trefferwahrscheinlichkeit p) mit einer Wahrscheinlichkeit von ca. 99,7% in eine $3\frac{\sigma}{n}$-Umgebung von p fällt, lässt sich auch dahingehend interpretieren, dass für wachsende n die $3\frac{\sigma}{n}$-Umgebung mit der konstanten sogenannten Sicherheitswahrscheinlichkeit von 99,7% gegen Null strebt.
Die anschauliche Interpretation dieses Sachverhalts, dass nämlich die relative Trefferhäufigkeit von Versuchsreihen bei steigender Anzahl n von Versuchen in eine beliebig kleine ε-Umgebung von p fällt, findet im BERNOULLI-Gesetz der großen Zahlen ihren Ausdruck:

Ist X die Anzahl der Treffer in einer Bernoulli-Kette (Länge n, Trefferwahrscheinlichkeit p), so gilt für jedes $\varepsilon > 0$:

$$\lim_{n\to\infty} P\left(\left|\frac{X}{n} - p\right| < \varepsilon\right) = 1; \quad \lim_{n\to\infty} P\left(\left|\frac{X}{n} - p\right| \geq \varepsilon\right) = 0.$$

Eine zu dieser Aussage äquivalente Formulierung enthält die Tschebyschew'sche Ungleichung für Bernoulli-Ketten (Länge n, Trefferwahrscheinlichkeit p, Trefferanzahl X):

$$P\left(\left|\frac{X}{n} - p\right| < \varepsilon\right) \geq 1 - \frac{1}{4n\varepsilon^2}; \quad P\left(\left|\frac{X}{n} - p\right| \geq \varepsilon\right) \leq \frac{1}{4n\varepsilon^2}.$$

Damit lässt sich die Wahrscheinlichkeit dafür abschätzen, dass die relative Trefferhäufigkeit $\frac{X}{n}$ einen Wert annimmt, der von p um wenigstens $\varepsilon > 0$ abweicht.

Anmerkung
Wegen der Wichtigkeit der Tschebyschew'schen Ungleichung sei diese in diesem Zusammenhang auch noch einmal für den allgemeinen Fall angegeben:
Eine (diskrete oder stetige) Zufallsvariable X besitze den Erwartungswert μ und die Varianz $V(X) = \sigma^2$. Die Wahrscheinlichkeit dafür, dass die Differenz $(X - \mu)$ dem Betrage nach größer oder gleich einer beliebigen Zahl $\varepsilon > 0$ ist, ist kleiner oder gleich dem Quotienten aus der Varianz σ^2 und dem Quadrat der Zahl ε:

$$P(|X - \mu| \geq \varepsilon) \leq \frac{\sigma^2}{\varepsilon^2}; \quad P(|X - \mu| < \varepsilon) \geq 1 - \frac{\sigma^2}{\varepsilon^2}.$$

Mit Hilfe dieser Ungleichung lassen sich z. B. Wahrscheinlichkeiten für Abweichungen vom Mittelwert abschätzen: Hat z. B. eine Temperaturmessung eine mittlere Temperatur von 500 K und eine Varianz von 25 ergeben, so erhält man die Wahrscheinlichkeit dafür, dass Abweichungen von mehr als 20 K auftreten zu

$$P(|X - 500| \geq 20) \leq \frac{25}{400} = 0{,}0625,$$

die Wahrscheinlichkeit beträgt also höchstens 6,25%.

Ein gläserner Tetraeder-Würfel werde 50-mal bzw. 100-mal geworfen. Ein Treffer liegt vor, wenn die markierte Fläche des Tetraeders unten liegt (siehe Abbildung). X sei die Anzahl der Treffer.
Bestimmen Sie jeweils die Wahrscheinlichkeit dafür, dass X einen Wert annimmt, der höchstens um (*i*) σ, (*ii*) 2σ bzw. (*ii*) 3σ vom Erwartungswert μ abweicht.

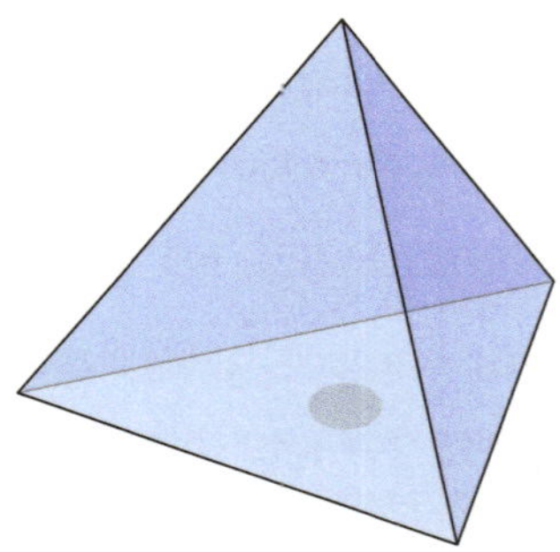

i) σ-Umgebung

K

Mit $n = 50$ (100) sowie $p = \frac{1}{4} = 0{,}25$ erhält man als Erwartungswerte

$\mu = 12{,}5$ (25)

und als Standardabweichungen

$\sigma = 3{,}06$ (4,33).

Damit folgt zunächst für $n = 50$:

$$
\begin{aligned}
&P(|X-\mu| \le \sigma)\\
&= P(|X-12{,}5| \le 3{,}06)\\
&= P(10 \le X \le 15)\\
&= F(50; 0{,}25; 15) - F(50; 0{,}25; 9)\\
&\approx 0{,}8369 - 0{,}1637\\
&= 0{,}6732
\end{aligned}
$$

Die Wahrscheinlichkeit dafür, dass die Anzahl der Treffer für $n = 50$ in eine $\sigma = 3{,}06$-Umgebung des Erwartungswertes $\mu = 12{,}5$ fällt, beträgt ca. 67,3%.

Analog erhält man für $n = 100$:

$$
\begin{aligned}
&P(|X-25| \le 4{,}33)\\
&= P(21 \le X \le 29)\\
&= F(100; 0{,}25; 29) - F(100; 0{,}25; 20)\\
&\approx 0{,}8505 - 0{,}1488\\
&= 0{,}7017
\end{aligned}
$$

Die Wahrscheinlichkeit dafür, dass die Anzahl der Treffer für $n = 100$ in eine $\sigma = 4{,}33$-Umgebung des Erwartungswertes $\mu = 25$ fällt, beträgt ca. 70,2%.

X ist eine binomialverteilte Zufallsgröße, daher gelten:

$\mu = n \cdot p$ und $\sigma = \sqrt{n \cdot p \cdot (1-p)}$.

Die Berechnung der gesuchten Wahrscheinlichkeiten folgt aus der Bearbeitung von $P(|X-\mu| \le \sigma)$.
Dabei folgt aus $|X-\mu| \le \sigma$ die Darstellung

$\mu - \sigma \le X \le \mu + \sigma$,

wobei jeweils mit ganzzahligen Werten zu rechnen ist. Die ganzzahligen Werte erhält man durch Runden „zur sicheren Seite“, also jeweils zum Erwartungswert hin.
Beim Rechnen mit der kumulativen Binomialverteilung ist zu beachten:
Für $i < j$ gilt

$P(i \le X \le j) = F(n; p; j) - F(n; p; (i-1))$.

Mit $n = 100$ und $p = 0{,}25$ erhält man

$\mu = 100 \cdot 0{,}25 = 25$

und

$\sigma = \sqrt{100 \cdot 0{,}25 \cdot 0{,}75} \approx 4{,}33$.

ii) 2σ-Umgebung

Mit $n = 50$, $\mu = 12{,}5$ und $2\sigma \approx 6{,}12$ folgt $P(|X-12{,}5| \le 6{,}12) = P(7 \le X \le 18)$ und weiter

$P(7 \le X \le 18) = F(50; 0{,}25; 18) - F(50; 0{,}25; 6) \approx 0{,}9713 - 0{,}0194 = 0{,}9519$

Die Wahrscheinlichkeit dafür, dass die Anzahl der Treffer für $n = 50$ in eine $2\sigma = 6{,}12$-Umgebung des Erwartungswertes $\mu = 12{,}5$ fällt, beträgt ca. 95,19%.
Mit $n = 100$, $\mu = 25$ und $2\sigma \approx 8{,}66$ folgt analog $P(|X - 25| \leq 8{,}66) = P(17 \leq X \leq 33)$ und weiter

$$P(17 \leq X \leq 33) = F(100; 0{,}25; 33) - F(100; 0{,}25; 16) \approx 0{,}9724 - 0{,}0211 = 0{,}9513$$

Die Wahrscheinlichkeit dafür, dass die Anzahl der Treffer für $n = 100$ in eine $2\sigma = 6{,}12$-Umgebung des Erwartungswertes $\mu = 12{,}5$ fällt, beträgt ca. 95,13%.

iii) 3σ-Umgebung

Mit $n = 50$, $\mu = 12{,}5$ und $3\sigma \approx 9{,}18$ folgt $P(|X - 12{,}5| \leq 9{,}18) = P(4 \leq X \leq 21)$ und weiter

$$P(4 \leq X \leq 21) = F(50; 0{,}25; 21) - F(50; 0{,}25; 3) \approx 0{,}9974 - 0{,}0005 = 0{,}9969$$

Die Wahrscheinlichkeit dafür, dass die Anzahl der Treffer für $n = 50$ in eine $3\sigma = 9{,}18$-Umgebung des Erwartungswertes $\mu = 12{,}5$ fällt, beträgt ca. 99,69%.
Mit $n = 100$, $\mu = 25$ und $3\sigma \approx 12{,}99$ folgt $P(|X - 25| \leq 12{,}99) = P(13 \leq X \leq 37)$ und weiter

$$P(13 \leq X \leq 37) = F(100; 0{,}25; 37) - F(100; 0{,}25; 12) \approx 0{,}9973 - 0{,}0010 = 0{,}9963$$

Die Wahrscheinlichkeit dafür, dass die Anzahl der Treffer für $n = 100$ in eine $3\sigma = 12{,}99$-Umgebung des Erwartungswertes $\mu = 25$ fällt, beträgt ca. 99,63%.

Die Firma Wosram beliefert einen Großmarkt mit Glühlampen aller Art. Erfahrungsgemäß sind 5% aus der Produktion einer bestimmten Glühlampensorte defekt. Eine Großpackung enthält 340 Glühlampen. Berechnen Sie die Anzahl der Glühlampen, die in 95,5% bzw. 99,7% der Großpackungen defekt sind.

Anmerkung
Das Ergebnis einer zufällig ausgewählten Stichprobe der Größe n liegt mit einer Wahrscheinlichkeit von ca. 95,5% im Intervall $[\mu - 2\sigma; \mu + 2\sigma]$ bzw. 99,7% im Intervall $[\mu - 3\sigma; \mu + 3\sigma]$, wenn die Laplace-Bedingung $\sigma = \sqrt{np(1-p)} > 3$ erfüllt ist. Diese Wahrscheinlichkeit wird auch als Sicherheitswahrscheinlichkeit der Prognose über die Trefferanzahl X in der Stichprobe bezeichnet; die Intervalle nennt man auch 95,5%– bzw. 99,7%–Sicherheitsintervalle.

K

Mit $n = 340$ und $p = 0{,}05$ folgt $\mu = 17$ sowie $\sigma \approx 4{,}02 > 3$ (damit ist die Voraussetzung zur Anwendung der sog. Faustformel erfüllt).
Eine Intervallabschätzung liefert die Bestimmung der 95,5%- bzw. 99,7%-Sicherheitsintervalle:

Der Erwartungswert μ folgt aus $\mu = n \cdot p$.
Die Standardabweichung σ folgt aus $\sigma = \sqrt{np(1-p)}$.
Die Laplace-Bedingung lautet $\sigma = \sqrt{np(1-p)} > 3$; ist diese erfüllt, können die Sicherheitsintervalle mit der sog. Faustformel bestimmt werden.

$$[\mu - 2\sigma; \mu + 2\sigma] = [17 - 8{,}04; 17 + 8{,}04] = [8{,}96; 25{,}04]$$

bzw.

$$[\mu - 3\sigma; \mu + 3\sigma] = [17 - 12{,}06; 17 + 12{,}06] = [4{,}94; 29{,}06]$$

Damit folgt:
95,5%-Sicherheitsintervall: [9; 25]
99,7%-Sicherheitsintervall: [5; 29].
Mit einer Wahrscheinlichkeit von 95,5% sind in einer Großpackung 9 bis 25 Glühlampen defekt, also 315 bis 331 funktionierende Glühlampen und mit einer Wahrscheinlichkeit von 99,7% sind in einer Großpackung 5 bis 29 Glühlampen defekt, also 311 bis 335 funktionierende Glühlampen.

Da nur ganzzahlige Werte in diesem Zusammenhang sinnvoll sind, wird zum Erwartungswert hin gerundet.

Das Ergebnis lässt sich auch wie folgt formulieren (hier nur für das 99,7%-Sicherheitsintervall):
In 99,7% der Großpackungen sind zwischen 1,5% und 8,5% der Glühlampen defekt. In den anderen Packungen sind es weniger als 1,5% oder mehr als 8,5%.

Seit Beginn der Wochenziehungen beim Lotto 6 aus 49 sind 2444 Ziehungen bis zum 10.08.2002 durchgeführt worden. Wie oft ist zu erwarten, dass eine beliebige Zahl (z. B. die „1“) bis zur 2444. Ziehung gezogen wurde (gesucht ist ein 95,5%–Sicherheitsintervall)?

K

Mit $n = 2444$ und $p = \frac{6}{49}$ erhält man

$\mu = 2444 \cdot \frac{6}{49} \approx 299{,}3$ und weiter

$$\sigma = \sqrt{2444 \cdot \frac{6}{49} \cdot \frac{43}{49}} \approx 16{,}2 > 3.$$

Damit folgt aus der Anwendung der Faustregel für das 95,5%-Sicherheitsintervall:

$$\begin{aligned} &[\mu - 2\sigma; \mu + 2\sigma] \\ &= [299{,}3 - 32{,}4; 299{,}3 + 32{,}4] \\ &= [266{,}9; 331{,}7] \\ &= [267; 331] \end{aligned}$$

Mit einer Wahrscheinlichkeit von 95,5% wird eine der Lottozahlen 1 bis 49 in 2444 Ziehungen 267–331mal gezogen. Anders formuliert: in ca. 4,5% der Ziehungszahlen (also 2–3) werden die Ziehungshäufigkeiten außerhalb des Intervalls [267; 331] liegen.

Die Wahrscheinlichkeit $p = \frac{6}{49}$ folgt aus der Überlegung, dass in jeder Wochenziehung in 6 von 49 Fällen eine der Lottozahlen 1 bis 49, also z. B. die „1“ gezogen werden kann.
Der Erwartungswert folgt aus $\mu = n \cdot p$, die Standardabweichung aus $\sigma = \sqrt{n \cdot p \cdot (1-p)}$.
Die Laplace-Bedingung lautet:
$\sigma = \sqrt{n \cdot p \cdot (1-p)} > 3$.
Gerundet wird zum Erwartungswert hin.

Ein Vergleich mit einer zum Zeitpunkt der Drucklegung aktuellen Statistik ergibt folgende Ziehungshäufigkeiten nach 2444 Ziehungen:

Zahl	13	1	38	32	49
Häufigkeit	242	300	333	340	351

Bei 45 von 49 Zahlen liegt die Ziehungshäufigkeit im angegebenen Intervall, bei 4 Zahlen liegt sie außerhalb.

Ein Automobilwerk kauft von der Firma Wosram Scheinwerferlampen. Wosram gibt an, dass erfahrungsgemäß 5% der gelieferten Scheinwerferlampen defekt sind. Die Automobilfirma entnimmt einer großen Lieferung eine Stichprobe von 1 000 Glühlampen für einen Sicherheitstest. Berechnen Sie mit einer Sicherheitswahrscheinlichkeit von ca. 95%, in welchem Bereich der Anteil defekter Scheinwerferlampen in der Stichprobe variieren kann, ohne dass die Firma Wosram die Lieferung zurücknehmen muss.

K

Es sei X: „Anzahl der defekten Scheinwerferlampen in der Stichprobe".
Die Standardabweichung beträgt

$$\sigma = \sqrt{n \cdot p \cdot (1-p)} = \sqrt{1\,000 \cdot 0{,}05 \cdot 0{,}95} \approx 6{,}89 \; (> 3).$$

Nach der Faustregel für $2\frac{\sigma}{n}$-Umgebungen der Trefferwahrscheinlichkeit folgt

$$\left[0{,}05 - 2\,\frac{\sigma}{n};\, 0{,}05 + 2\frac{\sigma}{n}\right] = \left[0{,}05 - 2\,\frac{6{,}89}{1\,000};\, 0{,}05 + 2\,\frac{6{,}89}{1\,000}\right] = [0{,}036;\, 0{,}064].$$

Mit einer Wahrscheinlichkeit von ca. 95% liegt der Anteil defekter Scheinwerferlampen in der Stichprobe zwischen 3,6% und 6,4%.

Mit X: „Anzahl der defekten Scheinwerferlampen in der Stichprobe" folgt als Erwartungswert $\mu = 1\,000 \cdot 0{,}05 = 50$.

Die Werte von $\frac{X}{n}$ fallen zu ca. 95,5% in das Intervall $\left[p - 2\frac{\sigma}{n};\, p + 2\,\frac{\sigma}{n}\right]$.

Bestimmen Sie die Anzahl n der Versuchsdurchführungen, um die Wahrscheinlichkeit p eines Ereignisses E mit einer Sicherheit von mindestens 98% auf ein Zehntel genau zu schätzen.

K

Nach der Ungleichung von Tschebyschew

$$P\left(\left|\frac{X}{n} - p\right| < \varepsilon\right) \geq 1 - \frac{1}{4 \cdot n \cdot \varepsilon^2}$$

wird die verlangte Sicherheit gewährleistet, wenn gilt

$$P\left(\left|\frac{X}{n} - p\right| < 0{,}1\right) \geq 1 - \frac{1}{4 \cdot n \cdot 0{,}1^2} \geq 0{,}98.$$

Damit folgt:

Bei dieser Aufgabe ist nach der Variablen n bei unbekannter Trefferwahrscheinlichkeit p gefragt.

$$4 \cdot n \cdot 0{,}1^2 - 1 \geq 0{,}98 \cdot 4 \cdot n \cdot 0{,}1^2$$

$$4 \cdot n \cdot 0{,}1^2 - 0{,}98 \cdot 4 \cdot n \cdot 0{,}1^2 \geq 1$$

$$n\left(4 \cdot 0{,}1^2 - 0{,}98 \cdot 4 \cdot 0{,}1^2\right) \geq 1$$

$$n \geq \frac{1}{4 \cdot 0{,}1^2(1 - 0{,}98)}$$

$$n \geq \frac{1}{4 \cdot 0{,}1^2 \cdot 0{,}02} = 1\,250$$

Es sind also 1 250 Versuche durchzuführen, um die Wahrscheinlichkeit p eines Ereignisses E mit einer Sicherheit von 98% auf ein Zehntel genau zu schätzen.

Vor der Neugründung einer Zeitschrift möchte der Verlag eine Prognose über den Marktanteil erhalten und gibt einem Umfrageinstitut einen entsprechenden Auftrag.
Das Institut, das behauptet, die maximale Abweichung der Prognose betrage 0,02, wählt 4 000 Personen zur Befragung zufällig aus; von diesen teilten 1 850 Personen mit, sie würden die Zeitschrift kaufen. Berechnen Sie die Wahrscheinlichkeit für eine Fehlprognose des Instituts.

K

Zunächst ist aus dem Umfrageergebnis ein Schätzwert für die Wahrscheinlichkeit p der Kaufbereitschaft zu ermitteln.

Als Schätzwert für die unbekannte Wahrscheinlichkeit folgt

$$p = \frac{1\,850}{4\,000} = 0{,}4625.$$

Das Umfrageinstitut ist sich sicher, dass die tatsächliche Kaufbereitschaft von p um weniger als 0,02 abweicht – gibt also folgende Prognose ab:

$$0{,}4425 < p < 0{,}4825$$

Aus dem Gesetz der großen Zahlen folgert man für die Wahrscheinlichkeit:

$$P\left(\left|\frac{X}{n} - p\right| \geq 0{,}02\right) \leq \frac{1}{4 \cdot 4\,000 \cdot 0{,}02^2} \approx 0{,}1563$$

Die Wahrscheinlichkeit für eine Fehlprognose des Umfrageinstituts beträgt ca. 15,6%.

Die Prognose kann auch wie folgt interpretiert werden:
Die Prozentpunkte der Kaufbereitschaft wird zwischen 44,25% und 48,25% liegen. Diese Voraussage ist dann falsch, wenn gilt $\left|\frac{X}{n} - p\right| \geq 0{,}02$.

7.2 Testen von Hypothesen

Bei vielen statistischen Problemen reicht es oft nicht aus, das vorliegende Material alleine durch Häufigkeitsverteilungen oder Wahrscheinlichkeiten zu beschreiben.

Beispiel:
Die Firma Wosram liefert Glühlampen in Großpackungen mit den Gütemerkmalen *I.* und *II.* Wahl. Aus irgendeinem Grund ist nicht bekannt, welches Gütemerkmal einem Karton zuzuordnen ist. Mit Hilfe einer Stichprobe kann eine Hypothese über das Vorliegen eines Merkmals (z. B. *I.* Wahl) aufgestellt werden. Da eine Stichprobe ein Zufallsexperiment ist, kann die Hypothese verworfen werden, obwohl sie wahr ist bzw. angenommen werden, obwohl sie falsch ist.

Es gibt nun Prüfverfahren (sog. Hypothesentests), die bei der Entscheidung über die Annahme bzw. Ablehnung einer Hypothese helfen.

Grundbegriffe
Eine Menge von Elementen, bei der ein bestimmtes Merkmal von Interesse ist, nennt man **statistische Gesamtheit** oder **Grundgesamtheit**. Mit einer Stichprobe will man nun aus der Kenntnis über gewisse Eigenschaften einer Teilmenge der Grundgesamtheit eine Aussage über die entsprechenden Eigenschaften der Grundgesamtheit treffen. Von Interesse an der Grundgesamtheit ist ein bestimmtes **Merkmal**, dessen Auftreten zufallsbedingt ist. Das Auftreten des Merkmals wird durch eine Zufallsgröße X (**Prüfgröße**) beschrieben, wobei deren Verteilung **Prüfverteilung** heißt.
Die zufällige Auswahl einer Teilmenge von n Elementen aus der Grundgesamtheit mit anschließender Betrachtung des interessierenden Merkmals nennt man **Stichprobe** vom Umfang n. Über die Grundgesamtheit gibt es eine Vermutung – Hypothese genannt – ob die von einer Stichprobe gelieferten Daten auf die Grundgesamtheit zu übertragen sind oder nicht. Die zu überprüfende Hypothese nennt man **Nullhypothese** H_0, die andere Möglichkeit der Entscheidung **Alternativhypothese** H_1. In der Praxis wird als Nullhypothese H_0 die Behauptung bzw. Vermutung festgelegt, die man widerlegen möchte. Oft findet man die Erklärung: Als Nullhypothese wird die Hypothese gewählt, deren irrtümliche Ablehnung die schlechtesten Konsequenzen hat. Dies ist jedoch davon abhängig, welche Hypothese man bestätigen möchte.
Mit Hilfe der Prüfgröße X muss eine **Entscheidungsregel** – oft charakterisiert durch Festlegung einer sog. **kritischen Zahl** K – über die Annahme bzw. Ablehnung der Nullhypothese (gleichbedeutend mit der Ablehung bzw. Annahme der Alternativhypothese) formuliert werden.
Die Menge der Werte X, bei deren Eintreten H_0 abgelehnt bzw. verworfen wird, heißt **Ablehnungs-** bzw. **Verwerfungsbereich** von H_0 (gleichbedeutend mit dem sog. **Annahmebereich** von H_1). Der Annahmebereich von H_0 (gleichbedeutend mit dem Ablehnungs- bzw. Verwerfungsbereich von H_1) besteht aus der Menge der Werte X, bei deren Eintreten H_0 angenommen wird.
Da die Stichprobenergebnisse zufallsbedingt sind, kann die Auswertung, wie oben bereits angemerkt, zu Fehlentscheidungen führen.
Die folgende Übersicht zeigt die möglichen Fehlentscheidungen:

	H_0 ist wahr	H_1 ist wahr
Entscheidung für H_0	richtig	Fehler 2. Art
Entscheidung für H_1	Fehler 1. Art	richtig

Mit anderen Worten: Ein **Fehler 1. Art** liegt vor, wenn eine richtige Hypothese abgelehnt, ein **Fehler 2. Art** liegt vor, wenn eine falsche Hypothese angenommen wird.

Die Wahrscheinlichkeit dafür, dass die Entscheidungsregel zu einem Fehler 1. Art (gelegentlich auch als α-Fehler bezeichnet) führt, nennt man auch **Irrtumswahrscheinlichkeit 1. Art**, analog definiert man für einen Fehler 2. Art (gelegentlich β-Fehler genannt) die **Irrtumswahrscheinlichkeit 2. Art**.

Anmerkung
Die Stichprobe wird ohne Zurücklegen gezogen, dennoch gilt für jedes Element auf Grund des Umfangs der Grundgesamtheit dieselbe Wahrscheinlichkeit. Im Folgenden wird stets angenommen, dass die Zufallsgröße binomialverteilt ist.

Alternativtest
Ein Test, der zwischen zwei Hypothesen entscheidet, wird Alternativtest genannt.

Die Firma Wosram liefert Glühlampen in Großpackungen mit den Gütemerkmalen *I.* und *II.* Wahl aus. Die Packungen *I.* Wahl enthalten 10% defekte Glühlampen, die *II.* Wahl 30% defekte Glühlampen. Ein Kunde erhält eine Großpackung, bei der das Gütemerkmal unkenntlich ist. Eine Stichprobe soll über die Qualitätsstufe entscheiden, dabei werden einer Großpackung 10 Glühlampen entnommen und geprüft.

a) Untersuchen Sie die auftretenden Wahrscheinlichkeiten für einen Fehler 1. und 2. Art sowie für die jeweils richtigen Entscheidungen.

b) Untersuchen Sie die Auswirkungen für eine Stichprobe vom Umfang $n = 50$.

a) Stichprobenumfang $n = 10$ K

Der Stichprobenumfang wird durch die Anzahl $n = 10$ der zufällig entnommenen und geprüften Glühlampen bestimmt.

Grundgesamtheit:
Menge der Glühlampen einer Großpackung

Festlegung der Prüfgröße:
X: Anzahl der defekten Glühlampen in der Stichprobe.

Ergebnismenge der Prüfgröße:

$X = \{0; 1; 2; \ldots; 10\}$

Die Prüfgröße kann als binomialverteilt an-

gesehen werden, da eine Glühlampe nur zwei Zustände annehmen kann (defekt – nicht defekt) und der Stichprobenumfang klein im Verhältnis zur Grundgesamtheit ist.
Mit p wird jeweils der Anteil defekter Glühlampen in einer Großpackung beschrieben.

Festlegung der Hypothesen:
H_0: Qualitätsmerkmal I. Wahl $\Rightarrow p = 0{,}1$
H_1: Qualitätsmerkmal II. Wahl $\Rightarrow p = 0{,}3$

	H_0 ist wahr: I. Wahl	H_1 ist wahr: II. Wahl
Entscheidung für H_0	richtig	Fehler 2. Art
Entscheidung für H_1	Fehler 1. Art	richtig

Festlegung der Entscheidungsregel und der kritischen Zahl K:
Wahl von $K = 2$
Entscheidungsregel:
$X \leq 2$: Entscheidung für H_0 (I. Wahl)
$X > 2$: Entscheidung für H_1 (II. Wahl)

Zur Festlegung der Entscheidungsregel ist es sinnvoll, den Erwartungswert für H_0 bzw. H_1 zu bestimmen:

$E_0 = n \cdot p = 10 \cdot 0{,}1 = 1$
$E_1 = n \cdot p = 10 \cdot 0{,}3 = 3$

Enthält die Stichprobe 10% defekte Glühlampen, so hat das Testergebnis $X = 1$ die höchste Wahrscheinlichkeit, enthält sie 30% defekte Glühlampen, so hat das Testergebnis $X = 3$ die höchste Wahrscheinlichkeit. Es ist also sinnvoll, $K = 2$ zu wählen.

Damit wird die Menge $X \in \{0; 1; 2\}$ zum Annahmebereich für H_0 bzw. zum Verwerfungsbereich für H_1, entsprechend wird die Menge $X \in \{3; 4; \ldots; 10\}$ zum Annahmebereich für H_1 bzw. zum Verwerfungsbereich für H_0.

Ein Fehler 1. Art besteht darin, dass H_0 zu Unrecht verworfen wird.
Berechnung der Irrtumswahrscheinlichkeit 1. Art (α-Fehler):

Wenn H_0 zu Unrecht verworfen wird, liegt die I. Wahl vor: $n = 10$ und $p = 0{,}1$.

$$\begin{aligned} P(\alpha) &= P(X > 2) \\ &= 1 - P(X \leq 2) \\ &= 1 - F(10; 0{,}1; 2) \\ &\approx 1 - 0{,}9298 \\ &= 0{,}0702 \end{aligned}$$

Es wird mit einer Wahrscheinlichkeit von ca. 7% eine falsche Entscheidung getroffen.
Dieses Ergebnis bedeutet gleichzeitig, dass mit einer Wahrscheinlichkeit von ca. 93%

Der Fehler 1. Art, dass eine Großpackung I. Wahl fälschlicherweise als II. Wahl eingestuft und damit z. B. preiswerter verkauft werden kann, wird also mit einer Wahrscheinlichkeit

eine richtige Entscheidung getroffen wird.
Ein Fehler 2. Art besteht darin, dass H_0 zu Unrecht angenommen wird.
Berechnung der Irrtumswahrscheinlichkeit 2. Art (β-Fehler):

$$P(\beta) = P(X \leq 2)$$
$$= F(10; 0{,}3; 2)$$
$$\approx 0{,}3828$$

Es wird mit einer Wahrscheinlichkeit von ca. 38,3% eine falsche Entscheidung getroffen.
Dieses Ergebnis bedeutet gleichzeitig, dass mit einer Wahrscheinlichkeit von ca. 61,7% eine richtige Entscheidung getroffen wird.

von ca. 7% auftreten.
Wenn H_0 zu Unrecht angenommen wird, liegt die *II*. Wahl vor: $n = 10$ und $p = 0{,}3$.

Der Fehler 2. Art, dass eine Großpackung *II*. Wahl fälschlicherweise als *I*. Wahl eingestuft und damit z.B. überteuert verkauft werden kann, wird also mit einer Wahrscheinlichkeit von ca. 38,3% auftreten.

b) Stichprobenumfang $n = 50$

Mit den Erwartungswerten

$$E_0 = n \cdot p = 50 \cdot 0{,}1 = 5 \quad \text{und} \quad E_1 = n \cdot p = 50 \cdot 0{,}3 = 15$$

sowie der Wahl von $K = 10$ folgt als Entscheidungsregel:
$X \leq 10$: Entscheidung für H_0 (*I*. Wahl)
$X > 10$: Entscheidung für H_1 (*II*. Wahl)
Die Berechnung der Wahrscheinlichkeit für einen α-Fehler liefert:

$$P(\alpha) = P(X > 10) = 1 - P(X \leq 10) = 1 - F(50; 0{,}1; 10) \approx 1 - 0{,}9906 = 0{,}0094$$

Es wird mit einer Wahrscheinlichkeit von ca. 1% eine falsche bzw. mit einer Wahrscheinlichkeit von ca. 99% eine richtige Entscheidung getroffen.
Die Berechnung der Wahrscheinlichkeit für einen β-Fehler liefert:

$$P(\beta) = P(X \leq 10) = F(50; 0{,}3; 10) \approx 0{,}0789$$

Es wird mit einer Wahrscheinlichkeit von ca. 8% eine falsche bzw. mit einer Wahrscheinlichkeit von ca. 92% eine richtige Entscheidung getroffen.

Aus den vorliegenden Ergebnissen folgt, dass das Risiko, eine falsche Entscheidung zu treffen, selbstverständlich kleiner wird, wenn der Stichprobenumfang n zunimmt. Einer Vergrößerung von n steht jedoch in der Praxis häufig eine Zunahme von Kosten und/oder ein steigender Zeitaufwand entgegen, so dass vor der Festlegung der Hypothesen in jedem Fall eine Kosten-Nutzen-Abschätzung vorgenommen werden muss.

In einer Urne befinden sich schwarze und weiße Kugeln. Es ist bekannt, dass der Anteil schwarzer Kugeln entweder 20% oder 70% beträgt. Es soll durch die Entnahme einer Stichprobe vom Umfang $n = 10$ entschieden werden, welches der Anteil schwarzer Kugeln in der Urne ist. Berechnen Sie die Irrtumswahrscheinlichkeit für auftretende Fehlentscheidungen.

K

Festlegung der Prüfgröße:
X: Anzahl der schwarzen Kugeln in der Stichprobe.
Stichprobenumfang $n = 10$
Festlegung der Hypothesen:
H_0: Der Anteil beträgt 20% $\Rightarrow p = 0{,}2$
H_1: Der Anteil beträgt 70% $\Rightarrow p = 0{,}7$

Mit p wird jeweils der Anteil schwarzer Kugeln in der Urne beschrieben.

	H_0 ist wahr: $p = 0{,}2$	H_1 ist wahr: $p = 0{,}7$
Entscheidung für H_0	richtig	Fehler 2. Art
Entscheidung für H_1	Fehler 1. Art	richtig

Festlegung der Entscheidungsregel und der kritischen Zahl K:
Wahl von $K = 4$
Entscheidungsregel:
$X \leq 4$: Entscheidung für H_0 (Anteil schwarzer Kugeln 20%)
$X > 4$: Entscheidung für H_1 (Anteil schwarzer Kugeln 70%)

Zur Festlegung der Entscheidungsregel ist es sinnvoll, den Erwartungswert für H_0 bzw. H_1 zu bestimmen:

$E_0 = n \cdot p = 10 \cdot 0{,}2 = 2$

$E_1 = n \cdot p = 10 \cdot 0{,}7 = 7$

Wegen $\frac{7+2}{2}$ sollte $K = 4$ gewählt werden.
Damit wird die Menge $X \in \{0; 1; 2; 3; 4\}$ zum Annahmebereich für H_0 bzw. zum Verwerfungsbereich für H_1, entsprechend wird die Menge $X \in \{5; 6; \ldots; 10\}$ zum Annahmebereich für H_1 bzw. zum Verwerfungsbereich für H_0.

Ein Fehler 1. Art besteht darin, dass H_0 zu Unrecht verworfen wird.
Berechnung der Irrtumswahrscheinlichkeit 1. Art (α-Fehler):

$$\begin{aligned} P(\alpha) &= P(X > 4) \\ &= 1 - P(X \leq 4) \\ &= 1 - F(10; 0{,}2; 4) \\ &\approx 1 - 0{,}9672 = 0{,}0328 \end{aligned}$$

Wenn H_0 zu Unrecht verworfen wird, beträgt der Anteil schwarzer Kugeln in der Urne $p = 0{,}2$.

Es wird mit einer Wahrscheinlichkeit von ca. 3,3% eine falsche bzw. etwa 96,7% eine richtige Entscheidung getroffen.

Der Fehler 1. Art, dass der Anteil schwarzer Kugeln fälschlicherweise mit 70% eingestuft wird, tritt also in etwa 3 von 100 Fällen ein.

Ein Fehler 2. Art besteht darin, dass H_0 zu Unrecht angenommen wird.
Berechnung der Irrtumswahrscheinlichkeit 2. Art (β-Fehler):

$$P(\beta) = P(X \leq 4) = F(10; 0{,}7; 4) \approx 0{,}0473$$

Wenn H_0 zu Unrecht angenommen wird, beträgt der Anteil schwarzer Kugeln in der Urne $p = 0{,}7$.

Es wird mit einer Wahrscheinlichkeit von ca. 4,7% eine falsche bzw. etwa 95,3% eine richtige Entscheidung getroffen.

Der Fehler 2. Art, dass der Anteil schwarzer Kugeln fälschlicherweise hier mit 20% eingestuft wird, tritt also mit einer Wahrscheinlichkeit von ca. 4,7% auf.

Anmerkung
Ein Alternativtest kann auch zur Lösung anderer Fragestellungen benutzt werden. Die folgenden Beispiele zeigen solche Fälle. Sie werden hier am Urnenmodell, das auf beliebige Anwendungssituationen übertragbar ist, demonstriert.

Es ist bekannt, dass zwei identische Urnen *I* und *II* schwarze und weiße Kugeln enthalten. In einer der Urnen beträgt der Anteil schwarzer Kugeln 20%, in der anderen 50%. Mit Hilfe einer Stichprobe vom Umfang $n = 15$ soll die kritische Zahl K bestimmt werden, so dass die Wahrscheinlichkeit für einen Fehler 1. Art kleiner als 10% ist, wenn angenommen wird, dass in der Urne *I* der Anteil schwarzer Kugeln 50% beträgt.

K

Festlegung der Prüfgröße:
X: Anzahl der schwarzen Kugeln in der Stichprobe.
Stichprobenumfang $n = 15$
Festlegung der Hypothesen:
H_0: Urne *I* enthält die gleiche Anzahl schwarzer und weißer Kugeln $\Rightarrow p = 0{,}5$
H_1: Urne *I* enthält einen Anteil von 20% an schwarzen Kugeln $\Rightarrow p = 0{,}2$

Mit p wird jeweils der Anteil schwarzer Kugeln in der Urne beschrieben.

	H_0 ist wahr: $p = 0{,}5$	H_1 ist wahr: $p = 0{,}2$
Entscheidung für H_0	richtig	Fehler 2. Art
Entscheidung für H_1	Fehler 1. Art	richtig

Festlegung der Entscheidungsregel:
Entscheidung für H_0 $(p = 50\%) : X > K$
Entscheidung für H_1 $(p = 20\%) : X \leq K$

Die Entscheidungsregeln werden für eine zunächst noch unbekannte kritische Zahl K formuliert.

Bestimmung der kritischen Zahl K:
Bedingung: $P(\alpha) \leq 0{,}1$
Aus der Tabelle der kumulierten Binomialverteilung liest man ab:

Ein Fehler 1. Art besteht darin, dass H_0 zu Unrecht verworfen wird, fälschlicherweise also die Entscheidung für H_1 fällt:
$n = 15, p = 0{,}5$ und $P(\alpha) \leq 0{,}1$.

$F(15; 0{,}5; 4) \approx 0{,}0592$

und

$F(15; 0{,}5; 5) \approx 0{,}1509.$

Die Auswertung ergibt, dass die Wahl von $K = 4$ zum gewünschten Ergebnis führt.

Für $K = 4$ ist die Bedingung

$P(\alpha) = F(15; 0{,}5; 4) \approx 0{,}0592 \leq 0{,}1$

offensichtlich erfüllt.

Die Berechnung der Irrtumswahrscheinlichkeit 2. Art liefert $P(\beta) \approx 0{,}1642$.

Untersucht man Alternativtests unter Zugrundelegung der o. a. Fragestellung so folgt, dass eine Verringerung der Irrtumswahrscheinlichkeit 1. Art mit einer Zunahme der Irrtumswahrscheinlichkeit 2. Art unter sonst gleichen Testbedingungen einhergeht. Will man beide Wahrscheinlichkeiten auf einen vorgegebenen Wert beschränken, so sind der Umfang der Stichprobe und die kritische Zahl geeignet zu wählen. Im folgenden Beispiel sei das Verfahren demonstriert.

Es ist bekannt, dass zwei identische Urnen *I* und *II* schwarze und weiße Kugeln enthalten. In einer der Urnen beträgt der Anteil schwarzer Kugeln 20%, in der anderen 50%. Die Hypothese H_0: „Urne *I* enthält die gleiche Anzahl schwarzer und weißer Kugeln ($p = 0{,}5$)“ soll mit höchstens 8%, die Alternativhypothese H_1: „Urne *I* enthält einen Anteil von 20% schwarzer Kugeln ($p = 0{,}2$)“ mit höchstens 10% Wahrscheinlichkeit abgelehnt werden, falls sie zutreffen. Es ist der kleinste Stichprobenumfang *n* und eine geeignete kritische Zahl *K* zu bestimmen.

K

Mit den zu bestimmenden Werten für *n* und *K* lauten die Irrtumswahrscheinlichkeiten:

$P(\alpha) = F(n; 0{,}5; K) \leq 0{,}08$ und
$P(\beta) = 1 - F(n; 0{,}2; K) \leq 0{,}1$

Eine Umstellung der o. a. Ungleichung führt auf folgende Bedingungen:

$F(n; 0{,}5; K) \leq 0{,}08$
$F(n; 0{,}2; K) \geq 0{,}9$

Aus der Tabelle der kumulierten Binomialverteilung liest man ab:

n	$F(n; 0{,}5; K) \leq 0{,}08$	$F(n; 0{,}2; K) \geq 0{,}9$
17	$K \leq 5$	$K \geq 6$
18	$K \leq 5$	$K \geq 6$
19	$K \leq 5$	$K \geq 6$
20	$K \leq 6$	$K \geq 6$

Die Darstellung der Irrtumswahrscheinlichkeiten 1. und 2. Art, also $P(\alpha)$ und $P(\beta)$, erfolgt unter Zugrundelegung der geforderten Wahrscheinlichkeiten zu

$P(\alpha) \leq 0{,}08$ und $P(\beta) \leq 0{,}1$

Mit Hilfe der Tabelle zur kumulierten Binomialverteilung sind geeignete Werte für *n* und *K* zu bestimmen, so dass die angegebenen Ungleichungen erfüllt werden.
Man beginnt z. B. bei $n = 17$ und erhält:

$F(17; 0{,}5; 5) \approx 0{,}0717 \leq 0{,}08$
$F(17; 0{,}2; 6) \approx 0{,}9623 \geq 0{,}9$

Für einen Umfang $n = 20$ der Stichprobe findet man für die kritische Zahl den Wert $K = 6$, der die o. a. Bedingung erfüllt.
Für die entsprechenden Irrtumswahrscheinlichkeiten erhält man:

$P(\alpha) \approx 0{,}0577$, also ca. 6% und
$P(\beta) \approx 1 - 0{,}9133$, also ca. 9%.

Beträgt der Umfang der Stichprobe $n = 20$, so ist für mehr als 5 schwarze Kugeln in der Stichprobe die Urne I, diejenige, die vermutlich einen gleichen Anteil schwarzer und weißer Kugeln enthält.

Signifikanztest

Ein Test, bei dem nur eine Hypothese angeboten wird und bei dem je nach Ausgang der Stichprobenauswertung entweder für oder gegen die Nullhypothese H_0 entschieden wird, heißt **Signifikanztest**. Solche Tests werden i. a. dann durchgeführt, wenn die Trefferwahrscheinlichkeit p unbekannt ist bzw. wenn über p gewisse Behauptungen aufgestellt werden, die getestet werden sollen.
Wie schon beim Alternativtest wird eine Nullhypothese sowie eine Entscheidungsregel zusammen mit einer kritischen Zahl K mit Hilfe der Prüfgröße X festgelegt. Grundsätzlich sind diese Festlegungen recht willkürlich. Dies hatte beim Alternativtest u. a. die Konsequenz, dass sich die Wahrscheinlichkeiten für die Fehler 1. und 2. Art gegenläufig verhalten. Da diese Fehlerwahrscheinlichkeiten auch beim Signifikanztest auftreten, wird häufig eine obere Schranke α mit $0 < \alpha < 1$ für die Wahrscheinlichkeit des Fehlers 1. Art festgelegt.
Diese Größe α wird in diesem Zusammenhang auch als **Signifikanzniveau** bezeichnet; man spricht dann von einem Signifikanztest zum Signifikanzniveau α. In der Statistik ist es üblich für α die Werte 5%, 1% oder auch 0,1% zu wählen. Die Wahrscheinlichkeit für einen Fehler 2. Art sollte dann unter Berücksichtigung der restlichen Möglichkeiten klein sein.

Ein großer Sportschützenverband hat für die neue Saison 100 000 Schuss Munition von einem bisher unbekannten Lieferanten geordert. Der Verband legt Wert auf Qualität. Der Kaufvertrag enthält folgende Vereinbarungen:
Die gesamte Lieferung darf nur maximal 4 000 defekte Patronen enthalten. Um nicht die gesamte Munition zu vernichten, wird die Entnahme einer Stichprobe vom Umfang $n = 100$ beschlossen. Wenn mehr als 8 Patronen versagen, darf die Sendung zurückgeschickt werden, andernfalls muss die Lieferung akzeptiert werden.
Berechnen Sie die Irrtumswahrscheinlichkeit 1. Art für diesen Vorgang.

K

Festlegung der Prüfgröße:
X: Anzahl der defekten Patronen in der Stichprobe
Stichprobenumfang: $n = 100$

Der auf Qualität bedachte Verband vermutet, dass der Ausschussanteil größer als 4% ist; die Vermutung wird bestätigt, wenn der Verband H_0 ablehnen kann.

Festlegung der Hypothesen:
H_0: Ausschussanteil höchstens 4%
$\Rightarrow p \leq 0{,}04$
H_1: Ausschussanteil größer als 4%
$\Rightarrow p > 0{,}04$

Festlegung der Entscheidungsregel:
H_0 wird abgelehnt, wenn mehr als $K = 8$ defekte Patronen in der Stichprobe gefunden werden.

Falls für die Testgröße X gilt:

$X \in \{9; 10; 11; \ldots; 100\}$

liegt X im Verwerfungs- bzw. Ablehnungsbereich $\{9; 10; 11; \ldots; 100\}$, falls gilt

$X \in \{0; 1; \ldots; 8\}$

wird H_0 nicht verworfen, die Lieferung wird akzeptiert.

Berechnung der Irrtumswahrscheinlichkeit 1. Art: Für $n = 100$, $p = 0{,}04$ und $K = 8$ folgt

$$\begin{aligned} P(\alpha) &= P(X \geq 9) \\ &= 1 - P(X \leq 8) \\ &= 1 - F(100; 0{,}04; 8) \\ &\approx 1 - 0{,}9810 \\ &= 0{,}019 \end{aligned}$$

Das Signifikanzniveau beträgt $\alpha \approx 2\%$.

Wenn der Einkäufer des Sportschützenverbands diesen Test häufig durchführt, wird er in durchschnittlich 2 von 100 Lieferungen diese irrtümlich ablehnen.

Die Irtumswahrscheinlichkeit 2. Art lässt sich beim Signifikanztest nicht eindeutig bestimmen, da kein präziser Wert für die entsprechende Wahrscheinlichkeit p gegeben ist; es gilt schließlich $p > 0{,}04$.
Je größer der Wert für p ist, desto kleiner wird die Wahrscheinlichkeit für einen β-Fehler. Mit anderen Worten, je größer die Anzahl fehlerhafter Patronen in der Stichprobe ist, desto geringer ist das Risiko, dass eine Lieferung zu Unrecht zurückgeschickt wird.
So gilt:

$$P(\beta) = P(X \leq 8) = F(100; p; 8)$$

Wählt man z. B. $p = 0{,}05(0{,}1; 0{,}2)$ so folgt:

$$\begin{aligned} F(100; 0{,}05; 8) &\approx 0{,}9369 \approx 94\% \\ F(100; 0{,}1; 8) &\approx 0{,}3209 \approx 32\% \\ F(100; 0{,}2; 8) &\approx 0{,}0009 \approx 0{,}01\% \end{aligned}$$

Anmerkung

Ein Signifikanztest wird als **zweiseitig** bezeichnet, wenn die Abweichungen vom Erwartungswert nach unten und oben gleichermaßen von Interesse sind, wenn also der Ablehnungsbereich auf beiden Seiten des Erwartungswertes liegt. Ein **einseitiger Siginifikanztest** liegt vor, wenn der Ablehnungsbereich nur auf einer Seite des Erwartungswertes liegt; dabei können **links-** bzw. **rechtseitige Signifikanztests** auftreten.

Bei den folgenden Beispielaufgaben sei wieder vorausgesetzt, dass die Prüfvariable jeweils binomialverteilt ist.

Eine Gärtnerei ordert Samenkörner von einem Hersteller der behauptet, dass mindestens 90% aller von ihm gelieferten Samenkörner keimen. Die Gärtnerei sät 100 Samenkörner aus und beobachtet deren Keimverhalten. Gärtnerei und Hersteller vereinbaren, dass bei mehr als 84 keimenden Samenkörner die Lieferung akzeptiert wird.
Berechen Sie die Irrtumswahrscheinlichkeit.

K

Festlegung der Prüfgröße:
X: Anzahl der keimenden Samenkörner
Stichprobenumfang: $n = 100$

Festlegung der Hypothesen:
H_0: $p = 0{,}9$ (Herstellerangaben richtig)
H_1: $p < 0{,}9$ (Herstellerangaben falsch)

Es liegt ein linksseitiger Signifikanztest vor.

Festlegung der Entscheidungsregel für die kritische Zahl $K = 85$:

Entscheidungsregel:
$X \geq 85$: Entscheidung für H_0
$X < 85$: Entscheidung gegen H_0

Ergebnismenge der Prüfgröße:

$X = \{0;\ 1;\ 2;\ \ldots;\ 100\}$

Mit p wird der Anteil keimfähiger Samenkörner in der Lieferung beschrieben.
Es gilt zu testen, ob H_0 zutrifft, d. h. $p = 0{,}9$ gilt oder ob H_0 nicht zutrifft, d. h. $p < 90\%$ ist.

	H_0 ist wahr: $p = 0{,}9$	H_1 ist falsch: $p < 0{,}9$
Entscheidung für H_0	richtig	Fehler 2. Art
Entscheidung für H_0	Fehler 1. Art	richtig

Annahmebereich für H_0:

$X \in \{85;\ 86;\ \ldots;\ 100\}$

Ablehnungsbereich für H_0:

$X \in \{0;\ 1;\ \ldots;\ 84\}$

Ein Fehler 1. Art besteht darin, dass H_0 zu Unrecht verworfen wird.
Berechnung der Irrtumswahrscheinlichkeit 1. Art (α-Fehler):

$$\begin{aligned} P(\alpha) &= P(X \leq 84) \\ &= 1 - F(100; 0{,}9; 84) \\ &\approx 1 - 0{,}9601 \\ &= 0{,}0399 \end{aligned}$$

Ein Fehler 1. Art ist beim Signifikanztest die irrtümliche Ablehnung der Nullhypothese H_0. Wenn H_0 zu Unrecht verworfen wird, gilt $n = 100$ und $p = 0{,}9$ sowie $X \leq 84$.
Es ist zu beachten, wie die Tabelle der kumulierten Binomialverteilung für diese Werte zu lesen ist (siehe dort).

Es wird mit einer Wahrscheinlichkeit von ca. 4% eine falsche Entscheidung getroffen.
Dieses Ergebnis bedeutet gleichzeitig, dass mit einer Wahrscheinlichkeit von ca. 96% eine richtige Eintscheidung getroffen wird.

Der Fehlrer 1. Art, dass eine Lieferung mit 90%iger Keimfähigkeit der Samenkörner fälschlicherweise zurückgewiesen wird, beträgt ca. 4%.

Anmerkung

Oft ist die irrtümliche Ablehnung der Nullhypothese H_0 mit schwerwiegenden Konsequenzen verbunden. Das Risiko für einen Fehler 1. Art darf dann einen bestimmten Schwellenwert, das Signifikanzniveau α, nicht überschreiten. Ist $\alpha = 5\%$, so heißt der Test **signifikant**, für $\alpha = 1\%$ heißt der Test **hochsignifikant** und für $\alpha = 0{,}1\%$ heißt der Test **höchstsignifikant**.

Eine Elektronikfirma will Mikrochips (MCs) einkaufen. Ein Hersteller behauptet, die Ausschussquote betrage höchstens 10%. Es wird vereinbart, dass bei einer Stichprobe vom Umfang $n = 20$, die höchstens 4 defekte MCs enthält, den Herstellerangaben zu trauen ist.
a) Prüfen Sie, ob ein signifikanter Test vorliegt.
b) Berechnes Sie die Irrtumswahrscheinlichkeit 2. Art für $p = 0{,}2$ und $p = 0{,}4$.

a) Ist der Test signifikant?

K

Festlegung der Prüfgröße:
X: Anzahl der defekten MCs
Stichprobenumfang: $n = 20$

Festlegung der Hypothesen:
H_0: $p = 0{,}1$ (Herstellerangaben richtig)
H_1: $p > 0{,}1$ (Herstellerangaben falsch)

Es liegt ein rechtsseitiger Signifikanztest vor.

Festlegung der Entscheidungsregel für die kritische Zahl $K = 4$:

Ergebnismenge der Prüfgröße:

$X = \{0; 1; \ldots; 20\}$

Mit p wir der Anteil defekter MCs der Lieferung beschrieben.

Es gilt zu testen, ob H_0 zutrifft, d. h. $p = 0{,}1$ gilt oder ob H_0 nicht zutrifft, d. h. $p > 10\%$ ist.

Entscheidungsregel:
$X \leq 4$: Entscheidung für H_0
$X > 4$: Entscheidung gegen H_0

	H_0 ist wahr: $p = 0{,}1$	H_0 ist falsch: $p > 0{,}1$
Entscheidung für H_0	richtig	Fehler 2. Art
Entscheidung für H_0	Fehler 1. Art	richtig

Annahmebereich für H_0: $X \in \{0; 1; 2; 3; 4\}$
Ablehnungsbereich für H_0: $X \in \{5; \ldots; 20\}$

Ein Fehler 1. Art besteht darin, dass H_0 zu Unrecht verworfen wird.
Berechnung der Irrtumswahrscheinlichkeit 1. Art (α-Fehler):

$$\begin{aligned} P(\alpha) &= P(X > 4) \\ &= 1 - P(X \leq 4) \\ &= 1 - F(20; 0{,}1; 4) \\ &\approx 1 - 0{,}9568 = 0{,}0432 \end{aligned}$$

Ein Fehler 1. Art ist beim Signifikanztest die irrtümliche Ablehnung der Nullhypothese H_0. Wenn H_0 zu Unrecht verworfen wird, gelten $n = 20$ und $p = 0{,}1$ sowie $X > 4$.

Wegen $P(\alpha) \approx 4{,}3\% < 5\%$ liegt ein signifikanter Test vor.

Ist $\alpha = 5\%$, so heißt der Test signifikant; das ist im vorliegenden Fall erfüllt.

b) Irrtumswahrscheinlichkeiten

K

Berechnung von $P(\beta)$ für $n = 20$, $X \leq 4$ und $p = 0{,}2$ bzw. $p = 0{,}2$:
$P(\beta) = P(X \leq 4) = F(20; 0{,}2; 4) \approx 0{,}6296$
$P(\beta) = P(X \leq 4) = F(20; 0{,}4; 4) \approx 0{,}051$

Die Irrtumswahrscheinlichkeit 2. Art ist für jeden Wert von $p > 0{,}1$ unterschiedlich. Der größte Wert liegt in der Nähe des Wertes der Nullhypothese H_0.

Bei einem Würfelspiel fällt überraschend häufig die Sechs. Ein Mitspieler behauptet, es liegt ein manipulierter Würfel (also kein Laplace-Würfel (L-Würfel)) vor. Die Spieler vereinbaren folgenden Test: Es wird 100mal gewürfelt und die Anzahl der geworfenen Sechsen bestimmt. Fallen mehr als 10 jedoch höchstens 24 Sechsen, so liegt ein L-Würfel vor.

a) Berechnen Sie die Wahrscheinlichkeit dafür, einen L-Würfel irrtümlich für einen manipulierten Würfel zu halten.

b) Die Sechs fällt mit einer Wahrscheinlichkeit von $p = 0{,}2$. Mit welcher Wahrscheinlichkeit wird der offensichtlich manipulierte Würfel irrtümlich für einen L-Würfel gehalten?

a)

Festlegung der Prüfgröße:
X: Anzahl der gefallenen Sechsen
Stichprobenumfang: $n = 100$

Festlegung der Hypothesen:

H_0: $p = \frac{1}{6}$ (L-Würfel liegt vor)

H_1: $p \neq \frac{1}{6}$ (Würfel manipuliert)

Es liegt ein zweiseitiger Signifikanztest vor.
Festlegung der Entscheidungsregel:

$11 \leq X \leq 24$: Entscheidung für H_0
$X < 11$ oder $X > 24$: Entscheidung gegen H_0

Ergebnismenge der Prüfgröße:

$X = \{0; 1; \ldots; 100\}$

Mit p wird der Anteil für das Fallen einer Sechs bezeichnet.

Es gilt zu testen, ob H_0 zutrifft, d. h. $p = \frac{1}{6}$ gilt, oder ob H_0 nicht zutrifft, der Würfel also manipuliert ist und somit $p \neq \frac{1}{6}$ gilt.

Annahmebereich für H_0:

$X \in \{11; 12; \ldots; 24\}$

Ablehnungsbereich für H_0:

$X \in \{0; 1; \ldots; 10\} \cup \{25; 26; \ldots; 100\}$

Ein Fehler 1. Art besteht darin, dass H_0 zu Unrecht verworfen wird.
Berechnung der Irrtumswahrscheinlichkeit 1. Art (α-Fehler):

$$\begin{aligned} P(\alpha) &= P(X \leq 10) + P(X > 24) \\ &= P(X \leq 10) + 1 - P(X \leq 24) \\ &= F(100; \tfrac{1}{6}; 10) + 1 - F(100; \tfrac{1}{6}; 24) \\ &\approx 0{,}0427 + 1 - 0{,}9783 \\ &= 0{,}0644 \end{aligned}$$

Die Wahrscheinlichkeit dafür, dass ein L-Würfel irrtümlich für manipuliert zu halten, beträgt ca. 6,4%.

Ein Fehler 1. Art ist beim Signifikanztest die irrtümliche Ablehnung der Nullhypothese H_0. Wenn H_0 zu Unrecht verworfen wird, gelten $n = 100$, $p = 0{,}1$ sowie $X \in \{0; 1; \ldots; 10\} \cup \{25; 26; \ldots; 100\}$.

b)

Berechnung von $P(\beta)$:

$$\begin{aligned} P(\beta) &= P(X \leq 24) - P(X \leq 10) \\ &= F(100; 0{,}2; 24) - F(100; 0{,}2; 10) \\ &\approx 0{,}8686 - 0{,}005 \\ &= 0{,}8629 \end{aligned}$$

Die Aussage dieser Rechnung bedeutet, dass auch der manipulierte Würfel mit einer Wahrscheinlichkeit von ca. 86% für einen L-Würfel gehalten wird – dieses Urteil ist jedoch nahezu wertlos.

Ein Pharma-Konzern möchte den neuen Appetitzügler Aprobil auf den Markt bringen. In einer Studie mit 100 Probanden soll in einem Signifikanztest geprüft werden, ob Aprobil dem Konkurrenzprodukt Bprobat überlegen ist. Die Überlegenheit wird dann akzeptiert, wenn Aprobil bei mehr als K Probanden eine bessere Wirkung zeigt. Der Wert von K soll so bestimmt werden, dass der Test ein 1%-Signifikanzniveau besitzt – also hochsignifikant ist.

Vierfeldertafel

K

Festlegung der Prüfgröße:
X: Anzahl der Probanden bei denen Aprobil besser wirkt als Bprobat
Stichprobenumfang: $n = 100$

Ergebnismenge der Prüfgröße:

$X = \{0; 1; \ldots; 100\}$

Festlegung der Hypothesen:
H_0: $p = 0{,}5$ (Aprobil und Bprobat haben die gleiche Wirkung)
H_1: $p > 0{,}5$ (Aprobil ist Bprobat überlegen)

Mit p wird die Erfolgswahrscheinlichkeit von Aprobil bezeichnet.

Es liegt ein rechtsseitiger Signifikanztest vor.

Es gilt die kritische Zahl K für den Fall zu ermitteln, dass der Test ein 1%-Signifikanzniveau besitzt.

Festlegung der Entscheidungsregel:

$X \leq K$: Entscheidung für H_0
$X > K$: Entscheidung gegen H_0

Annahmebereich für H_0:

$X \in \{0; 1; \ldots; K\}$

Ablehnungsbereich für H_0:

$X \in \{K+1; K+2; \ldots; 100\}$

Bestimmung von K über den Ansatz

$P(\alpha) \leq 1\%$:

Die Bedingung $P(\alpha) \leq 1\%$ führt auf

$P(X > K) \leq 0{,}01$ bzw. $P(X \leq K) > 0{,}99$

und damit folgt $F(100; 0{,}5; K) > 0{,}99$.

Aus der Tabelle der kumulierten Binomialverteilung folgt schließlich $K \geq 62$.

Der Pharmakonzern möchte den kleinsten Wert von K (also der Anzahl von Probanden, bei denen Aprobil besser wirkt als Bprobat), der es dem Konzern erlaubt, mit einer Überlegenheit von Aprobil gegenüber Bprobat z. B. zu werben.

Damit lautet die Entscheidungsregel für die Einführung von Aprobil:
Wenn 62 und mehr der 100 Probanden die bessere Wirkung nach Einnahme von Aprobil als nach Einnahme von Bprobat bestätigen, wird Aprobil auf den Markt gebracht.

Diese Untersuchung läuft auf die Bestimmung des Fehlers 1. Art – Ablehnung der Nullhypothese H_0 bzw. Entscheidung für H_1 (Aprobil ist Bprobat überlegen) – hinaus.

7.3 Konfidenzintervalle und Normalverteilung

Anmerkungen zur Normalverteilung

Bisher wurde bei der Auswertung von Bernoulli-Ketten auf bestimmte in den üblichen Tabellen (s. Anhang) dargestellte Kettenlängen n zurückgegriffen. Tatsächlich ist diese Beschränkung nicht sehr realistisch. Dies zeigt sich z. B. bei Wahlprognosen (Sonntagsumfrage), wo weit mehr als 100 Personen befragt werden. Da uns keine Tabelle für große Werte von n zur Verfügung steht, greift man auf die Normalverteilung insbesondere die Gauß'sche Integralformel zurück.
Hier noch einmal einige in diesem Zusammenhang wichtige (s. a. Kap. 6.3) Informationen:
Eine Zufallsgröße, deren Wahrscheinlichkeitsverteilung die Gauß'sche Glockenkurve

$$\varphi(t) = \frac{1}{\sqrt{2\pi}} e^{-\frac{1}{2}t^2}$$

ist, wird als normalverteilte Zufallsgröße bezeichnet.
Die Gauß'sche Glockenkurve nähert die Binomialverteilung recht gut an, wenn die Laplace-Bedingung $\sqrt{n \cdot p \cdot (1-p)} > 3$ erfüllt ist.
Durch

$$\phi(z) = \frac{1}{\sqrt{2\pi}} \int_{-\infty}^{z} e^{-\frac{1}{2}t^2} dt \text{ mit } z = \frac{k - np}{\sqrt{n \cdot p \cdot (1-p)}}$$

sowie k als obere Grenze der kumulierten Binomialverteilung

$$F(n;\, p;\, k) = B(n;\, p;\, 0) + \ldots + B(n;\, p;\, k)$$

wird die Gauß'sche Integralfunktion ϕ (oft auch Verteilungsfunktion der Standardnormalverteilung bezeichnet) erklärt.
$\phi(z)$ ist gleich dem Flächeninhalt zwischen der Gauß'schen Glockenkurve und der x-Achse links von z. Die folgende Abbildung verdeutlicht die wichtigsten Zusammenhänge:

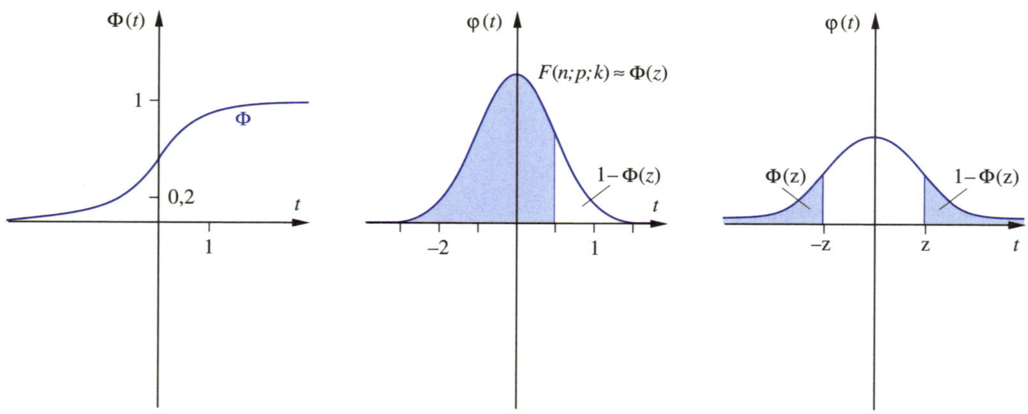

Da $\phi(z)$ nicht geschlossen angegeben werden kann, sind die Werte mit Hilfe numerischer Verfahren bestimmt worden und liegen tabelliert vor (s. Tabelle Seite 236).

Soll für eine binomialverteilte Zufallsgröße X mit den Parametern n und p die kumulierte Wahrscheinlichkeit $P(X \leq k) = F(n; p; k)$ näherungsweise ermittelt werden, ist folgende Vorgehensweise zweckmäßig:

- Prüfung der Laplace-Bedingung $\sqrt{n \cdot p \cdot (1-p)} > 3$
- Bestimmung der oberen Integrationsgrenze $z = \dfrac{k - np}{\sqrt{n \cdot p \cdot (1-p)}}$
- Ablesen des Funktionswertes $\phi(z) \approx F(n; p; k) = P(X \leq k)$ aus der Tabelle

Für binomialverteilte Zufallsgrößen X gilt

$$P(X \leq x) \approx \phi(z) \text{ mit } z = \frac{x - E(X)}{\sigma(X)}.$$

Dabei bedeuten $E(X) = n \cdot p$ und $\sigma(X) = \sqrt{n \cdot p \cdot (1-p)}$, für n als Länge der zugehörigen Bernoulli-Kette und p als entsprechende Trefferwahrscheinlichkeit.
Für normalverteilte Zufallsgrößen X ist die Wahrscheinlichkeit, dass der Wert von X von $E(X)$ um höchstens c' abweicht

$$P(|X - E(X)| \leq c') \approx 2\phi\left(\frac{c'}{\sigma(X)}\right) - 1.$$

Für $\sigma(X) > 3$ ist die Normalverteilung eine gute Approximation der Binomialverteilung, daher kann diese Darstellung auch für binomialverteilte Zufallsgrößen benutzt werden. Für kleinere Werte von $\sigma(X)$ ist allerdings die Berücksichtigung einer sog. Stetigkeitskorrektur üblich, die hier jedoch unbeachtet bleiben soll.
Üblicherweise gibt man die Abweichung c' vom Erwartungswert $E(X)$ als Vielfaches der Standardabweichung an. Hier wird c' durch $c \cdot \sigma(X)$ ersetzt - damit folgt

$$P(|X - E(X)| \leq c \cdot \sigma) \approx 2\phi(c) - 1.$$

Wird der letzte Ausdruck für $c = 1, 2, 3$ ausgewertet, so folgen die o. a. σ-Umgebungen des Erwartungswertes.
Bei einem Zufallsexperiment (z. B. Wahlprognose) liegt eine fest vorgegebene jedoch unbekannte Wahrscheinlichkeit p vor. Wird das Experiment n-mal durchgeführt und beschreibt X die Anzahl der Versuche, bei denen das Ereignis eingetreten ist, so ist X binomialverteilt mit den dazugehörigen Parametern n und p. Für große Werte von n kann die Binomialverteilung in guter Näherung durch die Normalverteilung erstetzt werden und es gilt wieder

$$P(|X - E(X)| \leq c \cdot \sigma) \approx 2\phi(c) - 1.$$

Mit $E(X) = n \cdot p$ sowie $\sigma(X) = \sqrt{n \cdot p \cdot (1-p)}$ und $2\phi(c) - 1 = \gamma$ erhält man

$$P\left(|X - n \cdot p| \leq c \cdot \sqrt{n \cdot p \cdot (1-p)}\right) \approx \gamma \text{ bzw. } P\left(\left|\frac{X}{n} - p\right| \leq \frac{c}{n} \cdot \sqrt{n \cdot p \cdot (1-p)}\right) \approx \gamma.$$

Die Wahrscheinlichkeit, dass die relative Häufigkeit $\frac{X}{n}$ in einem Intervall der Länge $2\frac{c}{n}\cdot\sqrt{n\cdot p\cdot(1-p)}$ um p liegt, ist ca. γ.
Eine geometrische Interpretation dieses Ausdrucks zeigt die folgende Abbildung für ein entsprechendes Zufallsintervall $\left[\frac{X}{n}-\frac{c}{n}\cdot\sqrt{n\cdot p\cdot(1-p)};\ \frac{X}{n}+\frac{c}{n}\cdot\sqrt{n\cdot p\cdot(1-p)}\right]$:

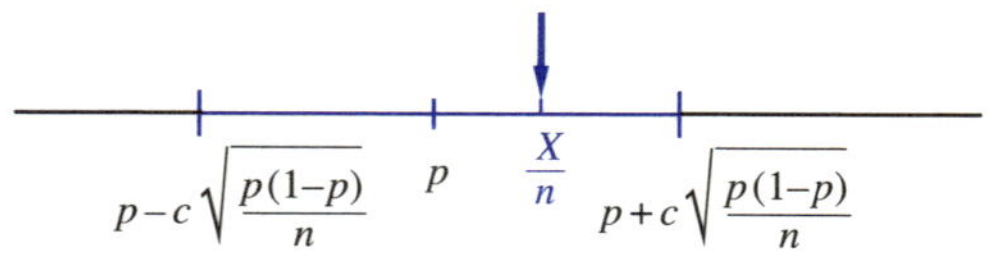

Die Lage des Intervalls ist zufällig um p verteilt und überdeckt mit einer gewissen Wahrscheinlichkeit γ den Wert von p. Die auf diese Weise bestimmten Intervalle nennt man **Konfidenzintervalle** für p zur **Vertrauenszahl** γ.
Aus den voranstehenden Überlegungen lässt sich ein Verfahren zur Ermittlung von Konfidenzintervallen für p bei großen Stichproben angeben:

- Bestimmung von n (Stichprobenumfang), h (relative Häufigkeit) und γ (Vertrauenszahl)
- Berechnung des Wertes c aus $\phi(c)=\frac{1+\gamma}{2}$
- Berechnung der Intervallgrenzen $p_{1,2}$ aus $(h-p)^2\leq c^2\cdot\frac{p(1-p)}{n}$

Anmerkung

Für hinreichend große n und Werte von p, die nicht zu sehr von 0,5 abweichen, kann die unbekannte Wahrscheinlichkeit p durch die relative Häufigkeit h ersetzt werden. Das Konfidenzintervall zu γ folgt dann in guter Näherung zu:

$$\left[h-c\cdot\sqrt{\frac{h(1-h)}{n}};h+c\cdot\sqrt{\frac{h(1-h)}{n}}\right].$$

Beispiel

Bei einer Befragung durch ein Meinungsforschungsinstitut erklärten 60 von 920 befragten Personen, dass sie die Splitterpartei ABC wählen würden. Kann man daraus mit einer Sicherheit von 95% abschätzen, ob die Partei ABC in der bevorstehenden Wahl die 5%-Hürde überspringen wird?

- Bestimmung von n (Stichprobenumfang), h (relative Häufigkeit) und γ (Vertrauenszahl):
  Mit X als Anzahl der positiven Wahlaussage der befragten Personen folgt:
  $n=920;\ h=\frac{X}{n}=\frac{60}{920};\ \gamma=0{,}95$
- Berechnung des Wertes c aus $\phi(c)=\frac{1+\gamma}{2}$:
  Aus $\phi(c)=\frac{1+0{,}95}{2}=0{,}975$ folgt unter Zuhilfenahme der Tabelle der Normalverteilung ein Wert für c von $c=1{,}96$.

- Berechnung der Intervallgrenzen $p_{1,2}$ aus $(h-p)^2 \leq c^2 \cdot \frac{p(1-p)}{n}$:
  Es ist folgende Ungleichung zu lösen:

  $$\left(\frac{60}{920}-p\right)^2 \leq 1{,}96^2 \cdot \frac{p(1-p)}{920}$$

  Eine kleine Umformung führt näherungsweise auf die quadratische Ungleichung

  $$1{,}004176\,p^2 - 0{,}13461\,p + 0{,}004253 \leq 0$$

  mit den Lösungen $p_1 \approx 0{,}051$ und $p_2 \approx 0{,}083$. Damit ist $[0{,}051;\ 0{,}083]$ ein Konfidenzintervall zur Vertrauenszahl $\gamma = 0{,}95$. Das heißt, dass bei einer großen Anzahl von Umfragen der angegebenen Art mit jeweiliger Ermittlung der Konfidenzintervalle, diese in ca. 95% aller Fälle den (unbekannten) Stimmenanteil p der Partei ABC enthalten.
  Die Partei ABC kann also recht zuversichtlich in die Wahl gehen – mit einer Wahrscheinlichkeit von nur 5% liegt ihr Stimmenanteil p außerhalb des Intervalls [5,1%; 8,3%].

Oft interessiert man sich für die **Mindestgröße n des Stichprobenumfangs** bei einer vorgegebenen Schranke e für die Intervalllänge: Die relative Häufigkeit h und die Wahrscheinlichkeit p eines Ereignisses unterscheiden sich mit der Wahrscheinlichkeit $\gamma = 2\phi(c) - 1$ höchstens um $\frac{e}{2}$, wenn für den Umfang n der Stichprobe gilt:

$$n \geq \frac{c^2}{e^2}\,.$$

Beispiel

Berechnen Sie die Anzahl der Personen, die das Meinungsforschungsinstitut im obigen Beispiel befragen sollte, wenn das Konfidenzintervall bei gleicher Vertrauenszahl $\gamma = 0{,}95$ höchstens eine Länge von 0,0025 haben soll.
Mit $c = 1{,}96$ und $e = 0{,}025$ folgt aus der o. a. Ungleichung der Wert von n zu

$$n \geq \frac{1{,}96^2}{0{,}025^2} \approx 6\,146{,}6.$$

Es sollten also ca. 6 150 und mehr Personen befragt werden.

Von 2000 zufällig ausgesuchten Fernsehzuschauern haben 550 angegeben, die neue Kultsendung „Das letzte Hemd“ gesehen zu haben. Berechnen Sie ein Konfidenzintervall zur Vertrauenszahl $\gamma = 0{,}98$ für den unbekannten Anteil der Kultsendungsseher unter allen Fernsehzuschauern (a) exakt und (b) mit Hilfe der Näherung.

a) Exakte Lösung

K

Prüfgröße:
X: Anzahl der Zuschauer der Kultsendung in der Stichprobe
Stichprobenumfang: $n = 2\,000$

relative Häufigkeit: $h = \frac{X}{n} = \frac{550}{2\,000} = 0{,}275$

Vertrauenszahl: $\gamma = 0{,}98$

Wegen der großen Anzahl der befragten Personen kann bei der Behandlung der Aufgabe in guter Näherung die Normalverteilung zugrunde gelegt werden.

Mit p wird der unbekannte Anteil der Kultsendungsseher unter allen Fernsehzuschauern bezeichnet.

Bestimmung von c:

Aus $\Phi(c) = \frac{1+0{,}98}{2} = 0{,}99$ folgt $c \approx 2{,}327$.

Der Wert von c ergibt sich aus $2 \cdot \Phi(c) - 1 = \gamma$ bzw. $\Phi(c) = \frac{1+\gamma}{2}$.

Die Rechnung ergibt $\Phi(c) = 0{,}99$.

In der Tabelle der Normalverteilung findet man:

$\Phi(2{,}32) = 0{,}9898$ und $\Phi(2{,}33) = 0{,}9901$

Als gute Näherung kann linear interpoliert werden. Allgemein gilt:

$$c = c_0 + (\Phi(c) - \Phi(c_0)) \cdot \frac{c_1 - c_0}{(\Phi(c_1) - \Phi(c_0))}$$

Mit $c_0 = 2{,}32$, $c_1 = 2{,}33$ und $\Phi(c_0) = 0{,}9898$, $\Phi(c_1) = 0{,}9901$ sowie $\Phi(c) = 0{,}99$ erhält man $c \approx 2{,}32 + 0{,}0067$ bzw. $c \approx 2{,}327$.

Damit lautet die zu lösende Ungleichung:

$$(0{,}275 - p)^2 \leq 2{,}327^2 \cdot \frac{p(1-p)}{2000}$$

Damit ein Konfidenzintervall p überdeckt, muss gelten:

$$(h-p)^2 \leq c^2 \cdot \frac{p(1-p)}{n}$$

Eine Umformung ergibt die quadratische Ungleichung:

$$1{,}002707\,p^2 - 0{,}552707\,p + 0{,}075625 \leq 0$$

Die algebraische Umformung führt auf eine quadratische Ungleichung der Form

$$\left(c^2+n\right)p^2 - \left(c^2 + 2 \cdot h \cdot n\right)p + n \cdot h^2 \leq 0.$$

Die Lösungen sind

$p_1 \approx 0{,}2524$ und $p_2 \approx 0{,}2988$.

Das Konfidenzintervall für p zur Vertrauenszahl $\gamma = 0{,}98$ ist

$[0{,}2524;\, 0{,}2988]$

Die Lösungsmenge der quadratischen Ungleichung ist das Intervall $[p_1; p_2]$.

Es ist sinnvoll, bei der Lösung dieser Ungleichung mit etwa 6 Dezimalstellen zu rechnen, um später die gesuchten Wahrscheinlichkeiten in guter Näherung auf etwa zwei Stellen nach dem Komma als Prozentzahlen angeben zu können.

Interpretation:

Würden häufig Umfragen dieser Art durchgeführt und jedesmal das zugehörige Konfidenzintervall bestimmt, so überdecken ca 98% der Intervalle den zugehörigen Anteil p.

Mit einer Wahrscheinlichkeit von 98% liegt p zwischen 25,24% und 29,88%.

b) Näherungslösung

K

Unter Benutzung der Beziehung für die Intervallgrenzen der Näherung ergibt sich mit $h = 0{,}275$, $c \approx 2{,}327$ und $\gamma = 0{,}98$ für die untere Intervallgrenze:

$$\left[h - c \cdot \sqrt{\frac{h(1-h)}{n}};\, h + c \cdot \sqrt{\frac{h(1-h)}{n}}\right].$$

$$0{,}275 - 2{,}327 \cdot \sqrt{\frac{0{,}275(1-0{,}275)}{2000}} \approx 0{,}2518$$

und die obere Intervallgrenze

$$0{,}275 + 2{,}327 \cdot \sqrt{\frac{0{,}275(1-0{,}275)}{2000}} \approx 0{,}2982$$

Unter Anwendung der Näherung ergibt sich für das Konfidenzintervall $[0{,}2518; 0{,}2982]$.

Wie zu sehen ist, ergibt sich bei Rundung auf jeweils drei Dezimalen das gleiche Intervall wie bei der exakten Lösung.

In einer Umfrage bei Käufern eines Supermarkts soll getestet werden, welchen Marktanteil der Longdrink „Supercool" besitzt.

a) Von den 800 befragten Käufern gaben 120 an, „Supercool" regelmäßig zu kaufen. Geben Sie ein Konfidenzintervall zur Vertrauenszahl $\gamma = 0{,}94$ (1) exakt und (2) mit der Näherungslösung an.

b) Wie viele Käufer müssten befragt werden, um das Konfidenzintervall aus $(a2)$ bei gleicher Vertrauenszahl ungefähr zu halbieren?

a) Bestimmung des Konfidenzintervalls

K

Prüfgröße:
X: Anzahl der Käufer von „Supercool"

Stichprobenumfang: $n = 800$

relative Häufigkeit: $h = \frac{X}{n} = \frac{120}{800} = 0{,}15$

Vertrauenszahl: $\gamma = 0{,}94$

Wegen der relativ großen Anzahl der befragten Personen kann bei der Behandlung der Aufgabe in recht guter Näherung die Normalverteilung zugrunde gelegt werden.

Bestimmung von c:

Aus $\Phi(c) = \frac{1+0{,}94}{2} = 0{,}97$ folgt $c \approx 1{,}881$

Der Wert von c ergibt sich aus $2 \cdot \Phi(c) - 1 = \gamma$ bzw. $\Phi(c) = \frac{1+\gamma}{2}$.
Die Rechnung ergibt $\Phi(c) = 0{,}97$.

Als gute Näherung kann linear interpoliert werden.
Mit $c_0 = 1{,}88$, $c_1 = 1{,}89$ und $\Phi(c_0) = 0{,}9699$, $\Phi(c_1) = 0{,}9706$ sowie $\Phi(c) = 0{,}97$ erhält man $c \approx 1{,}88 + 0{,}0014$ bzw. $c \approx 1{,}881$.

Damit lautet die zu lösende Ungleichung:

$$(0{,}15 - p)^2 \leq 1{,}881^2 \cdot \frac{p(1-p)}{800}$$

Damit ein Konfidenzintervall p überdeckt, muss gelten:

$$(h-p)^2 \leq c^2 \cdot \frac{p(1-p)}{n}$$

Eine Umformung ergibt die quadratische Ungleichung:

$$1{,}004423\,p^2 - 0{,}304423\,p + 0{,}0225 \leq 0$$

Die Lösungen sind
$p_1 \approx 0{,}1278$ und $p_2 \approx 0{,}1753$.

Die Lösungsmenge der quadratischen Ungleichung ist das Intervall $[p_1; p_2]$.

Das Konfidenzintervall für p zur Vertrauenszahl $\gamma = 0{,}94$ ist

$$[0{,}1278; 0{,}1753].$$

Interpretation:
Würden häufig Umfragen dieser Art durchgeführt und jedesmal das zugehörige Konfidenzintervall bestimmt, so würden ca. 94% der Intervalle den unbekannten Marktanteil enthalten.

Mit einer Wahrscheinlichkeit von ca. 94% liegt der Marktanteil von „Supercool“ zwischen 12,78% und 17,53%.

Unter Benutzung der Beziehung für die Intervallgrenzen der Näherung ergibt sich mit $h = 0{,}15$, $c \approx 1{,}881$ und $\gamma = 0{,}94$ für die untere Intervallgrenze:

$$0{,}15 - 1{,}881 \cdot \sqrt{\frac{0{,}15(1-0{,}15)}{800}} \approx 0{,}1263$$

und die obere Intervallgrenze

$$0{,}15 + 1{,}881 \cdot \sqrt{\frac{0{,}15(1-0{,}15)}{800}} \approx 0{,}1737.$$

Unter Anwendung der Näherung ergibt sich für das Konfidenzintervall

$$[0{,}1263; 0{,}1737].$$

Angenommen, die Voraussetzungen für die Anwendbarkeit der Näherung sind erfüllt, so folgt als Konfidenzintervall für p zu γ in guter Näherung aus

$$\left[h - c \cdot \sqrt{\frac{h(1-h)}{n}}; h + c \cdot \sqrt{\frac{h(1-h)}{n}}\right].$$

Wie zu sehen ist, ergibt sich in diesem Fall bei Rundung auf jeweils zwei Dezimalen das gleiche Intervall wie bei der exakten Lösung. Die Gründe sind zum einen auf den relativ kleinen Umfang der Stichprobe und zum anderen darauf zurückzuführen, dass der Wert von p doch recht weit von 0,5 abweicht.

b) Bestimmung von n

K

Das Konfidenzintervall aus $(a2)$ hat eine Länge von 0,0474. Damit folgt für die in diesem Fall gewünschte Intervalllänge ein Wert von $e = 0{,}0237$.
Mit dem Wert für $e = 0{,}0237$ und $c \approx 1{,}881$ erhält man

$$n \geq \frac{1{,}881^2}{0{,}0237^2} \approx 6\,299{,}1.$$

Der Umfang der Stichprobe muss in diesem Fall mindestens 6 300 Personen betragen.

Die gewünschte Intervalllänge folgt aus

$$e = \frac{1}{2} \cdot (p_2 - p_1).$$

Die relative Häufigkeit h und die Wahrscheinlichkeit p eines Ereignisses unterscheiden sich mit der Wahrscheinlichkeit $\gamma = 2\phi(c) - 1$ höchstens um $\frac{e}{2}$, wenn für den Umfang n der Stichprobe gilt

$$n \geq \frac{c^2}{e^2}.$$

7.4 Multiple-Choice-Test

(Lösungen auf Seite 237)

1. Eine Münze werde 100-mal geworfen, wobei *X* die Anzahl der Wappenwürfe bezeichne. Wie groß ist die Wahrscheinlichkeit, dass *X* einen Wert annimmt, der höchstens um σ vom Erwartungswert μ abweicht!

A) 74,84% B) 62,23% C) 72,88% D) 63,18% E) 68,03% F) 71,92%

2. Eine Zufallsvariable *X* habe den Erwartungswert 10 und die Varianz 8. Schätzen Sie die Wahrscheinlichkeit $P(|X - 10| \geq 5)$ mit Hilfe der Tschebyschewschen Ungleichung ab.

A) 0,25 B) 0,16 C) 0,80 D) 0,64 E) 0,50 F) 0,32

**3. Vom Beginn der Wochenziehungen beim Lotto 6 aus 49 am Samstag werden vermutlich bis zum Jahr 2011 etwa 3 000 Ziehungen durchgeführt.
Wie oft ist zu erwarten, dass eine beliebige Zahl (z. B. die Zahl 49) bis zur 3 000. Ziehung gezogen wurde (gesucht ist ein 99,7%-Sicherheitsintervall)?**

A) [338; 409] B) [314; 421] C) [327; 398] D) [309; 416] E) [319; 426] F) [332; 403]

**4. Vor der Neueinführung eines Produkts möchte die Firma eine Prognose über den möglichen Marktanteil erhalten und gibt einem Umfrageinstitut einen entsprechenden Auftrag. Bei der Umfrage wurden 2 000 Personen befragt, von denen 870 Personen ihre Bereitschaft signalisierten, das neue Produkt zu kaufen.
Geben Sie die Wahrscheinlichkeit für eine Fehlprognose des Instituts an, wenn das Institut eine maximale Abweichung der Prognose vom tatsächlichen Anteil von 0,03 angibt.**

A) 42,01% B) 31,93% C) 15,67% D) 13,89% E) 10,42% F) 18,32%

**5. Die Firma Wosram bezieht von einem neuen Hersteller Transistoren. Von diesen sind durchschnittlich 10% defekt bei dem Qualitätsmerkmal I. Wahl und 25% defekt bei der II. Wahl. Bei einer Großpackung von Transistoren ist die Qualitätskennzeichnung verloren gegangen.
Es ist ein Alternativtest der Nullhypothese H(0): $p = 0{,}1$ gegen die Alternativhypothese $H(1): p = 0{,}25$ mit einer Stichprobe vom Umfang $n = 20$ durchzuführen.
$H(0)$ wird dann angenommen, wenn höchstens 3 Transistoren in der Stichprobe defekt sind, andernfalls wird $H(0)$ zugunsten von $H(1)$ abgelehnt.
Geben Sie die Wahrscheinlichkeit für einen Fehler 1. und 2. Art an.**

A) $P(\alpha) \approx 77{,}48\%; P(\beta) \approx 86{,}7\%$ B) $P(\alpha) \approx 9{,}21\%; P(\beta) \approx 14{,}82\%$
C) $P(\alpha) \approx 13{,}3\%; P(\beta) \approx 22{,}52\%$ D) $P(\alpha) \approx 22{,}52\%; P(\beta) \approx 41{,}48\%$
E) $P(\alpha) \approx 15{,}34\%; P(\beta) \approx 25{,}32\%$ F) $P(\alpha) \approx 17{,}98\%; P(\beta) \approx 2{,}89\%$

6. **Von einem Würfel wird vermutet, dass er manipuliert ist: es fallen mehr Sechsen als bei einem Laplace-Würfel. Um dies zu testen, wird folgendes Verfahren gewählt:**
$H(0)$: Würfel ist nicht manipuliert ($p = 1/6$)
$H(1)$: Würfel ist manipuliert ($p > 1/6$)
Entscheidungsregel:
$X \leq K = 25 \Rightarrow H(0)$ wird angenommen
$X > K = 25 \Rightarrow H(0)$ wird abgelehnt
Mit welcher Wahrscheinlichkeit wird ein Laplace-Würfel irrtümlicherweise für einen gefälschten Würfel gehalten?

A) 97,83% B) 1,19% C) 0,62% D) 99,38% E) 2,17% F) 98,81%

7. **Von einem Würfel wird vermutet, dass er manipuliert ist: es fallen mehr Sechsen als bei einem Laplace-Würfel. Um dies zu testen, wird folgendes Verfahren gewählt:**
$H(0)$: Würfel ist nicht manipuliert ($p = 1/6$)
$H(1)$: Würfel ist manipuliert ($p = 0{,}2$)
Entscheidungsregel:
$X \leq K = 25 \Rightarrow H(0)$ wird angenommen
$X > K = 25 \Rightarrow H(0)$ wird abgelehnt
Mit welcher Wahrscheinlichkeit wird der manipulierte Würfel irrtümlicherweise für einen Laplace-Würfel gehalten?

A) 5,58% B) 91,25% C) 13,14% D) 86,86% E) 8,75% F) 94,42%

8. **Ein Kandidat T behauptet bei einer Wahl, dass er eine Stichwahl gegen den Kandidaten U gewinnen wird, d. h., dass sein Stimmenanteil bei $p > 50\%$ liegen wird. Sein Gönner zweifelt an der Aussage und nimmt an, der Stimmenanteil von T ist kleiner als 50%.**
Er befragt 15 Personen auf ihre Zuneigung zu T. $H(0)$: $p = 50\%$
$H(1)$: $p < 50\%$
Entscheidungsregel:
$X > K = 2 \Rightarrow H(0)$ wird angenommen
$X \leq K = 2 \Rightarrow H(0)$ wird zugunsten von $H(1)$ abgelehnt
Wie groß ist der Fehler 1. Art, d. h. dass der Gönner fälschlicherweise schließt, dass T die Wahl verliert, obwohl er sie gewinnen wird?

A) 96,3% B) 99,95% C) 0,05% D) 1,76% E) 3,7% F) 98,24%

9. **Der Vorsitzende eines Fußballclubs wurde in der letzten Saison mit 40% Stimmenanteil gewählt. Für die bevorstehende Wahl lässt er 100 Clubmitglieder befragen, ob sie ihm ihre Stimme geben würden. Sollte diese Zahl erheblich von 40 abweichen, so würde er auf eine Veränderung der Stimmungslage schließen. Das Risiko, dass er aus dem Ergebnis der Umfrage irrtümlich auf eine Veränderung der Stimmungslage schließt, soll auf maximal 10% begrenzt werden. Bestimmen Sie die kritischen Zahlen K_1 und K_2 derart, dass gilt:**
Der Vorsitzende geht nur dann von einer veränderten Stimmungslage aus, wenn er in der Umfrage höchstens K_1 oder mindestens K_2 Stimmen erhält.

A) $K_1 = 30; K_2 = 48$ B) $K_1 = 31; K_2 = 48$ C) $K_1 = 30; K_2 = 49$
D) $K_1 = 32; K_2 = 47$ E) $K_1 = 29; K_2 = 51$ F) $K_1 = 31; K_2 = 49$

10. **Bei Verkehrskontrollen wurde festgestellt, dass vor dem Verbot der Handynutzung am Steuer 480 von 750 überprüften Pkw-Fahrer ein Handy während der Fahrt benutzt. In welchem Konfidenzintervall liegt mit 99%-iger Wahrscheinlichkeit der Anteil derjenigen Pkw-Fahrer, die ein Handy während der Fahrt nutzen.**

A) $[0{,}6111; 0{,}6679]$ B) $[0{,}6103; 0{,}6687]$ C) $[0{,}5703; 0{,}6290]$
D) $[0{,}6107; 0{,}6683]$ E) $[0{,}6033; 0{,}6752]$ F) $[0{,}6188; 0{,}6672]$

11. **Ein Meinungsforschungsinstitut befragte 1600 Motorradfahrer, ob sie sich ohne dazu gezwungen zu sein, an ein Tempolimit halten würden; 190 Motorradfahrer bejahten diese Frage.**
Geben Sie ein Konfidenzintervall zur Vertrauenszahl 0,9 für die Wahrscheinlichkeit dafür an, dass ein Motorradfahrer ein Tempolimit ohne Kontrolle einhält.

A) $[0{,}1204; 0{,}1298]$ B) $[0{,}1204; 0{,}1471]$ C) $[0{,}0904; 0{,}1471]$
D) $[0{,}1044; 0{,}1331]$ E) $[0{,}1064; 0{,}1311]$ F) $[0{,}1054; 0{,}1321]$

12. **Um den Bekanntheitsgrad einer neuen Zeitschrift zu ermitteln, soll eine Stichprobe unter den Lesern erhoben werden.**
Wie viele Leser müssten mindestens befragt werden, wenn das Konfidenzintervall eine Länge von 0,05 zur Vertrauenszahl 0,9 haben soll?

A) 998 B) 1082 C) 1099 D) 1853 E) 54 F) 658

13. **Um die Länge des Konfidenzintervalls für *p* zu halbieren, muss der Umfang der Stichprobe *n* mit einem Faktor *k* multipliziert werden.**
Bestimmen Sie den Wert für *k*.

A) $k=1$ B) $k=2$ C) $k=\frac{1}{2}$ D) $k=4$ E) $k=\frac{1}{4}$ F) $k=10$

14. **Um den Bekanntheitsgrad einer TV-Sendung zu untersuchen, ist zu ermitteln, wie viele Personen bei der Vertrauenszahl 0,9 mindestens befragt werden müssen, damit der ermittelte Anteil von der tatsächlichen Wahrscheinlichkeit um höchstens 2% abweicht?**

A) 1691 B) 4113 C) 3382 D) 846 E) 1028 F) 2057

8 Komplexaufgaben mit Lösungen

Ein Skatspiel besteht aus 32 Karten, die in vier Farben (Kreuz, Pik, Herz, Karo) zu je acht Werten (7; 8; 9; ...; König; Ass) unterteilt sind.

a) Nacheinander werden zufällig drei Karten ohne zurückstecken gezogen.
Berechnen Sie die Wahrscheinlichkeiten folgender Ereignisse:

A: „Die Karten besitzen die gleiche Farbe"

B: „Die Karten besitzen den gleichen Wert"

b) Berechnen Sie die Wahrscheinlichkeit dafür, dass aus einem Skatblatt eine der Karten 7; 8; 9; 10 oder eine Herzkarte gezogen wird.

c) Die in (a) beschriebenen Ereignisse A und B werden benutzt, um ein Glücksspiel mit folgenden Spielregeln zu kreieren: Pro Spiel muss ein nicht rückzahlbarer Einsatz von 1 € an die Bank getätigt werden; tritt A ein, so erhält der Spieler 10 €, für das Eintreten von B erhält er 20 €.
Die Zufallsgröße X beschreibe den Gewinn des Spielers.

- Geben Sie eine Wahrscheinlichkeitsverteilung von X an.
- Untersuchen Sie, ob sich das Spiel auf lange Sicht für den Spieler lohnt.
- Wie muss der Auszahlungsbetrag für das Eintreten von A bei sonst gleichen Bedingungen geändert werden, damit das Spiel fair wird?
  Hinweis: Ein Spiel wird als fair bezeichnet, wenn sich Gewinn und Verlust auf lange Sicht ausgleichen.

d) Geben Sie die Anzahl der Spiele an, bei der das Ereignis B mindestens einmal mit einer Wahrscheinlichkeit von mindestens 20% eintritt.

a)

Zu A:
Für die erste Karte gilt

$|E_1| = 32$ und $|\Omega| = 32$,

für die zweite

$|E_2| = 7$ und $|\Omega| = 31$

und für die dritte Karte

$|E_3| = 6$ und $|\Omega| = 30$.

Da die Ereignisse unabhängig voneinander sind, gilt unter Berücksichtigung der Multiplikationsregel:

K

Die Wahrscheinlichkeit des Eintretens eines zufälligen Ereignisses E wird mit $P(E)$ bezeichnet und berechnet sich aus:

$$P(E) = \frac{|E|}{|\Omega|}$$

mit
$|E|$: Anzahl der für E günstigen Ereignisse
und
$|\Omega|$: Gesamtzahl aller möglichen Ereignisse

$$P(A) = P(E_1) \cdot P(E_2) \cdot P(E_3) = \frac{32}{32} \cdot \frac{7}{31} \cdot \frac{6}{30} = \frac{7}{155} \approx 0{,}0452$$

Die Wahrscheinlichkeit für das Eintreten von A beträgt ca. 4,52%.

Zu B:

Eine zu A analoge Rechnung ergibt

$|E_1| = 32$ und $|\Omega| = 32$

$|E_2| = 3$ und $|\Omega| = 31$

$|E_3| = 2$ und $|\Omega| = 30$

und weiter

$$P(A) = P(E_1) \cdot P(E_2) \cdot P(E_3) = \frac{32}{32} \cdot \frac{3}{31} \cdot \frac{2}{30} = \frac{1}{155} \approx 0{,}0065.$$

Die Wahrscheinlichkeit für das Eintreten von B beträgt ca. 0,65%.

Sind die Ereignisse A, B, C unabhängig voneinander, so gilt folgende Multiplikationsregel

$$P(A \cup B \cup C) = P(A) \cdot P(B) \cdot P(C).$$

b)

Es gilt wieder $|\Omega| = 32$. Es gibt $4 \cdot 4 = 16$ Karten mit Zahlen und 8 Herzkarten, wobei 4 der Herzkarten die Zahlen 7, 8, 9 und 10 tragen. Mit A: „Zahl“ und B: „Herzkarte“ folgt:

$$P(A \cap B) = \frac{4}{32} \neq 0,$$

die Ereignisse sind also nicht unvereinbar; damit erhält man

$$P(A \cup B) = \frac{16}{32} + \frac{8}{32} - \frac{4}{32} = \frac{20}{32} \approx 0{,}625.$$

K

Die Ereignisse A (Zahlenkarte) und B (Herzkarte) sind nicht unvereinbar. Für die dazugehörige Wahrscheinlichkeit gilt:

$$P(A \cup B) = P(A) + P(B) - P(A \cap B).$$

Zwei zufällige Ereignisse heißen unvereinbar, wenn das Eintreffen des Ereignisses A das Eintreffen des Ereignisses B ausschließt:

$$A \cap B = \emptyset;$$

man sagt auch, dass es unmöglich ist, dass die zufälligen Ereignisse gemeinsam eintreten.

Da 4 der Herzkarten auch Zahlen tragen, sind die Ereignisse nicht unvereinbar.

Die Wahrscheinlichkeit für das Eintreten von B beträgt ca. 62,5%.

c)

Wahrscheinlichkeitsverteilung von X:

x_i	-1	9	19
$P(X=x_i)$	$\frac{147}{155}$	$\frac{7}{155}$	$\frac{1}{155}$

Um einen möglichen Gewinn bzw. Verlust für den Spieler zu ermitteln, ist der Erwartungswert zu berechnen:

$$\begin{aligned}\mu = E(X) &= (-1)\cdot\frac{147}{155} + 9\cdot\frac{7}{155} + 19\cdot\frac{1}{155}\\ &= -\frac{65}{155}\\ &\approx -0{,}42\end{aligned}$$

Der Erwartungswert beträgt $E(X)\approx -0{,}42$, d. h., auf lange Sicht muss der Spieler mit einem Verlust von ca. 0,42 € rechnen: das Spiel lohnt sich für ihn nicht.

Bezeichnet man den gesuchten Auszahlungsbetrag mit y und beachtet, dass bei einem fairen Spiel der Erwartungswert gleich Null sein muss, so folgt

$$(-1)\cdot\frac{147}{155} + (y-1)\cdot\frac{7}{155} + 19\cdot\frac{1}{155} = 0.$$

Damit folgt

$$7y - 135 = 0$$

und weiter

$$y \approx 19{,}29.$$

Damit das Spiel fair wird, muss der Auszahlungsbetrag für das Eintreten von A ca. 19,29 € betragen.

K

Ordnet man jedem möglichen Wert x_i, den die Zufallsgröße X annehmen kann, die Wahrscheinlichkeit $P(X=x_i)$ zu, mit der sie diesen Wert annimmt, so erhält man die Wahrscheinlichkeitsverteilung von X.
Ist X eine diskrete Zufallsgröße mit

$$P(X=x_i) = p_i \quad (i = 1, \ldots, m),$$

so heißt die durch

$$\mu = E(X) = \sum_{i=1}^{m} x_i p_i$$

bestimmte Zahl $\mu = E(X)$ der Erwartungswert der Zufallsgröße X.

Ein Spiel wird dann als fair bezeichnet, wenn sich Verluste und Gewinne auf lange Sicht ausgleichen, für den Erwartungswert $E(X)$ also gilt

$$\mu = E(X) = 0\,.$$

d)

Die Zufallsgröße X beschreibe nun die Anzahl der Spiele, bei denen das Ereignis B eintritt. Das Zufallsexperiment kann als Bernoulli-Kette interpretiert werden.

Kenngrößen der Bernoulli-Kette:
Kettenlänge: n ist gesucht
Trefferwahrscheinlichkeit: $p = \frac{1}{155}$
Anzahl der Treffer: $k \geq 1$
Wahrscheinlichkeit: $P(X \geq 1) \geq 0{,}2$

K

Bei diesem Problem handelt es sich um die n-malige Wiederholung eines Zufallsexperiments mit der Trefferwahrscheinlichkeit p; also eine Bernoulli-Kette der Länge n, wobei $k \geq 1$ ist.

Es gilt für eine Bernoulli-Kette allgemein:

$$P(X = k) = B(n; p; k) = \binom{n}{k} \cdot p^k \cdot (1-p)^{n-k}$$

Wegen

$$P(X \geq 1) = 1 - P(X = 0) \geq 0{,}2$$

folgt:

Es gilt allgemein:

$$P(X \geq k) = 1 - P(X \leq k - 1)$$

$$1 - B\left(n; \frac{1}{155}; 0\right) \geq 0{,}2$$

$$1 - \binom{n}{0} \cdot \left(\frac{1}{155}\right)^0 \cdot \left(1 - \frac{1}{155}\right)^n \geq 0{,}2$$

Es gilt $\binom{n}{0} = 1$.

$$1 - 1 \cdot 1 \cdot \left(\frac{154}{155}\right)^n \geq 0{,}2$$

$$1 - \left(\frac{154}{155}\right)^n \geq 0{,}2$$

Auf beiden Seiten wird (-1) subtrahiert.

$$-\left(\frac{154}{155}\right)^n \geq -0{,}8$$

Die Ungleichung wird mit (-1) multipliziert – das Ungleichheitszeichen kehrt sich um.

$$\left(\frac{154}{155}\right)^n \leq 0{,}8$$

$$n \cdot ln\left(\frac{154}{155}\right) \leq ln\, 0{,}8$$

Es gilt $ln\, a^b = b \cdot ln\, a$.

$$n \geq \frac{ln\, 0{,}8}{ln\left(\frac{154}{155}\right)}$$

Wegen $ln\left(\frac{154}{155}\right) < 0$ kehrt sich das Ungleichheitszeichen um.

$$n \approx 34{,}5$$

Es sind mindestens 35 Spiele notwendig, damit das Ereignis B mindestens einmal mit einer Wahrscheinlichkeit von mindestens 20% eintritt.

Eine Firma stellt CD-Player her. Die Qualitätskontrolle stellt nach längerer Beobachtung fest, dass jeweils am Freitag fehlerhafte CD-Player mit einer Wahrscheinlichkeit von 15% produziert werden, während die Fehleranfälligkeit der CD-Player, die montags bis donnerstags produziert werden, bei 5% liegt.

a) Berechnen Sie die Wahrscheinlichkeit dafür, dass ein zufällig ausgewählter CD-Player aus der Freitagsproduktion stammt und fehlerfrei ist.

b) Berechnen Sie die Wahrscheinlichkeit dafür, dass beim zufälligen Kauf eines CD-Players ein fehlerhafter erwischt wird.

c) Beim Kauf eines CD-Players wurde dieser als fehlerhaft vom Kunden zurückgebracht. Berechnen Sie die Wahrscheinlichkeit dafür, dass der CD-Player an einem Freitag produziert wurde.

d) Berechnen Sie, auf welche Wahrscheinlichkeit die Fehlerrate für die Freitagsproduktion gesenkt werden muss, damit beim zufälligen Kauf eines CD-Players dieser mit höchstens 6% Wahrscheinlichkeit fehlerbehaftet ist.

a) K

Lösung mit Baumdiagramm:

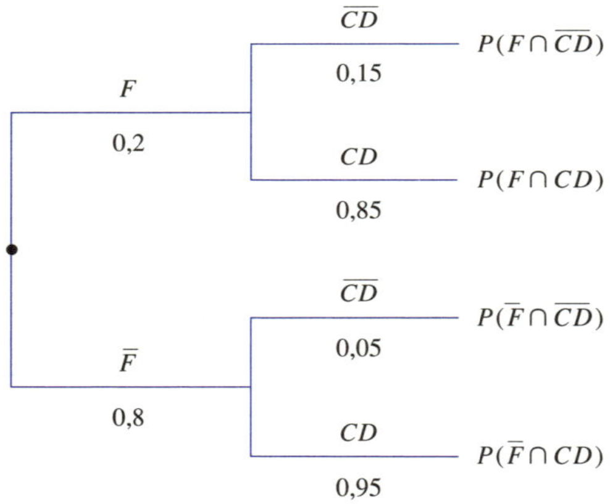

Festlegung der (unvereinbaren) Ereignisse:
F: freitags produzierte CD-Player
$\overline{F}$: montags bis donnerstags produzierte CD-Player
CD: fehlerfreie CD-Player
$\overline{CD}$: fehlerhafte CD-Player

Da nur an den Tagen Montag bis Freitag gearbeitet wird, beträgt die Wahrscheinlichkeit einen F-CD-Player zu wählen, 0,2 und entsprechend die für einen $\overline{F}$-CD-Player 0,8.

Unter Benutzung der 1. Pfadregel findet man für den interessierenden Pfad:

$$P(F)\cdot P(CD)=0{,}2\cdot 0{,}85=0{,}17$$

Die Wahrscheinlichkeit dafür, einen freitags produzierten CD-Player zu wählen, der keine Fehler aufweist, beträgt 17%.

Die 1. Pfadregel lautet:
Die Wahrscheinlichkeit eines Ereignisses ist gleich dem Produkt aller Zweigwahrscheinlichkeiten längs des zugehörigen Pfades.

Alternativlösung:
Aus der Multiplikationsregel folgt:

Alternativlösung:
Die Lösung der Aufgabe kann auch unter Verwendung des allgemeinen Multiplikations-

$$P(\overline{CD} \cap F) = P(F) \cdot P(\overline{CD}) = 0{,}2 \cdot 0{,}85 = 0{,}17$$

Die Wahrscheinlichkeit dafür, einen freitags produzierten CD-Player zu wählen, der keine Fehler aufweist, beträgt 17%.

satzes

$$P(A \cap B) = P(B) \cdot P_B(A)$$

mit $P(B) > 0$ und $P_B(A)$ als die Wahrscheinlichkeit von A unter der Bedingung B angegeben werden.

b) **K**

Unter Beachtung des Baumdiagramms und der 2. Pfadregel erhält man:

$$P(F) \cdot P(\overline{CD}) + P(\overline{F}) \cdot P(\overline{CD}) = 0{,}2 \cdot 0{,}15 + 0{,}8 \cdot 0{,}05 = 0{,}03 + 0{,}04 = 0{,}07$$

Die Wahrscheinlichkeit dafür, bei zufälligem Kauf überhaupt einen fehlerhaften CD-Player zu erwischen, beträgt 7%.

Alternativlösung:
Mit Hilfe des Satzes der totalen Wahrscheinlichkeit folgt:

$$P(\overline{CD}) = P(F) \cdot P(\overline{CD}) + P(\overline{F}) \cdot P(\overline{CD}) = 0{,}2 \cdot 0{,}15 + 0{,}8 \cdot 0{,}05 = 0{,}03 + 0{,}04 = 0{,}07$$

Die Wahrscheinlichkeit dafür, bei zufälligem Kauf überhaupt einen fehlerhaften CD-Player zu erwischen, beträgt 7%.

Die 2. Pfadregel lautet:
Die Wahrscheinlichkeit eines Ereignisses ist gleich der Summe der zugehörigen Pfadwahrscheinlichkeiten.

Alternativlösung:
Die Lösung dieser Teilaufgabe kann auch allein mit Hilfe des Satzes von der totalen Wahrscheinlichkeit erfolgen:
Sind A und B beliebige Ereignisse mit $P(A) \neq 0$ und $P(\overline{B}) \neq 0$, so gilt

$$P(A) = P(B) \cdot P_B(A) + P(\overline{B}) \cdot P_{\overline{B}}(A).$$

c) **K**

Nach dem Satz von Bayes und mit den Bezeichnungen des Baumdiagramms erhält man für die gesuchte Wahrscheinlichkeit den Ansatz:

Der Satz von Bayes lautet:
Sind A und B Ereignisse mit $P(A) \neq 0$ und $P(B) \neq 0$, so gilt

$$P_{\overline{CD}}(F) = \frac{P(F) \cdot P_F(\overline{CD})}{P(\overline{CD})}$$

mit

$$P(\overline{CD}) = P(F) \cdot P_F(\overline{CD}) + P(\overline{F}) \cdot P_{\overline{F}}(\overline{CD})$$

Setzt man die entsprechenden Werte ein, so folgt:

$$\begin{aligned} P(\overline{CD}) &= \frac{0{,}2 \cdot 0{,}15}{0{,}2 \cdot 0{,}15 + 0{,}8 \cdot 0{,}05} \\ &= \frac{0{,}03}{0{,}03 + 0{,}04} \\ &= \frac{0{,}03}{0{,}07} \\ &\approx 0{,}4286 \end{aligned}$$

Die Wahrscheinlichkeit dafür, dass ein fehlerhafter CD-Player an einem Freitag produziert wurde, beträgt ca. 42,86%.

Alternativlösung:
Unter Berücksichtigung der Bezeichnungen des Baumdiagramms kann folgende Vierfeldertafel konstruiert werden:

	$B : \overline{CD}$	$\overline{B} : CD$	
$A : F$	$P(F \cap \overline{CD})$ $= 0{,}2 \cdot 0{,}15$ $= 0{,}03$	$P(F \cap CD)$ $= 0{,}2 \cdot 0{,}85$ $= 0{,}17$	$P(F)$ $= 0{,}2$
$\overline{A} : \overline{F}$	$P(\overline{F} \cap \overline{CD})$ $= 0{,}8 \cdot 0{,}05$ $= 0{,}04$	$P(\overline{F} \cap CD)$ $= 0{,}8 \cdot 0{,}95$ $= 0{,}76$	$P(\overline{F})$ $= 0{,}8$

Unter Beachtung des Satzes von Bayes

$$P_{\overline{CD}}(F) = \frac{P(F \cap \overline{CD})}{P(\overline{CD})} = \frac{0{,}03}{0{,}07} \approx 0{,}4286$$

folgt für die Wahrscheinlichkeit für einen freitags produzierten CD-Player unter der Bedingung, dass er defekt ist, ein Wert von ca. 42,86%.

$$\begin{aligned} P_B(A) &= \frac{P(A) \cdot P_A(B)}{P(B)} \\ &= \frac{P(A) \cdot P_A(B)}{P(A) \cdot P_A(B) + P(\overline{A}) \cdot P_{\overline{A}}(B)} \\ &= \frac{P(A \cap B)}{P(B)} \end{aligned}$$

Alternativlösung:
Dieser Aufgabenteil lässt sich auch mit Hilfe einer Vierfeldertafel lösen. Allgemein gilt:

	B	$\overline{B}$	
A	$P(A \cap B)$	$P(A \cap \overline{B})$	$P(A)$
$\overline{A}$	$P(\overline{A} \cap B)$	$P(\overline{A} \cap \overline{B})$	$P(\overline{A})$
	$P(B)$	$P(\overline{B})$	1

Der Satz von Bayes lautet in diesem Zusammenhang:

$$P_B(A) = \frac{P(A \cap B)}{P(B)}.$$

Ein defekter CD-Player kann montags bis donnerstags produziert worden sein – dies führt zu

$$P(\overline{F} \cap \overline{CD}) = 0{,}8 \cdot 0{,}05$$
$$= 0{,}04.$$

Dieser Anteil soll konstant bleiben.
Wenn der CD-Player freitags produziert wurde, muss gelten

$$P(F \cap \overline{CD}) = P(F) \cdot P_F(\overline{CD})$$

mit $P_F(\overline{CD})$ als zu bestimmender Wahrscheinlichkeit.
Wegen der Bedingung

$$P(\overline{CD}) = P(\overline{F} \cap \overline{CD}) + P(F \cap \overline{CD})$$
$$\leq 0{,}06$$

folgt mit x als unbekannter Wahrscheinlichkeit

$$0{,}04 + 0{,}2 \cdot x \leq 0{,}06$$
$$0{,}2 \cdot x \leq 0{,}02$$
$$x \leq 0{,}1.$$

Die Wahrscheinlichkeit müsste also von 15% auf 10% gesenkt werden.

Für unvereinbare Ereignisse A und B gilt

$$P(A \cap B) = P(A) \cdot P(B)\,.$$

Allgemein folgt aus der Bedingung

$$P(\overline{CD}) \leq 0{,}06$$

der Ansatz

$$P(\overline{CD}) = P(\overline{F} \cap \overline{CD}) + P(F \cap \overline{CD})$$
$$\leq 0{,}06.$$

Die Ursache der Übertragung der Krankheit Grambo sei schwer bestimmbar. Bekannt sei jedoch, dass es in der Bevölkerung Personen gibt, deren Neigung zur Erkrankung an Grambo mit einer Wahrscheinlichkeit von 20% angegeben werden kann – Personen dieser Art werden in Fachkreisen als Risiko-Träger bezeichnet.

a) In einer großen Firma gibt es 10 Personen, die als Risiko-Träger gelten. Berechnen Sie die Wahrscheinlichkeit dafür, dass bei

(i) allen 10,

(ii) einer,

(iii) mehr als 3 und weniger als 6 Personen

Grambo ausbricht.

b) Ein Pharmakonzern hat einen Test entwickelt, mit dessen Hilfe festgestellt werden kann, ob eine Person Risiko-Träger ist. Der Konzern versichert, dass 95% der Risiko-Träger tatsächlich erkannt werden, er schränkt allerdings ein, dass Personen, die keine Risiko-Träger sind, mit einer Wahrscheinlichkeit von 2% fälschlicherweise für Risiko-Träger gehalten werden.

Aus einer Personengruppe, von der bekannt ist, dass der Anteil an Risiko-Trägern 0,5% beträgt, wird eine Person positiv getestet (positiv heißt in diesem Fall, die Person wird als Risiko-Träger erkannt). Berechnen Sie die Wahrscheinlichkeit dafür, dass diese Person tatsächlich Risiko-Träger ist.

c) Der Pharmakonzern hat ein Medikament entwickelt, das die Wahrscheinlichkeit für den Ausbruch von Grambo verringern soll. Um die Wirksamkeit des Medikaments zu testen, werden 600 Personen untersucht. Die Zufallsgröße X gebe die Anzahl der erkrankten Personen an.

Angenommen, bei 100 Personen bricht Grambo aus. Wie wird bei einem 5%-Signifikanzniveau entschieden?

Angenommen, bei 110 Personen bricht Grambo aus. Wie wird dann entschieden und welcher Fehler kann dabei entstehen?

a)

K

Es handelt sich um ein Bernoulli-Experiment, da die Trefferwahrscheinlichkeit bei jedem Zufalls-Experiment gleich bleibt und nur zwischen Treffer und Nicht-Treffer unterschieden wird. Die Zufallsgröße X sei in diesem Fall die Trefferzahl, d. h. die Anzahl der Personen, bei der Grambo ausbricht.

Zu *i*:

Kenngrößen der Bernoulli-Kette:
Kettenlänge: $n = 10$
Trefferwahrscheinlichkeit: $p = 0{,}2$
Anzahl der Treffer: $k = 10$
Mit diesen Angaben folgt:

Für eine Bernoulli-Kette der Länge n mit der Trefferwahrscheinlichkeit p wird die Wahrscheinlichkeit für genau k Treffer wie folgt berechnet:

$$P(X=10) = B(10; 0{,}2; 10) = \binom{10}{10} 0{,}2^{10}\, 0{,}8^{0} \approx 1{,}024 \cdot 10^{-7}$$

Die Wahrscheinlichkeit beträgt ca. $1{,}024 \cdot 10^{-5}\%$.

$$P(X=k) = B(n; p; k) = \binom{n}{k} p^{k}\, (1-p)^{n-k}$$

Es gilt

$$\binom{n}{n} = \frac{n!}{n!(n-n)!} = 1 \text{ mit } 0! = 1$$

Zu *ii*:

Kenngrößen der Bernoulli-Kette:
Kettenlänge: $n = 10$
Trefferwahrscheinlichkeit: $p = 0{,}2$
Anzahl der Treffer: $k = 1$
Mit diesen Angaben folgt:

$$P(X=10) = B(10; 0{,}2; 1) = \binom{10}{1} 0{,}2^{1}\, 0{,}8^{9} = 10 \cdot 0{,}2 \cdot 0{,}8^{9} \approx 0{,}2684$$

Die Wahrscheinlichkeit beträgt ca. 26,84%.

Es gilt

$$\binom{n}{1} = \frac{n!}{1!(n-1)!} = \frac{n(n-1)!}{1!(n-1)!} = n\,.$$

Zu *iii*:

Kenngrößen der Bernoulli-Kette:
Kettenlänge: $n = 10$
Trefferwahrscheinlichkeit: $p = 0{,}2$
Anzahl der Treffer: $3 < k < 6$

Für die kumulierte Binomial-Verteilung gilt

$$F(n; p; k) = B(n; p; 0) + \ldots B(n; p; k)$$

und weiter mit T als Trefferzahl und $\overline{T}$ als Nicht-Trefferzahl

$$\begin{aligned} F(n; p; k) &= P(T \le k) \\ &= 1 - P(T \ge k+1) \\ &= 1 - P(\overline{T} \le n - (k+1)) \\ &= 1 - F(n; 1-p; n-k-1). \end{aligned}$$

Mit diesen Angaben folgt:

$$\begin{aligned} P(3 < X < 6) &= P(X \le 5) - P(X \le 3) \\ &= F(10; 0{,}2; 5) - F(10; 0{,}2; 3) \\ &\approx 0{,}1145 \end{aligned}$$

Die Wahrscheinlichkeit beträgt ca. 11,45%.

Aus der Tabelle der kumulierten Binomial-Verteilung liest man ab:

$$F(10; 0{,}2; 5) = 0{,}9936$$

und

$$F(10; 0{,}2; 3) = 0{,}8791.$$

b)

Aus den Angaben der Aufgabenstellung kann folgendes Baumdiagramm konstruiert werden:

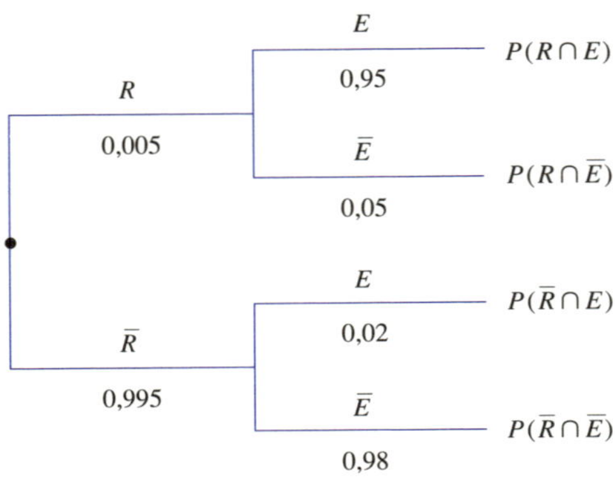

K

Festlegungen der Bezeichnungen:
Risiko-Träger: R
Kein Risiko-Träger: $\overline{R}$
Person erkannt: E
Person nicht erkannt: $\overline{E}$

Aus dem Baumdiagramm folgt für die bedingte Wahrscheinlichkeit, dass eine als Risiko-Träger erkannte Person auch tatsächlich Risiko-Träger ist:

$$\begin{aligned}P_E(R) &= \frac{P(R\cap E)}{P(E)}\\ &= \frac{P(R)\cdot P_R(E)}{P(R)\cdot P_R(E)+P(\overline{R})\cdot P_{\overline{R}}(E)}\\ &= \frac{0{,}005\cdot 0{,}95}{0{,}005\cdot 0{,}95+0{,}995\cdot 0{,}02}\\ &= \frac{0{,}00475}{0{,}02465}\\ &\approx 0{,}1927\end{aligned}$$

Die Wahrscheinlichkeit beträgt ca. 19,27%.

Der Satz von Bayes lautet:
Sind A und B Ereignisse mit $P(A)\neq 0$ und $P(B)\neq 0$, so gilt:

$$\begin{aligned}P_B(A) &= \frac{P(A\cap B)}{P(B)}\\ &= \frac{P(A)\cdot P_A(B)}{P(B)}\\ &= \frac{P(A)\cdot P_A(B)}{P(A)\cdot P_A(B)+P(\overline{A})\cdot P_{\overline{A}}(B)}\end{aligned}$$

Alternativlösung: Diese Aufgabe lässt sich auch mit Hilfe einer Vierfeldertafel lösen:

	$B : E$	$\overline{B} : \overline{E}$	
$A : R$	$P(R\cap E)$ $=0{,}005\cdot 0{,}95$ $=0{,}00475$	$P(R\cap \overline{E})$ $=0{,}005\cdot 0{,}05$ $=0{,}00025$	$P(R)$ $=0{,}2$
$\overline{A} : \overline{R}$	$P(\overline{R}\cap E)$ $=0{,}995\cdot 0{,}02$ $=0{,}0199$	$P(\overline{R}\cap \overline{E})$ $=0{,}995\cdot 0{,}98$ $=0{,}9751$	$P(\overline{R})$ $=0{,}995$
	$P(E)=0{,}02465$	$P(\overline{E})=0{,}97535$	1

Mit $P_E(R) = \dfrac{P(R \cap E)}{P(E)}$ folgt $P_E(R) = \dfrac{0{,}00475}{0{,}02465} \approx 0{,}1927$ und damit wieder als Wahrscheinlichkeit ca. 19,27%.

c) K

Prüfgröße:
X: Anzahl der erkrankten Personen
Stichprobenumfang $n = 600$
Signifikanzniveau $\alpha = 0{,}05$

Ergebnismenge der Prüfgröße
$X \in \{0; 1; \ldots; 600\}$
Mit p wird der Anteil der Personen bezeichnet, bei denen die Krankheit ausbricht.

Festlegung der Hypothesen:
Nullhypothese: H_0: $p = 0{,}2$
(Die Wahrscheinlichkeit, dass die Krankheit ausbricht, beträgt 20%.)
Gegenhypothese: H_1: $p < 0{,}2$
(Die Wahrscheinlichkeit für den Ausbruch der Krankheit verringert sich.)

Es gilt zu testen, ob die Wahrscheinlichkeit, dass die Krankheit trotz Medikamenteneinsatz bei 20% bleibt oder verringert werden kann.

Es liegt ein linksseitiger Signifikanztest vor.

Festlegung der Entscheidungsregel:
$P(X \geq k) \leq 0{,}05$: Entscheidung für H_0
$P(X < k) \leq 0{,}05$: Entscheidung gegen H_0
Wegen $\alpha = 0{,}05$ erfolgt die Bestimmung von k über den Ansatz:

Annahmebereich für H_0:
$X \in \{k; k+1; \ldots; 600\}$
Ablehnungsbereich für H_0:
$X \in \{0; 1; \ldots; k-1\}$

$P(\alpha) \leq 0{,}05$

Dieser Ansatz führt auf

$P(X < k) \leq 0{,}05$.

Der Pharmakonzern möchte den Wert von k wissen, um die Wirksamkeit des neuen Medikamentes zu testen, d. h., ob die registrierten 100 erkrankten Personen im Annahme- oder Ablehnungsbereich von H_0 liegen.

Wegen $\mu = 600 = 120$ und
$\sigma = \sqrt{600 \cdot 0{,}2 \cdot 0{,}8} = \sqrt{96} \approx 9{,}798 > 3$
kann zur Auswertung die Normalverteilung benutzt werden; damit folgt:

Es gelten
$\mu = n \cdot p$ und $\sigma = \sqrt{n \cdot p \cdot (1-p)}$.

Laplace-Bedingung zur Anwendbarkeit der Normalverteilung:
$\sigma = \sqrt{n \cdot p \cdot (1-p)} > 3$

$P(X \leq k-1) \leq 0{,}05$

bzw.

$$\Phi\left(\frac{k-1-\mu}{\sigma}\right) \leq 0{,}05$$

also

$$\Phi\left(\frac{k-1-120}{9{,}798}\right) \leq 0{,}05$$

bzw.

$$\Phi\left(\frac{-k+121}{9{,}798}\right) \leq 0{,}05$$

Unter Berücksichtigung des entsprechenden Tabellenwertes der Normalverteilung folgt:

$$\frac{-k+121}{9{,}798} \leq 1{,}645$$
$$-k+121 \leq 16{,}12$$
$$k \approx 104{,}9$$

Es folgt $k = 105$.
Für $k > 105$ folgt als Ablehnungsbereich von $H_0 : X = \{106; 107; \ldots; 600\}$.
Da der Wert von 100 nicht in diesem Bereich liegt, kann sich der Pharmakonzern auf dem 5%-Signifikanzniveau dafür entscheiden, dass das Medikament hilft.
Im Fall von 110 erkrankten Personen befindet sich diese Zahl im Annahmebereich von H_0. Das bedeutet, dass die Nullhypothese auf dem 5%-Signifikanzniveau beibehalten wird.

In diesem Fall kann ein Fehler 2. Art entstehen: es wird weiterhin davon ausgegangen, dass die Wahrscheinlichkeit bei 20% für den Ausbruch der Krankheit liegt, obwohl das Medikament hilft.

Bei einer normalverteilten Zufallsvariablen X mit dem Erwartungswert μ und der Standardabweichung σ gilt

$$P(X \leq k-1) \approx \Phi\left(\frac{k-1-\mu}{\sigma}\right).$$

Aus der Tabelle der Normalverteilung wird aus $\Phi(c) \leq 0{,}05$ der Wert $c = 1{,}645$ abgelesen.

Ein Fehler 2. Art ist wie folgt erklärt:
Die Nullhypothese wird angenommen, obwohl sie tatsächlich falsch ist.

Eine Urne L enthalte 5 schwarze, 3 weiße und 2 gelbe Kugeln.

a) Der Urne L werden drei Kugeln ohne Zurücklegen entnommen. Berechnen Sie die Wahrscheinlichkeit für die Ereignisse

A: Alle Kugeln haben unterschiedliche Farben

B: Alle Kugeln sind gleichfarbig.

b) Als Zufallsgröße X sei die Anzahl der schwarzen Kugeln unter den entnommenen Kugeln festgelegt. Geben Sie eine Wahrscheinlichkeitsverteilung von X an und berechnen Sie den Erwartungswert von X.

c) Der Urne L werden nun vier Kugeln entnommen, wobei eine entnommene Kugel genau dann wieder zurückgelegt wird, wenn ihre Farbe nicht schwarz ist. Berechnen Sie die Wahrscheinlichkeit dafür, dass genau drei der Kugeln schwarz sind.

In einer Urne R liegen 15 Kugeln von denen k Kugeln rot und der Rest grün sind.

d) Berechnen Sie die Anzahl k der roten Kugeln, damit beim zufälligen Ziehen zweier Kugeln ohne Zurücklegen mit einer Wahrscheinlichkeit von $\frac{2}{15}$ zwei verschiedenfarbige Kugeln gezogen werden.

e) Berechnen Sie die Anzahl k der roten Kugeln, damit beim zufälligen Ziehen zweier Kugeln ohne Zurücklegen mit einer Wahrscheinlichkeit von $\frac{11}{21}$ zwei gleichfarbige Kugeln gezogen werden.

a)

Das Urnenexperiment ist ein Laplace-Experiment, damit folgt für die gesuchte Wahrscheinlichkeit der allgemeine Ansatz:

$$P(E) = \frac{|E|}{|\Omega|}.$$

Für das Urnenexperiment gilt:
Ziehen ohne Zurücklegen und ohne Beachtung der Reihenfolge.
Es werden $k = 3$ Kugeln aus einer Menge von $n = 10$ Kugeln entnommen.

Damit folgt:

$$|\Omega| = \binom{10}{3} = \frac{10!}{3!(10-3)!} = \frac{10!}{3! \cdot 7!} = 120$$

K

Da das Urnenexperiment als Laplace-Experiment angesehen werden kann, gilt mit Ω als Ergebnisraum und E als beliebigem Ereignis für die Wahrscheinlichkeit $P(E)$ dieses Ereignisses:

$$P(E) = \frac{|E|}{|\Omega|}$$

mit

$|E|$: Anzahl der für E günstigen Ereignisse

und

$|\Omega|$: Gesamtzahl aller möglichen Ereignisse.

Eine n-elementige Menge hat genau

$$\binom{n}{k} = \frac{n!}{k!(n-k)!}$$

k-elementige Teilmengen.

Der Wert für $\binom{10}{3} = 120$ kann auch aus der Tabelle der Binomialkoeffizienten (Seite 237) abgelesen werden.

Berechnung von $P(A)$:
Es gibt $\binom{5}{1} = 5$ Möglichkeiten eine schwarze Kugel zu ziehen, $\binom{3}{1} = 3$ Möglichkeiten eine weiße und $\binom{2}{1} = 2$ Möglichkeiten eine gelbe Kugel zu ziehen.
Mit Hilfe der Produktregel für mehrstufige Zufallsexperimente folgt mit

$$|A| = \binom{5}{1} \cdot \binom{3}{1} \cdot \binom{2}{1} = 30$$

$$P(A) = \frac{30}{120} = 0{,}25.$$

Die Wahrscheinlichkeit dafür, dass alle drei Kugeln unterschiedliche Farben besitzen, beträgt 25%.
Berechnung von $P(B)$:
Die Anzahl der für das Eintreten von B günstigen Möglichkeiten folgt aus der Überlegung, dass alle drei Kugeln schwarz sind – dafür gibt es $\binom{5}{3} = 10$ Möglichkeiten oder dass sie weiß sind – dafür gibt es $\binom{3}{3} = 1$ Möglichkeit. Insgesamt folgt mit

$$|B| = \binom{5}{3} + \binom{3}{3} = 11$$

und $|\Omega| = 120$

$$P(B) = \frac{11}{120} \approx 0{,}0917.$$

Die Wahrscheinlichkeit dafür, dass alle drei Kugeln die gleiche Farbe besitzen, beträgt ca. 9,17%.

Die Produktregel für Zufallsexperimente mit k Stufen lautet: Das Zufallsexperiment hat insgesamt

$$n_1 \cdot n_2 \cdot \ldots \cdot n_k$$

mögliche Ergebnisse, wenn n_1 die mögliche Anzahl in der ersten, n_2 die in der zweiten und n_k die in der k-ten Stufe sind.

Die Wahrscheinlichkeit für zwei unvereinbare (d. h. einander ausschließende Ereignisse) A und B ist gleich der Summe der Wahrscheinlichkeiten für A und B:

$$P(A \cup B) = P(A) + P(B).$$

Es gilt

$$\binom{n}{k} = \frac{n!}{k!(n-k)!}.$$

Die Werte für $\binom{5}{3} = 10$ und $\binom{3}{3} = 1$ können auch aus der Tabelle der Binomialkoeffizienten abgelesen werden.

b)

X sei die Anzahl der schwarzen Kugeln in der Ziehung.
Beim Ziehen ohne Zurücklegen berechnet man die Wahrscheinlichkeit $P(X = x_i)$ nach dem entsprechenden Urnenmodell mit $N = 10$, $M = 5$ und $n = 3$ zu

K

Ordnet man jedem möglichen Wert x_i, den eine Zufallsgröße X annehmen kann, die Wahrscheinlichkeit $P(X = x_i)$ zu, mit der sie diesen Wert annimmt, so erhält man die Wahrscheinlichkeitsverteilung von X.

$$P(X=x_i)=\frac{\binom{5}{x_i}\cdot\binom{10-5}{3-x_i}}{\binom{10}{3}}$$

für $x_i = 0; 1; 2; 3.$

Damit folgt als Wahrscheinlichkeitsverteilung für X:

x_i	0	1	2	3
$P(X=x_i)$	$\frac{10}{120}$	$\frac{50}{120}$	$\frac{50}{120}$	$\frac{10}{120}$

Berechnung des Erwartungswertes von X:

$$E(X)=0\cdot\frac{10}{120}+1\cdot\frac{50}{120}+2\cdot\frac{50}{120}+3\cdot\frac{10}{120}$$
$$=\frac{180}{120}$$
$$=1{,}5$$

Auf lange Sicht befinden sich in der Ziehung aus drei Kugeln durchschnittlich 1,5 schwarze Kugeln.

In einer Urne befinden sich N Kugeln, von denen M schwarz sowie $N-M$ andersfarbig sind. Beschreibt nun die Zufallsgröße X die Anzahl der schwarzen unter den n gezogenen Kugeln, so gilt

$$P(X=x_i)=\frac{\binom{M}{x_i}\cdot\binom{N-M}{n-x_i}}{\binom{N}{n}}$$

für $x_i = 0; 1; \ldots; n$ und $M \leq N$ sowie $n \leq N$.

Es sei X eine Zufallsgröße mit der Wertemenge $x_1; \ldots; x_n$, dann wird mit

$$\mu = E(X) = \sum_{i=1}^{n} x_i \cdot P(X=x_i)$$

der Erwartungswert der Zufallsgröße gebildet.

c)

Es handelt sich um einen vierstufigen Zufallsversuch mit der Ergebnismenge:
$A = \{\bar{s}sss; s\bar{s}ss; ss\bar{s}s; sss\bar{s};\}$
wobei s für eine schwarze und $\bar{s}$ für eine nicht schwarze Kugel steht.
Das in der Aufgabenstellung definierte Ereignis besteht aus den Ergebnissen $\bar{s}sss$; $s\bar{s}ss$; $ss\bar{s}s$ und $sss\bar{s}$, daher gilt

$$P(E) = P(\bar{s}sss) + P(s\bar{s}ss) + P(ss\bar{s}s) + P(sss\bar{s}).$$

Im Einzelnen gilt:

$$P(\bar{s}sss) = \frac{5}{10}\cdot\frac{5}{10}\cdot\frac{4}{9}\cdot\frac{3}{8} = \frac{1}{24}$$

K

Ist ein Zufallsexperiment mit dem Ergebnisraum Ω und der Wahrscheinlichkeitsverteilung P sowie dem Ereignis

$$E = \{e_1; e_2; \ldots; e_n\}$$

gegeben, so gilt für die entsprechende Wahrscheinlichkeit

$$P(E) = P(e_1) + P(e_2) + \ldots P(e_n).$$

$$P(s\bar{s}ss) = \frac{5}{10} \cdot \frac{5}{9} \cdot \frac{4}{9} \cdot \frac{3}{8} = \frac{5}{108}$$

$$P(ss\bar{s}s) = \frac{5}{10} \cdot \frac{4}{9} \cdot \frac{5}{8} \cdot \frac{3}{8} = \frac{5}{96}$$

$$P(sss\bar{s}) = \frac{5}{10} \cdot \frac{4}{9} \cdot \frac{3}{8} \cdot \frac{5}{7} = \frac{5}{84}$$

Damit folgt

$$P(E) = \frac{1}{24} + \frac{5}{108} + \frac{5}{96} + \frac{5}{84} = \frac{1207}{6048} \approx 0{,}1996$$

Die gesuchte Wahrscheinlichkeit beträgt ca. 19,96%.

Es ist zu beachten, dass die gezogenen Kugel jeweils wieder zurückgelegt wird, wenn ihre Farbe nicht schwarz ist.

d)

Festlegung:
E: „2 verschiedenfarbige Kugeln“
Mit k als Anzahl der gesuchten Kugeln folgt der Ansatz für die Wahrscheinlichkeit zu

$$P(E) = \frac{k}{15} \cdot \frac{15-k}{14} + \frac{15-k}{15} \cdot \frac{k}{14} = \frac{2}{15}$$

Durch Zusammenfassen folgt

$$\frac{15k - k^2}{105} = \frac{2}{15}$$

und weiter

$$k^2 - 15k + 14 = 0.$$

Die Lösungen der quadratischen Gleichung lauten $k_1 = 14$; $k_2 = 1$.

Damit mit einer Wahrscheinlichkeit von $\frac{2}{15}$ unter den o. a. Bedingungen zwei verschiedenfarbige Kugeln gezogen werden, sollte die Anzahl der roten Kugeln entweder 14 oder 1 betragen.

K

Zur Lösung dieser Aufgabe kann ein reduziertes Baumdiagramm konstruiert werden:

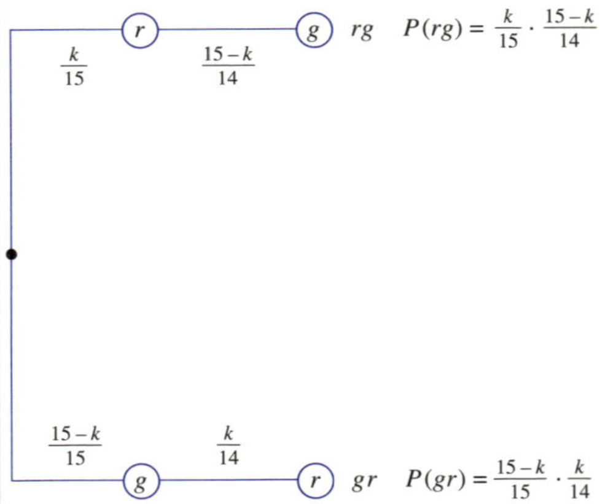

Die Pfadregeln liefern das gewünschte Resultat.
Die Lösungsformel für eine quadratische Gleichung der Normalform $x^2 + px + q = 0$ lautet

$$x_{1,2} = -\frac{p}{2} \pm \sqrt{\left(\frac{p}{2}\right)^2 - q}.$$

e)

Festlegung:
E: „2 gleichfarbige Kugeln"
Mit k als Anzahl der gesuchten Kugeln folgt der Ansatz für die Wahrscheinlichkeit zu

$$P(E) = \frac{k}{15} \cdot \frac{k-1}{14} + \frac{15-k}{15} \cdot \frac{14-k}{14} = \frac{11}{21}$$

Durch Zusammenfassen folgt

$$\frac{k^2 - 15k + 105}{105} = \frac{11}{21}$$

und weiter

$$k^2 - 15k + 50 = 0.$$

Die Lösungen der quadratischen Gleichung lauten $k_1 = 10$; $k_2 = 5$.

Damit mit einer Wahrscheinlichkeit von $\frac{11}{21}$ unter den o.a. Bedingungen zwei gleichfarbige Kugeln gezogen werden, sollte die Anzahl der roten Kugeln entweder 10 oder 5 betragen.

K

Zur Lösung dieser Aufgabe kann ein reduziertes Baumdiagramm konstruiert werden:

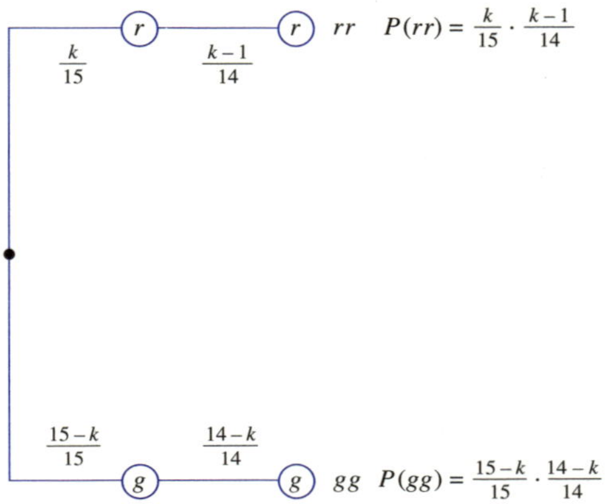

Die Pfadregeln liefern das gewünschte Resultat.
Die Lösungsformel für eine quadratische Gleichung der Normalform $x^2 + px + q = 0$ lautet

$$x_{1,2} = -\frac{p}{2} \pm \sqrt{\left(\frac{p}{2}\right)^2 - q}.$$

Der Führerschein mit 17 rückt langsam näher. Zur Beurteilung von jungen Fahrschülern hat eine Expertenkommission für die Überprüfung der theoretischen und praktischen Kenntnisse zwei Tests derart konstruiert, dass diese als gleichwertig zu betrachten sind. Diese Tests wurden an einer großen Gruppe von 500 Jugendlichen durchgeführt und ergaben folgende Tabellenwerte:

	A: theoretische Prüfung bestanden	$\overline{A}$: theoretische Prüfung nicht bestanden	
B: praktische Prüfung bestanden	96	140	236
$\overline{B}$: praktische Prüfung nicht bestanden	176	88	264
	272	228	500

a) Vergleichen Sie die relativen Häufigkeiten der Ereignisse A und B. Zeigen Sie, dass A und B voneinander abhängige Ereignisse sind.

b) Das Ereignis C sei wie folgt definiert:
C: „theoretische und praktische Prüfung nicht bestanden"
Die Zufallsgröße X beschreibe die Anzahl der Testpersonen, für die das Ereignis C zutrifft. Bestimmen Sie die Wahrscheinlichkeit dafür, dass die Anzahl der Testpersonen, für die das Ereignis C zutrifft, höchstens 100 beträgt.
Nähern Sie die binomialverteilte Zufallsgröße X durch eine Normalverteilung mit $n = 500$ und $p = 0{,}18$ an. Zeigen Sie zuerst, dass diese Näherung zulässig ist.

c) Ein zweites Expertenteam behauptet, die Ereignisse $\overline{A}$ und $\overline{B}$ können durch den Einsatz eines Fahrsimulators mit jeweils $p_0 = 0{,}4$ eintreten. Ein Mitglied dieses Teams ist besonders optimistisch und vermutet, dass $\overline{A}$ und $\overline{B}$ sogar mit nur $p_1 = 0{,}3$ eintreten.
Um eine erste Entscheidung zu fällen, will man 15 Personen einen Schnelltest durchlaufen lassen. Wenn weniger als 4 Personen beide Prüfungen nicht bestehen, soll p_0 abgelehnt und die Entscheidung zugunsten des Optimisten, also p_1, fallen.
Bestimmen Sie die Fehler 1. und 2. Art für dieses Vorgehen.

d) Prüfen Sie unter Zugrundelegung der Beziehung

$$h_n > p + c_\alpha \cdot \sqrt{\frac{p(1-p)}{m}}, \ \Phi(c_\alpha) = 1 - \alpha, p = 0{,}4,$$

ob die relativen Häufigkeiten für die Ereignisse A und B (s. Tabelle Seite 236) bei einer Testreihe mit $m = 300$ Personen auf einem 5%-Signifikanzniveau bestätigt werden können.

a) **K**

Mit $n = 500$ und $k = 272$ für das Ereignis A bzw. $k = 236$ für das Ereignis B folgen als relative Häufigkeiten

$$h_{500}(A) = \frac{272}{500} = 0{,}544$$

Wird ein Zufallsexperiment n-mal wiederholt und tritt dabei das Ereignis E genau k-mal ein, so ist

$$h_n(E) = \frac{k}{n}$$

bzw.

$$h_{500}(B) = \frac{236}{500} = 0{,}472.$$

Damit folgt $h_{500}(A) > h_{500}(B)$, d. h., das Bestehen der theoretischen Prüfung ist wahrscheinlicher als das Bestehen der praktischen Prüfung.

die relative Häufigkeit des Ereignisses E.

Um die Abhängigkeit der Ereignisse A und B zu untersuchen, ist zu prüfen, ob folgende Beziehung gilt:

$$P(A \cap B) \neq P(A) \cdot P(B).$$

Aus den Daten der Tabelle folgt

$$P(A \cap B) = \frac{96}{500} = 0{,}192$$

und weiter

$$P(A) \cdot P(B) = \frac{272}{500} \cdot \frac{236}{500} \approx 0{,}2568.$$

Wegen $P(A \cap B) \neq P(A) \cdot P(B)$ folgt, dass die Ereignisse A und B voneinander abhängen.

Die Ereignisse A und B heißen abhängig voneinander, wenn gilt

$$P(A \cap B) \neq P(A) \cdot P(B)$$

für die Unabhängigkeit gilt

$$P(A \cap B) = P(A) \cdot P(B).$$

b)

Um die Zuverlässigkeit der Näherung durch die Normalverteilung zu prüfen, ist die Laplace-Bedingung $\sigma = \sqrt{n \cdot p(1-p)} > 3$ zu untersuchen. Mit $n = 500$ und $p = 0{,}18$ folgt:

$$\begin{aligned} \sigma &= \sqrt{500 \cdot 0{,}18 \cdot 0{,}82} \\ &= \sqrt{73{,}8} \\ &\approx 8{,}59 > 3 \end{aligned}$$

Da die Laplace-Bedingung erfüllt ist, ist die Näherung zulässig.
Mit den Angaben der Aufgabenstellung folgt

$$P(X \leq 100) \approx \Phi\left(\frac{100 - 500 \cdot 0{,}18}{8{,}59}\right)$$

und weiter

K

Soll für eine binomialverteilte Zufallsgröße X mit den Parametern n und p die kumulierte Wahrscheinlichkeit

$$P(X \leq k) = F(n; p; k)$$

näherungsweise durch die Normalverteilung berechnet werden, so ist zu prüfen, ob die Laplace-Bedingung

$$\sigma = \sqrt{n \cdot p(1-p)} > 3$$

erfüllt ist.

Wenn die Laplace-Bedingung erfüllt ist, folgt mit $c = \frac{k - np}{\sigma}$

$P(X \leq k) = F(n; p; k) \approx \Phi(c)$.

Aus der Tabelle der Normalverteilung liest man ab:

$\Phi(2{,}33) = 0{,}9901$

$$P(X \leq 100) \approx \Phi(2{,}33) = 0{,}9901.$$

Die Wahrscheinlichkeit dafür, dass höchstens 100 Personen die theoretische und praktische Prüfung nicht bestehen, beträgt also ca. 99%.

c)

K

Festlegung der Prüfgröße:
X: Anzahl der Personen, die beide Prüfungen nicht bestanden haben

Grundgesamtheit: Menge der untersuchten Personen ($n = 500$)
Ergebnismenge der Prüfgröße:
$X = \{0; 1; \ldots; 15\}$

Annahme: Die Prüfgröße ist binomialverteilt.

Die Prüfgröße kann als binomialverteilt angesehen werden, da in diesem Fall eine Person entweder beide Prüfungen bestanden oder wenigstens eine Prüfung nicht bestanden hat und der Stichprobenumfang klein im Verhältnis zur Grundgesamtheit ist.

Festlegung der Hypothesen (Kurzform):
H_0: $p_0 = 0{,}4$
H_1: $p_1 = 0{,}3$

Mit p wird jeweils der Anteil der Personen beschrieben, die beide Prüfungen nicht bestanden haben.

Festlegung der Entscheidungsregel:

$X \geq 4$: Entscheidung für $H_0 (p_0 = 0{,}4)$
$X < 4$: Entscheidung für $H_1 (p_0 = 0{,}3)$

Annahmebereich für H_0:

$X \in \{4; 5; \ldots; 15\}$

Ablehnungsbereich für H_0:

$X \in \{0; 1; 2; 3\}$

Ein Fehler 1. Art besteht darin, dass H_0 zu unrecht abgelehnt wird.
Berechnung des Fehlers 1. Art:

$$P(X < 4) = F(15; 0{,}4; 3) \approx 0{,}0905$$

Wird H_0 zu Unrecht abgelehnt wird, gilt $p_0 = 0{,}4$ und $X < 4$.
Aus der Tabelle der kumulierten Binomialverteilung liest man ab:

$F(15; 0{,}4; 3) = 0{,}0905$

Es wird mit ca. 9,1% eine falsche Entscheidung getroffen. Dies bedeutet gleichzeitig,

dass mit ca. 90,9% eine richtige Entscheidung getroffen wird.
Ein Fehler 2. Art besteht darin, dass H_0 zu Unrecht angenommen wird.
Berechnung des Fehlers 2. Art:

$$\begin{aligned} P(X \geq 4) &= 1 - P(X < 3) \\ &= 1 - F(15; 0{,}3; 3) \\ &\approx 1 - 0{,}2969 \\ &= 0{,}7031 \end{aligned}$$

Es wird einer Wahrscheinlichkeit von ca. 70,3% eine falsche Entscheidung bzw. mit ca. 29,7% eine richtige Entscheidung getroffen.

Wird H_0 zu Unrecht angenommen, gilt $p_0 = 0{,}3$ und $X \geq 4$.
Aus der Tabelle der kumulierten Binomialverteilung liest man ab:

$F(15; 0{,}3; 3) = 0{,}2969$

d)

K

Festlegung der Hypothesen:
H_0: $p_0 \leq 0{,}4$
(Wahrscheinlichkeit des Eintretens von A und B beträgt höchstens 40%)
H_1: $p_1 > 0{,}4$
(Wahrscheinlichkeit des Eintretens von A und B ist größer als 40%)
Es liegt ein rechtsseitiger Signifikanz-Test vor.
Festlegung der Entscheidungsregel unter Zuhilfenahme der gegebenen Beziehung:
Gilt jeweils

$$h_n > p + c_\alpha \cdot \sqrt{\frac{p(1-p)}{m}},$$

dann wird H_0 abgelehnt und zugunsten von H_1 entschieden.
Mit den Werten
$n = 500$, $m = 300$, $c_\alpha = 1{,}645$ und $p = 0{,}4$
erhält man:

$$\begin{aligned} p + c_\alpha \cdot \sqrt{\frac{p(1-p)}{m}} &= 0{,}4 + 1{,}645 \cdot \sqrt{\frac{0{,}4 \cdot 0{,}6}{300}} \\ &\approx 0{,}4465 \end{aligned}$$

Dieser Wert wird mit der relativen Häufigkeit aus der Tabelle der Aufgabenstellung verglichen:

Es wird vermutet, dass die Wahrscheinlichkeit für das Eintreten von A und B größer als 40% ist; die Vermutung wird bestätigt, wenn H_0 abgelehnt werden kann.
Veranschaulichung:

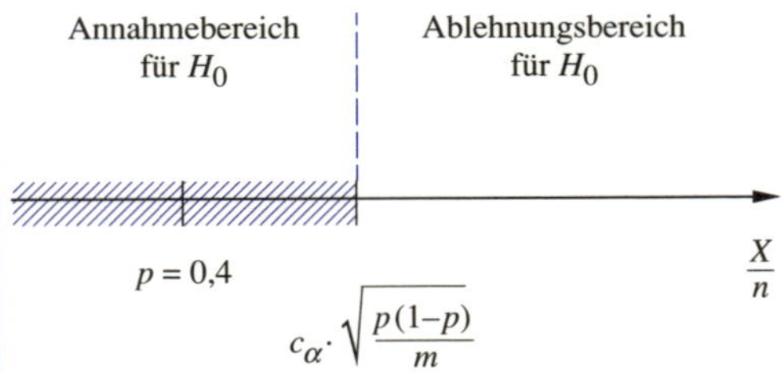

Es gilt $\Phi(c_\alpha) = 1 - \alpha$ bzw. $\Phi(c_\alpha) = 0{,}95$.
Aus der Tabelle der Normalverteilung liest man ab:

$c_\alpha = 1{,}645$

A: $\frac{272}{500} = 0{,}544 > 0{,}4465$

und

B: $\frac{236}{500} = 0{,}472 > 0{,}4465$

Die o. a. Beziehung ist für beide relative Häufigkeiten der Ereignisse A **und** B erfüllt.

Damit kann H_0 abgelehnt werden; bei einer Wiederholung der Testreihe können die relativen Häufigkeiten auf einem 5%-Signifikanz-Niveau bestätigt werden.

Die Fluggesellschaft Blue Sky meldet:
Blue Sky hat durch umfangreiche Untersuchungen festgestellt, dass im abgelaufenen Jahr von 842 969 Passagieren 107 900 ihren Flug nicht angetreten haben. Das bedeutet umgerechnet auf den Airbus 340 eine Anzahl von 415 ausgebuchten Maschinen.
Blue Sky möchte eine möglichst hohe Auslastung ihrer Flüge erreichen und riskiert aus diesem Grund je nach Häufigkeit der Flüge Überbuchungen von 5% bis zu 20%.
Besitzen infolge dieser Überbuchungen für einen Flug mehr Fluggäste eine bestätigte Buchung, so werden diese abgewiesen und umgebucht. Abgewiesene Fluggäste haben Anspruch auf Entschädigung in der folgenden Tabelle in angegebener Höhe:

Startverschiebung	Entschädigung in €
bis 12 Stunden	150
bis 24 Stunden	225
mehr als 24 Stunden	300

a) Geben Sie die Prozentzahl der Überbuchungen an. Welcher Anzahl von Fluggästen entspricht ca. diese Rate für einen ausgebuchten Airbus $A340$?

b) Von einer bestimmten Verbindung ist bekannt, dass durchschnittlich ca. 15% aller Buchungen abgesagt werden.
Wie groß ist jeweils die Wahrscheinlichkeit, dass

- von den letzten 20 Buchungen keine (höchstens 2; mehr als 2 aber weniger als 5)
- von den letzten 100 Buchungen mehr als 10 aber weniger als 21

abgesagt werden?

c) Ein sehr oft Reisender spekuliert auf Überbuchungen und damit auf die ihm zustehenden Entschädigungen. Seine Startverschiebungen beträgt in
5 % aller Fälle bis zu 12 Stunden,
3 % aller Fälle bis zu 24 Stunden,
1 % aller Fälle mehr als 24 Stunden.

- Mit welcher Entschädigung hat der Spekulant auf lange Sicht zu rechnen?
- Der Spekulant will gegen die Entschädigung seinen Verdienstausfall aufrechnen. Berechnen Sie den Stundenlohn, wenn in 5% aller Fälle 5 Arbeitsstunden, in 3% 9 und in 1% 3 Stunden ausfallen?

d) Blue Sky möchte den Anteil der Passagiere die ihre Flüge absagen, durch ein Marketing-Konzept auf maximal 9% senken. Um die Chancen des Konzepts zu testen, wird nach Einführung des Konzepts das Verhalten der ersten 5 000 Passagiere beobachtet. Es stellt sich heraus, dass 490 Stornierungen erfolgen.
Bestimmen Sie den Ablehnungsbereich für das Konzept bei einer Irrtumswahrscheinlichkeit von 4%. Interpretieren Sie das Ergebnis. Welche Aussage lässt sich bei einer Irrtumswahrscheinlichkeit von 1% treffen?

e) Angenommen, von den 260 gebuchten Plätzen eines Airbus *A*340 werden durchschnittlich 33 Plätze nicht in Anspruch genommen. Berechnen Sie für die Anzahl der Überbuchungen um 25 bzw. 30 Plätze die Wahrscheinlichkeit dafür, dass alle Passagiere mitfliegen können.

f) Berechnen Sie die Anzahl der Überbuchungen für den Airbus *A*340 aus (e), wenn die Wahrscheinlichkeit, dass nicht alle Passagiere mitfliegen können, höchstens 5% betragen soll.

a) | **K**

107 900 von 842 969 Passagiere stornierten ihren Flug, das entspricht ca. 12,8%.

Mit den Angaben aus dem Artikel von Blue Sky folgt

$$\frac{107\,900}{842\,969} \approx 0{,}128 = 12{,}8\%.$$

Wenn 107 900 Passagiere 415 Maschinen vom Typ *A*340 füllen, so folgt die Sitzplatzanzahl zu $\frac{107\,900}{415} = 260.$

451 Flugzeuge vom Typ *A*340 können von 107 900 Passagieren gefüllt werden. Daraus errechnet sich die Anzahl der Sitzplätze zu $\frac{107\,900}{415} = 260.$

Damit folgt:

$260 \cdot 0{,}128 = 33{,}28 \approx 33$

Etwa 33 Plätze bleiben im *A*340 frei.

Wenn im Durchschnitt 12,8% der Plätze eines Airbus *A*340 frei bleiben, so entspricht dies einer Anzahl von ca. 33 Plätzen.

b)

Mit $n = 20$ und $p = 0{,}15$ erhält man

$\mu = 20 \cdot 0{,}15 = 3$

und

$\sigma = \sqrt{20 \cdot 0{,}15 \cdot 0{,}85} = \sqrt{2{,}55} \approx 1{,}59.$

Festlegung der Zufallsgröße
X: Anzahl der Absagen

Fall: keine Absage

Mit $X = 0$ folgt:

$$\begin{aligned} P(X=0) &= B(20;\,0{,}15;\,0) \\ &= \binom{20}{0} \cdot 0{,}15^0 \cdot 0{,}85^{20} \\ &= 1 \cdot 1 \cdot 0{,}85^{20} \\ &\approx 0{,}0388 \end{aligned}$$

Die Wahrscheinlichkeit dafür, dass von den letzten 20 Buchungen keine Absage erfolgt, beträgt ca. 3,9%.

Fall: höchstens 2 Absagen

In diesem Fall ist zu berechnen:

$$\begin{aligned} &P(X \le 2) \\ &= P(X=0) + P(X=1) + P(X=2) \end{aligned}$$

Im Einzelnen folgt ($P(X = 0)$ wurde oben bereits berechnet):

$$\begin{aligned} P(X=1) &= B(20;\,0{,}15;\,1) \\ &= \binom{20}{1} \cdot 0{,}15^1 \cdot 0{,}85^{19} \\ &= 20 \cdot 0{,}15 \cdot 0{,}85^{19} \\ &\approx 0{,}1368 \end{aligned}$$

Analog folgt:

$$\begin{aligned} P(X=2) &= B(20;\,0{,}15;\,2) \\ &\approx 0{,}2293 \end{aligned}$$

K

Die Berechnung des Erwartungswertes folgt aus

$\mu = n \cdot p$

und die der Standardabweichung aus

$\sigma = \sqrt{n \cdot p \cdot (1-p)}.$

Die Tabelle der Binomialverteilung kann in diesem Fall nicht angewendet werden, da Werte für $p = 0{,}15$ nicht tabelliert sind. Man benutzt

$$B(n;\,p;\,k) = \binom{n}{k} \cdot p^k \cdot (1-p)^{n-k}$$

Für die Berechnung von $\binom{n}{k}$ kann die Tabelle der Binomialkoeffizienten benutzt werden.

Es ist zu beachten:

$$\begin{aligned} &P(X \le k) \\ &= P(X=0) + P(X=1) + \ldots P(X=k) \end{aligned}$$

Da Werte für $p = 0{,}15$ nicht tabelliert sind, benutzt man wieder jeweils

$$B(n;\,p;\,k) = \binom{n}{k} \cdot p^k \cdot (1-p)^{n-k}.$$

Für die Berechnung von $\binom{n}{k}$ kann die Tabelle der Binomialkoeffizienten benutzt werden.
Es gilt:

$$\begin{aligned} B(20;\,0{,}15;\,2) &= \binom{20}{2} \cdot 0{,}15^2 \cdot 0{,}85^{18} \\ &= 190 \cdot 0{,}15^2 \cdot 0{,}85^{18} \end{aligned}$$

Damit folgt insgesamt $P(X \leq 2) \approx 0{,}4049$.
Die Wahrscheinlichkeit dafür, dass von den letzten 20 Buchungen höchstens 2 Absagen erfolgen, beträgt ca. 40,49%.

Fall: mehr als 2 aber weniger als 5 Absagen

In diesem Fall ist zu berechnen

$$P(2 < X < 5) = P(X \leq 4) - P(X \leq 2)$$

Damit folgt

$$P(2 < X < 5) = P(X = 3) + P(X = 4).$$

Im Einzelnen folgt unter Berücksichtigung bereits berechneter Ergebnisse:

$$\begin{aligned} P(X = 3) &= B(20; 0{,}15; 3) \\ &= \binom{20}{3} \cdot 0{,}15^3 \cdot 0{,}85^{17} \\ &= 1140 \cdot 0{,}15^3 \cdot 0{,}85^{17} \\ &\approx 0{,}2428 \end{aligned}$$

Analog folgt:

$$\begin{aligned} P(X = 4) &= B(20; 0{,}15; 4) \\ &\approx 0{,}1821 \end{aligned}$$

Damit folgt insgesamt

$$P(2 < X < 5) \approx 0{,}4249.$$

Die Wahrscheinlichkeit dafür, dass von den letzten 20 Buchungen mehr als 2 aber weniger als 5 Absagen erfolgen, beträgt ca. 42,5%.

Für diesen Fall ist zu beachten

$$P(a < X < b) = P(X \leq b - 1) - P(X \leq a)$$

Mit

$$P(X \leq 4) = P(X = 0) + \ldots + P(X = 4)$$

und

$$\begin{aligned} &P(X \leq 2) \\ &= P(X = 0) + P(X = 1) + P(X = 2) \end{aligned}$$

folgt

$$\begin{aligned} &P(X \leq 4) - P(X \leq 2) \\ &= P(X = 3) + P(X = 4) \end{aligned}$$

Man benutzt wieder

$$P(X = k) = B(n; p; k) = \binom{n}{k} \cdot p^k \cdot (1 - p)^{n-k}$$

sowie die Tabelle der Binomialkoeffizienten.

Fall: mehr als 10 aber weniger als 21 Absagen

Mit $n = 100$ und $p = 0{,}15$ erhält man

$$\mu = 100 \cdot 0{,}15 = 15$$

und

$$\sigma = \sqrt{100 \cdot 0{,}15 \cdot 0{,}85} = \sqrt{12{,}75} \approx 3{,}57.$$

Da mit $\sigma > 3$ die Laplace-Bedingung erfüllt ist, kann die Binomialverteilung durch eine Normalverteilung angenähert werden.

Die Berechnung des Erwartungswertes folgt aus

$$\mu = n \cdot p$$

und die der Standardabweichung aus

$$\sigma = \sqrt{n \cdot p \cdot (1 - p)}.$$

Im Einzelnen folgt

$P(10 < X < 21) = P(11 \leq X \leq 20)$

und nach Ersetzung über die Normalverteilung

$\Phi\left(\frac{20-15}{3{,}57}\right) - \Phi\left(\frac{10-15}{3{,}57}\right) \approx \Phi(1{,}4) - \Phi(-1{,}4)$.

Wegen

$\Phi(1{,}4) \approx 0{,}9192$

und

$$\begin{aligned}\Phi(-1{,}4) &= 1 - \Phi(1{,}4)\\ &= 1 - 0{,}9192\\ &= 0{,}0808\end{aligned}$$

folgt

$P(10 < X < 21) \approx 0{,}8384$.

Die Wahrscheinlichkeit dafür, dass von den letzten 100 Buchungen mehr als 10 aber weniger als 21 abgesagt werden, beträgt ca. 83,84%.

Ist die Laplace-Bedingung

$\sqrt{n \cdot p \cdot (1-p)} > 3$

erfüllt, kann die Binomialverteilung durch eine Normalverteilung approximiert werden (hier wird die entsprechende Formel ohne Korrekturglied benutzt):

$$\begin{aligned}P(k_1 \leq X \leq k_2) &= F(n; p; k_2) - F(n; p; k_1)\\ &\approx \Phi(c_2) - \Phi(c_1)\end{aligned}$$

mit

$c_1 = \frac{k_1 - 1 - np}{\sigma}$ und $c_2 = \frac{k_2 - 1 - np}{\sigma}$

Man beachte $\Phi(-c) = 1 - \Phi(c)$.

c)

Mit
X: Entschädigung in €
folgt als Wahrscheinlichkeitsverteilung von X:

x_i	0	150	225	300
$P(X = x_i)$	0,92	0,05	0,03	0,01

und für den Erwartungswert

$$\begin{aligned}\mu &= E(X)\\ &= 0 \cdot 0{,}92 + 150 \cdot 0{,}05 + 225 \cdot 0{,}03 + 300 \cdot 0{,}01\\ &= 17{,}25.\end{aligned}$$

Der Spekulant kann auf lange Sicht pro Buchung mit 17,25 € Gewinn rechnen.

K

Ordnet man jedem möglichen Wert x_i, den die Zufallsgröße X annehmen kann, die Wahrscheinlichkeit $P(X = x_i)$ zu, mit der sie diesen Wert annimmt, so erhält man die Wahrscheinlichkeitsverteilung von X.
Ist X eine diskrete Zufallsgröße mit

$P(X = x_i) = p_i \quad (i = 1, \ldots m)$,

so heißt die durch

$$\mu = E(X) = \sum_{i=1}^{m} x_i p_i$$

bestimmte Zahl $\mu = E(X)$ der Erwartungswert der Zufallsgröße X.

Mit
X: Entschädigung unter Berücksichtigung des Stundenlohns in €
folgt als Wahrscheinlichkeitsverteilung von X:

Bei Berücksichtigung des Stundenlohns muss ein entsprechender Betrag – hier mit m bezeichnet – von der jeweiligen Entschädigung subtrahiert werden.

x_i	0	150 – 5 m	225 – 9 m	300 – 3 m
$P(X = x_i)$	0,92	0,05	0,03	0,01

und weiter

$$(150 - 5\text{ m}) \cdot 0{,}05 + (225 - 9\text{ m}) \cdot 0{,}03 + (300 - 3\text{ m}) \cdot 0{,}01 = 0.$$

Damit folgt

$$17{,}25 - 0{,}55\text{ m} = 0$$

und damit

$$m = \frac{17{,}25}{0{,}05} \approx 31{,}36.$$

Der Stundenlohn sollte somit ca. 31,36 € betragen, damit Gewinn und Verdienstausfall gleich sind.

Wenn der Gewinn aus der Entschädigung gleich dem Verdienstausfall sein soll, muss der Erwartungswert gleich Null sein.

d) **K**

Festlegung der Prüfgröße:
X: Anzahl der Passagiere, die den Flug stornieren
Stichprobenumfang: $n = 490$
Festlegung der Hypothesen:
H_0: $p \leq 0{,}09$
H_1: $p > 0{,}09$
Es liegt ein rechtsseitiger Signifikanztest vor.

Festlegung der Entscheidungsregel:
$X < k$: Entscheidung für H_0
$X \geq k$: Entscheidung gegen H_0

Wegen $\alpha = 0{,}04$ erfolgt die Bestimmung von k über den Ansatz

$$P(\alpha) \leq 0{,}04\,.$$

Ergebnismenge der Prüfgröße:

$$X = \{0;\ 1;\ \ldots;\ 490\}$$

Mit p wird der Anteil der Passagiere bezeichnet, die ihren Flug stornieren.
Es gilt zu testen, ob H_0: $p \leq 0{,}09$ zutrifft, d. h., ob das Konzept angenommen oder abgelehnt wird.

Annahmebereich von H_0:
$X \in \{0;\ 1;\ \ldots;\ k\}$

Ablehnungsbereich von H_0:
$X \in \{k+1;\ k+2;\ \ldots;\ 5000\}$
Blue Sky möchte den Wert von k wissen um zu prüfen, ob die registrierten 490 Stornierungen im Annahme- oder Ablehnungsbereich von H_0 liegen.

Dieser Ansatz führt auf

$$P(X \geq k) \leq 0{,}04$$

bzw.

$$P(X \leq k-1) \geq 0{,}96.$$

Wegen

$$\mu = 5\,000 \cdot 0{,}09 = 450$$

und

$$\sigma = \sqrt{5\,000 \cdot 0{,}09 \cdot 0{,}91} \approx \sqrt{409{,}5} \approx 20{,}24,$$

also $\sigma > 3$, kann zur Auswertung die Normalverteilung benutzt werden; damit folgt

$$\Phi\left(\frac{k-1-\mu}{\sigma}\right) \leq 0{,}96.$$

Aus der Tabelle der Normalverteilung folgt mit $\mu = 450$ und $\sigma \approx 20{,}24$

$$\frac{k-1-450}{20{,}24} \approx 1{,}75\,.$$

Weiter erhält man:

$$k-1-450 \approx 35{,}42$$
$$k = 486{,}42$$

Für $k > 486$ folgt als Ablehnungsbereich von H_0:

$$X = \{487; 488; \ldots; 5\,000\}$$

Da der Wert von 490 im Ablehnungsbereich von H_0 liegt, wird mit einer Irrtumswahrscheinlichkeit von 4% das Marketing-Konzept abgelehnt.

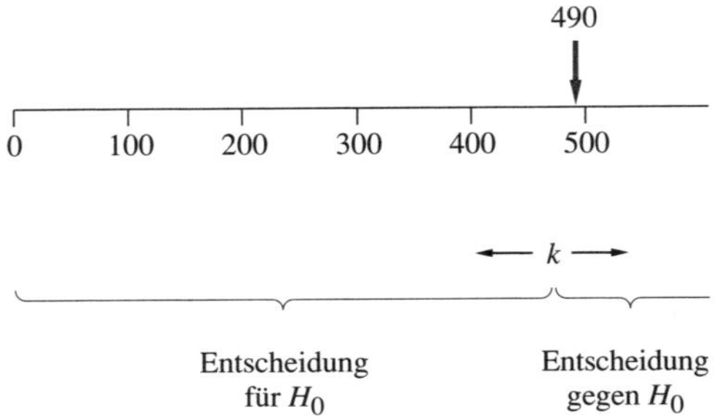

Der Erwartungswert folgt aus

$$\mu = E(X) = n \cdot p$$

und die Standardabweichung aus

$$\sigma = \sqrt{n \cdot p \cdot (1-p)}.$$

Die Laplace-Bedingung lautet:

$$\sigma = \sqrt{n \cdot p \cdot (1-p)} > 3.$$

Bei einer normalverteilten Zufallsgröße X mit dem Erwartungswert μ und der Standardabweichung σ gilt

$$P(X \leq k-1) \approx \Phi\left(\frac{k-1-\mu}{\sigma}\right).$$

Aus der Tabelle der Normalverteilung kann aus $\Phi(c) \geq 0{,}96$ der Wert $c \approx 1{,}75$ abgelesen werden.

Eine analoge Rechnung für $\alpha = 1\%$ ergibt:

$P(X \geq k) \leq 0{,}01$

bzw.

$P(X \leq k-1) \geq 0{,}99$

und weiter

$$\Phi\left(\frac{k-1-450}{20{,}24}\right) \leq 0{,}99.$$

Damit folgt unter Beachtung des entsprechenden Tabellenwertes aus der Normalverteilung

$$\frac{k-1-450}{20{,}24} \approx 2{,}327$$

und weiter

$k \approx 498{,}1\,.$

Für $k > 498$ erhält man als Ablehnungsbereich für H_0:

$X = \{499;\ 500;\ \ldots;\ 5\,000\}$

Da der Wert von 490 im Annahmebereich von H_0 liegt, wird mit einer Irrtumswahrscheinlichkeit von 1% das Marketing-Konzept angenommen.

Aus der Tabelle der Normalverteilung kann aus $\Phi(c) \geq 0{,}99$ der Wert $c \approx 2{,}327$ abgelesen werden.

e) **K**

Mit den Bezeichnungen aus Aufgabenteil (d) ist für $n = 285$, $p = 0{,}12$, $\mu = 35{,}625$ und $\sigma \approx 5{,}58 > 3$ (damit ist die Voraussetzung für die Anwendbarkeit der Näherung erfüllt) zu berechnen:

$$\begin{aligned} P(X \geq 25) &= 1 - P(X \leq 24) \\ &\approx 1 - \Phi\left(\frac{24 - 35{,}625}{5{,}58}\right) \\ &\approx 1 - \Phi(-2{,}08) \\ &= \Phi(2{,}08) \\ &\approx 0{,}9812 \end{aligned}$$

Wegen der Überbuchungen von 25 bzw. 30 Plätzen vergrößert sich n auf 285 bzw. 290.

Es gilt wieder für den Erwartungswert $\mu = E(X) = n \cdot p$, mit p als Wahrscheinlichkeit für Überbuchungen und für die Standardabweichung $\sigma = \sqrt{n \cdot p \cdot (1-p)}$.

Es gilt: $\Phi(-c) = 1 - \Phi(c)$.
Aus der Tabelle der Normalverteilung liest man ab

$\Phi(2{,}08) \approx 0{,}9812.$

Bei Überbuchungen um 25 Plätze können unter der o. a. Annahme in ca. 98,12% aller Flüge alle Passagiere mitfliegen.

Rechnet man mit einer Überbuchung von 30 Plätzen, so folgt analog:

$$\begin{aligned} P(X \geq 30) &= 1 - P(X \leq 29) \\ &\approx 1 - \Phi\left(\frac{29 - 36{,}25}{5{,}63}\right) \\ &\approx 1 - \Phi(-1{,}29) \\ &= \Phi(1{,}29) \\ &\approx 0{,}9015 \end{aligned}$$

Bei einer Überbuchung um 30 Plätze können nur in ca. 90,15% aller Flüge alle Passagiere mitfliegen.

Mit $n = 290$ und $p = 0{,}125$ folgt $\mu = 36{,}25$ und $\sigma \approx 5{,}63 > 3$.

Es gilt: $\Phi(-c) = 1 - \Phi(c)$.
Aus der Tabelle der Normalverteilung liest man ab

$\Phi(1{,}29) \approx 0{,}9015$.

f) **K**

Unter Beachtung von
$\mu = 0{,}125\,n$ und $\sigma = \sqrt{n \cdot 0{,}125 \cdot (1 - 0{,}125)}$
folgt der Ansatz

$$P(X \geq n - 260) = 1 - P(X \leq n - 260 - 1)$$

und weiter unter der Annahme, die Voraussetzung für die Anwendbarkeit der Normalverteilung als Näherung ist erfüllt:

$$1 - \Phi\left(\frac{n - 260 - 1 - 0{,}125\,n}{\sqrt{n \cdot 0{,}125 \cdot (1 - 0{,}125)}}\right) \geq 0{,}95$$

bzw.

$$1 - \Phi\left(\frac{0{,}875\,n - 261}{\sqrt{0{,}1094\,n}}\right) \geq 0{,}95$$

oder

$$\Phi\left(\frac{261 - 0{,}875\,n}{\sqrt{0{,}1094\,n}}\right) \geq 0{,}95$$

Unter Berücksichtigung der Tabellenwerte der Normalverteilung folgt

$$\frac{261 - 0{,}875\,n}{\sqrt{0{,}1094\,n}} = 1{,}645.$$

Wegen $p = 0{,}125$ folgt für Erwartungswert und Standardabweichung
$\mu = 0{,}125\,n$ und $\sigma = \sqrt{n \cdot 0{,}125 \cdot (1 - 0{,}125)}$

Es gilt $P(X \geq k) = 1 - P(X \leq k - 1)$.

Es gilt

$$P(X \leq k) \approx \Phi\left(\frac{k - \mu}{\sigma}\right).$$

Es gilt $1 - \Phi(c) = \Phi(-c)$.

Aus der Tabelle der Normalverteilung liest man für $\Phi(c) = 0{,}95$ ab: $c = 1{,}645$.

und weiter durch Quadrieren

$$(261 - 0{,}875)^2 = 0{,}296\,n$$

bzw.

$$0{,}7656\,n^2 - 456{,}046\,n + 68\,121 = 0$$

mit den Lösungen

$$n_1 \approx 288 \text{ und } n_2 \approx 309\,.$$

Die hier infrage kommende Lösung ist $n \approx 288$, für diese Anzahl von Überbuchungen können unter den o. a. Voraussetzungen in 95% aller Flüge alle Passagiere mitfliegen.

Die Lösungsformel für eine quadratische Gleichung in der allgemeinen Form

$$an^2 + bn + c = 0$$

lautet

$$n_{1,2} = \frac{-b \pm \sqrt{b^2 - 4ac}}{2a}\,.$$

Es ist zu beachten, dass diese Aufgabe auch durch systematisches Probieren von Zahlen aus dem Intervall $25 < X < 30$ nach dem Muster der Lösungen zu Aufgabenteil (e) erfolgen kann.

In einer Fabrik wird auf drei Maschinen das selbe Produkt hergestellt.
Die Maschinen A und B fertigen je $\frac{1}{5}$ der Gesamtproduktion an, die Maschine C produziert $\frac{3}{5}$ der Gesamtproduktion.
Bekannt ist, dass die Maschine A 3% Ausschuss, die Maschine B 5% Ausschuss und die Maschine C 4% Ausschuss produziert.
Die hergestellten Produkte werden in einem Lager gesammelt.
a) Mit welcher Wahrscheinlichkeit ist ein im Lager zufällig ausgewähltes Produkt ein Ausschussstück?
Mit welcher Wahrscheinlichkeit wurde ein solches Ausschussstück auf Maschine A, auf Maschine B oder auf Maschine C hergestellt?
b) Man untersucht ein Ausschussstück, welches auf Maschine C hergestellt wurde.
Wie viele Erzeugnisse der Maschine C müssen der laufenden Produktion entnommen werden, damit sich mit 99% Wahrscheinlichkeit wenigstens ein Ausschussstück unter ihnen befindet?
c) Man nimmt 113 Produkte aus Maschine C.
Wie viele unter diesen sind durchschnittlich Ausschuss?
d) Der laufenden Produktion werden regelmäßig Produkte entnommen und überprüft. Bei dieser Prüfung wird ein defektes Produkt mit der Wahrscheinlichkeit von 0,99 für Ausschuss erklärt, aber auch ein einwandfreies Produkt mit der Wahrscheinlichkeit von 0,03 irrtümlich für Ausschuss erklärt.
Mit welcher Wahrscheinlichkeit wird ein geprüftes Produkt für Ausschuss erklärt?

a) K

P (ein zufällig ausgewähltes Erzeugnis ist Ausschuss)
$= 0{,}2 \cdot 0{,}03 + 0{,}2 \cdot 0{,}05 + 0{,}6 \cdot 0{,}04 = 0{,}04$

E_1: Ausschuss wird auf Maschine A produziert

E_2: Ausschuss wird auf Maschine B produziert

E_3: Ausschuss wird auf Maschine C produziert

Berechnung der Wahrscheinlichkeiten für das Auftreten der Ereignisse E_1, E_2 bzw. E_3:

$$P(E_1) = \frac{0{,}2 \cdot 0{,}03}{0{,}04} = 0{,}15 = 15\%$$
$$P(E_2) = \frac{0{,}2 \cdot 0{,}05}{0{,}04} = 0{,}25 = 25\%$$
$$P(E_3) = \frac{0{,}6 \cdot 0{,}04}{0{,}04} = 0{,}6 = 60\%$$

Probe: $P(E_1) + P(E_2) + P(E_3) = 1$

Gesucht ist die Wahrscheinlichkeit, dass ein zufällig ausgewähltes Produkt ein Ausschussprodukt ist.
Diese Wahrscheinlichkeit lässt sich mit Hilfe der Formel für die totale Wahrscheinlichkeit bestimmen.
Mit dem Satz von Bayes (siehe Kapitel 4.1) berechnet man die Wahrscheinlichkeiten, von welcher Maschine A, B oder C das Ausschussstück stammen könnte.

b) K

n: Anzahl der zu entnehmenden Erzeugnisse
Festlegung der Zufallsgröße X mit
X: Anzahl der Ausschussstücke

$P(X \geq 1) = 1 - P(X = 0) = 1 - 0{,}96^n$

$$1 - 0{,}96^n \geq 0{,}99$$
$$0{,}01 \geq 0{,}96^n$$
$$\lg 0{,}01 \geq n \cdot \lg 0{,}96$$
$$n \geq \frac{\lg 0{,}01}{\lg 0{,}96}$$
$$n \geq 112{,}8$$

Es müssen wenigstens 113 Erzeugnisse entnommen werden.

c) K

Festlegung der Zufallsgröße Y: Anzahl der Ausschussstücke unter 113 Erzeugnissen

$E(Y) = n \cdot p = 113 \cdot 0{,}04 = 4{,}52$

Es sind durchschnittlich 5 Ausschussstücke vorhanden.

Y ist binomialverteilt mit $n = 113$ und $p = 0{,}04$
Anwendung der Formel für den Erwartungswert: $E(Y) = n \cdot p$.
Diese gilt für binomialverteilte Zufallsgrößen.

d) K

E_4: geprüftes Erzeugnis wird für Ausschuss erklärt
$P(E_4) = 0{,}04 \cdot 0{,}99 + 0{,}96 \cdot 0{,}03 = 0{,}0684$

Ein geprüftes Erzeugnis wird mit einer Wahrscheinlichkeit von 6,84% für Ausschuss erklärt.

Man hat ein Glücksrad in 3 Sektoren eingeteilt, die genau eine der drei Zahlen 2, 3 oder 5 enthalten. Bei jeder Drehung des Rades wird genau ein Kreissektor angezeigt.
Die Sektoreinteilung für die Zahlen 2, 3 bzw. 5 wurde so vorgenommen, dass der Zahl 2 ein Winkel von 180°, der Zahl 3 ein Winkel von 108° und der Zahl 5 ein Winkel von 72° zugeordnet wurde.

a) Welche Wahrscheinlichkeiten erhalten die Zahlen 2, 3 bzw. 5?

b) Das Rad wird jetzt zehnmal gedreht.
Ermitteln Sie die Wahrscheinlichkeiten folgender Ereignisse:
Ereignis E_1: Die Zahl 3 tritt nicht auf.
Ereignis E_2: Die Zahl 5 tritt mehr als zweimal und weniger als fünfmal auf.

c) Ein weiteres Zufallsexperiment besteht im zweimaligen Drehen des Rades. Die Summe der dabei ermittelten Zahlen wird notiert. Bestimmen Sie den Erwartungswert dieser Summe.

d) Ein anderes Glücksrad ist nur in zwei Sektoren eingeteilt. Ein Sektor enthält die Zahl 7, der andere die Zahl 9.
Das Rad wird bei einem Glücksspiel zweimal gedreht. Der Einsatz beträgt 5 €.
Wird zweimal die Zahl 7 ermittelt, so erhält der Spieler 10 € ausgezahlt, wird zweimal die Zahl 9 ermittelt, so erhält der Spieler 5 € ausgezahlt. In allen anderen Fällen wird nichts ausgezahlt. Wie muss man das Glücksrad in Sektoren einteilen, damit das Spiel fair ist?

a) **K**

Zahl 2: $\frac{180}{360} = \frac{1}{2} = 0{,}5$

Zahl 3: $\frac{108}{360} = \frac{3}{10} = 0{,}3$

Zahl 5: $\frac{72}{360} = \frac{1}{5} = 0{,}2$

Der Zahl 2 wird die Wahrscheinlichkeit 0,5, der Zahl 3 die Wahrscheinlichkeit 0,3 und der Zahl 5 die Wahrscheinlichkeit 0,2 zugeordnet.

Der Vollwinkel des Glücksrades als Kreis beträgt 360°.
Damit ergeben sich die zu errechnenden Wahrscheinlichkeiten.

b) **K**

Festlegung der Zufallsgröße X mit
X: Anzahl der „3“ bei 10 Umdrehungen

P(Zahl 3 tritt nicht auf):
$P(X=0) = \binom{10}{0} \cdot 0{,}3^0 \cdot 0{,}7^{10} \approx 0{,}0282$

Festlegung der Zufallsgröße Y mit
Y: Anzahl der „5“ bei 10 Umdrehungen

P(„5“ tritt mehr als zweimal und weniger als fünfmal auf)
$= P(Y=3) + P(Y=4)$
$= \binom{10}{3} \cdot 0{,}2^3 \cdot 0{,}8^7 + \binom{10}{4} \cdot 0{,}2^4 \cdot 0{,}8^6$
$\approx 0{,}2013 + 0{,}0881$
$= 0{,}2894$

Die Zufallsgröße X ist binomialverteilt mit $n = 10$ und $p = 0{,}3$
Anwendung der Formel von Bernoulli:
$P(X=k) = \binom{n}{k} \cdot p^k \cdot (1-p)^{n-k}$

Die Zufallsgröße Y ist binomialverteilt mit $n = 10$ und $p = 0{,}2$
n – Länge der Bernoulli-Kette
p – Erfolgswahrscheinlichkeit
k – Anzahl der „Erfolge“

c) **K**

Z: Summe der Zahlen beim zweimaligen Drehen

k	$P(Z=k)$
4	$0{,}5 \cdot 0{,}5 = 0{,}25$
5	$2 \cdot 0{,}5 \cdot 0{,}3 = 0{,}3$
6	$0{,}3 \cdot 0{,}3 = 0{,}09$
7	$2 \cdot 0{,}5 \cdot 0{,}2 = 0{,}2$
8	$2 \cdot 0{,}3 \cdot 0{,}2 = 0{,}12$
10	$0{,}2 \cdot 0{,}2 = 0{,}04$

Die Tabelle zeigt die vollständige Wahrscheinlichkeitsverteilung, die zur Berechnung des Erwartungswertes $E(Z)$ notwendig ist.

Berechnung des Erwartungswertes:

$$E(Z) = 4 \cdot 0{,}25 + 5 \cdot 0{,}3 + 6 \cdot 0{,}09 + 7 \cdot 0{,}2 + 8 \cdot 0{,}12 + 10 \cdot 0{,}04 = 5{,}8$$

Zur Berechnung des Erwartungswertes werden die Werte von Z mit den zugehörigen Wahrscheinlichkeiten multipliziert und die Produkte addiert.

d) **K**

a: Wahrscheinlichkeit, die Zahl 7 zu ermitteln

$(1-a)$: Wahrscheinlichkeit, die Zahl 9 zu ermitteln

Zunächst wird die Zahl a als Wahrscheinlichkeit für die Zahl 7 festgelegt, die Gegenwahrscheinlichkeit ist dann $1-a$ für die Ermittlung der Zahl 9.

	Gewinn in €	zugehörige Wahrscheinlichkeit
(7; 9)	−5	$a(1-a)$
(9; 7)	−5	$(1-a) \cdot a$
(7; 7)	5	a^2
(9; 9)	0	$(1-a)^2$

Die Tabelle gibt eine Übersicht über die möglichen Ergebnisse beim zweimaligen Drehen des Rades und die dazugehörigen Wahrscheinlichkeiten.

G: Gewinn des Spielers in €.

Verteilung von G:

k	−5	0	5
$P(G=k)$	$2a(1-a)$	$(1-a)^2$	a^2

Erwartungswert $E(G)$:

$$E(G) = -5 \cdot 2a(1-a) + 0(1-a)^2 + 5a^2 = 15a^2 - 10a$$

Für ein faires Spiel gilt: $E(G) = 0$.
Daraus folgt:
$0 = 15a^2 - 10a$ bzw. $0 = a(15a - 10)$
sowie: $a_1 = 0$ entfällt bzw. $a_2 = \frac{2}{3}$.

Ein Spiel wird als „fair“ bezeichnet, wenn der Erwartungswert den Wert 0 annimmt.
Das Lösen der quadratischen Gleichung ergibt den Wert $a = \frac{2}{3}$ als Wahrscheinlichkeit, die Zahl 7 zu ermitteln.
$\frac{2}{3}$ des Kreises müssen für die Zahl 7 vorbehalten sein, $\frac{1}{3}$ demzufolge für die Zahl 9.

Man unterteilt ein Glücksrad in vier gleich große Sektoren. Bei jeder Umdrehung wird genau ein Sektor markiert.

a) Die Ziffern 1, 3 und 5 sollen in das Glücksrad so eingetragen werden, dass die Ziffern 1 und 3 mit einer Wahrscheinlichkeit von je 0,25 und die Zahl 5 mit der Wahrscheinlichkeit von 0,5 erlangt werden.

b) Man dreht das Glücksrad zehnmal.
Ermitteln Sie die Wahrscheinlichkeiten folgender Ereignisse:

Ereignis E_1: die Ziffer 5 tritt genau viermal auf.
E_2: die Ziffer 5 tritt höchstens zweimal auf.
E_3: die Ziffer 1 tritt mindestens zweimal auf.
E_4: die Ziffer 3 tritt häufiger als die Ziffer 1 und 5 zusammen auf.
E_5: die Summe der durch die zehn Drehungen ermittelten Zahlen ist 7.

c) Man betrachte einen Zufallsversuch, der im zweimaligen Drehen des Rades besteht. Die Zufallsgröße Z wird festgelegt durch die Summe der dabei auftretenden Zahlen. Berechnen Sie den Erwartungswert $E(Z)$.

a) K

Eintragen der Zahlen 1, 3 und 5 in die vier Sektoren des Glücksrades

Die Zahlen 1 und 3 sind mit jeweils 25% und die Zahl 5 mit 50% in das Glücksrad einzutragen. Die Zahl 5 erhält man damit in 2 Sektoren.

b) K

Festlegung der Zufallsgröße
X: Anzahl des Auftretens der Zahl 5 bei zehnmaligem Drehen des Rades

X ist binomialverteilt mit $n = 10$ und $p = 0{,}5$.

Berechnung der Wahrscheinlichkeit für das Auftreten des Ereignisses E_1:

$$P(E_1) = P(X=4) = \binom{10}{4} \cdot 0{,}5^4 \cdot 0{,}5^6 \approx 0{,}2051$$

Anwendung der Formel von Bernoulli:

$$P(X=k) = \binom{n}{k} \cdot p^k \cdot (1-p)^{n-k}$$

n – Länge der Bernoulli-Kette
p – Erfolgswahrscheinlichkeit
k – Anzahl der „Erfolge“

bzw. für Ereignis E_2:

$$\begin{aligned} P(E_2) &= P(X \leq 2) \\ &= P(X=0) + P(X=1) + P(X=2) \\ &= \binom{10}{0} \cdot \left(\frac{1}{2}\right)^{10} + \binom{10}{1} \cdot \left(\frac{1}{2}\right)^{10} \\ &\quad + \binom{10}{2} \cdot \left(\frac{1}{2}\right)^{10} \\ &\approx 0{,}0010 + 0{,}0098 + 0{,}0439 = 0{,}0547 \end{aligned}$$

Festlegung der Zufallsgröße

Y: Anzahl des Auftretens der Zahl 1 bei zehnmaligem Drehen des Rades

Da eine andere Zahl betrachtet wird, muss eine neue Zufallsgröße festgelegt werden.
Y ist binomialverteilt mit $n = 10$ und $p = 0{,}25$.

$$\begin{aligned} P(E_3) &= P(Y \geq 2) \\ &= 1 - [P(Y = 0) + P(Y = 1)] \end{aligned}$$

$$\begin{aligned} P(E_3) &= 1 - \left[\binom{10}{1} \cdot 0{,}25^0 \cdot 0{,}75^{10} + \binom{10}{1} \cdot 0{,}25^1 \cdot 0{,}75^9\right] \\ &\approx 1 - (0{,}0563 + 0{,}1877) \\ &= 0{,}7560 \end{aligned}$$

Festlegung der Zufallsgröße
T: Anzahl des Auftretens der Zahl 3 bei zehnmaligem Drehen des Rades

Es wird die Zahl 3 betrachtet, also legt man eine dritte Zufallsgröße fest.
T ist binomialverteilt mit $n = 10$ und $p = 0{,}25$.

$$\begin{aligned} P(E_4) &= P(T \geq 6) \\ &= \sum_{k=6}^{10} \binom{10}{k} \cdot 0{,}25^k \cdot 0{,}75^{10-k} \\ &\approx 0{,}0162 + 0{,}0031 + 0{,}0004 + 0 + 0 \\ &= 0{,}0197 \end{aligned}$$

$P(E_5) = 0$

Bei zehn Umdrehungen ist die auftretende Summe mindestens 10.

c) **K**

Festlegung der Zufallsgröße
Z: Summe der beim zweimaligen Drehen des Rades auftretenden Zahlen

Die Werte von Z und die zugehörigen Wahrscheinlichkeiten werden tabellarisch erfasst.

Werte von Z	Wahrscheinlichkeiten $P(Z)$
2	$0{,}25^2 = 0{,}0625$
4	$2 \cdot 0{,}0625 = 0{,}125$
6	$2 \cdot 0{,}125 + 0{,}0625 = 0{,}3125$
8	$2 \cdot 0{,}125 = 0{,}25$
10	$0{,}25$

Kontrolle: Die Summe aller berechneten Wahrscheinlichkeiten ergibt die Zahl 1.

Berechnung des Erwartungswertes $E(Z)$

Zur Berechnung des Erwartungswertes werden die Werte von Z mit den zugehörigen Wahrscheinlichkeiten multipliziert und die Produkte addiert.

$$\begin{aligned} E(Z) &= 2 \cdot 0{,}0625 + 4 \cdot 0{,}125 + 6 \cdot 0{,}3125 \\ &\quad + 8 \cdot 0{,}25 + 10 \cdot 0{,}25 = 7 \end{aligned}$$

Bei zweimaligem Drehen des Rades beträgt im Mittel die Summe der auftretenden Zahlen 7.

Klaus schießt auf ein Ziel. Die Trefferwahrscheinlichkeit sei für jeden Schuss $p = 0{,}6$.

a) Klaus schießt viermal.

Berechnen Sie die Wahrscheinlichkeiten für folgende Ereignisse:

Ereignis E_1: Klaus erzielt genau zwei Treffer

Ereignis E_2: Klaus erzielt mindestens einen Treffer

Wie viele Treffer sind bei diesen vier Versuchen zu erwarten?

b) Das Schießen auf das Ziel wird von Klaus bis zum ersten Treffer, höchstens aber bis einschließlich zum vierten Schuss fortgesetzt.

Die Zufallsgröße X bezeichnet dabei die Anzahl der angegebenen Schüsse.

Ermitteln Sie die Wahrscheinlichkeitsverteilung der Zufallsgröße X.

c) Bei einer Vielzahl von Schüssen soll die Wahrscheinlichkeit, das Ziel mindestens einmal zu treffen, größer als 0,99 sein. Berechnen Sie die Anzahl der Schüsse, die der Schütze dafür mindestens abgeben muss.

a)

Es wird die Zufallsgröße
T: Anzahl der Treffer bei vier Versuchen
festgelegt.

Die Wahrscheinlichkeit für das Ereignis E_1 berechnet sich durch

$$P(E_1) = P(T = 2) = \binom{4}{2} \cdot 0{,}6^2 \cdot 0{,}4^2$$
$$P(E_1) = 0{,}3456$$

Berechnung $P(E_2)$:

$$P(E_2) = P(T \geq 1) = 1 - P(T = 0)$$
$$= 1 - \binom{4}{0} \cdot 0{,}6^0 \cdot 0{,}4^4$$
$$= 0{,}9744$$

Berechnung des Erwartungswertes

$E(T) = n \cdot p$

$E(T) = 4 \cdot 0{,}6 = 2{,}4$

Bei diesen vier Versuchen sind im Schnitt 2,4 Treffer zu erwarten.

K

T ist binomialverteilt mit $n = 4$ und $p = 0{,}6$

Anwendung der Formel Bernoulli:

$$P(X = k) = \binom{n}{k} \cdot p^k \cdot (1 - p)^{n-k}$$

n – Länge der Bernoulli-Kette
p – Trefferwahrscheinlichkeit
k – Anzahl der Treffer

Beachte:

P(Klaus erzielt mindestens einen Treffer) $=$
$1 - P$(Klaus erzielt keinen Treffer)

X sei die Anzahl der Treffer in einer Bernoulli-Kette der Länge n und der Trefferwahrscheinlichkeit p.

Für den Erwartungswert gilt dann
$E(X) = n \cdot p$.

b) **K**

X: Anzahl der abgegebenen Schüsse

Werte von X	Wahrscheinlichkeiten
1	0,6
2	$0{,}4 \cdot 0{,}6 = 0{,}24$
3	$0{,}4^2 \cdot 0{,}6 = 0{,}096$
4	$0{,}4^3 \cdot 0{,}6 + 0{,}4^4 = 0{,}064$

Die Werte von X und die zugehörigen Wahrscheinlichkeiten werden tabellarisch ermittelt. Da eine vollständige Wahrscheinlichkeitsverteilung vorliegt, beträgt als Kontrolle die Summe aller Wahrscheinlichkeiten 1.
$0{,}6 + 0{,}24 + 0{,}096 + 0{,}064 = 1$

c) **K**

N sei die Anzahl der zu ermittelnden Schüsse
Ereignis E: von N Schüssen trifft mindestens einer.
Gegenereignis $\overline{E}$: kein Schuss trifft

$$P(E) = 1 - P(\overline{E}) > 0{,}99$$
$$-P(\overline{E}) > 0{,}99 - 1$$
$$0{,}4^N > 0{,}01$$
$$N \cdot \lg 0{,}4 < \lg 0{,}01$$
$$N > \frac{\lg 0{,}01}{\lg 0{,}4}$$
$$N > 5{,}03$$

Klaus muss mindestens 6 Schüsse abgeben.

Beachte:
P(von N Schüssen trifft mindestens einer) $=$
$1 - P$(kein Schuss trifft)

Beachte die Umkehrung des Ungleichheitszeichens.

Im Folgenden sei eine Aufgabe vorgestellt, in der Rechentechniken der Wahrscheinlichkeitsrechnung und der Analysis miteinander verbunden sind. Es ist zu beachten, dass dieser Typ von Aufgabe auf andere Inhalte leicht und geeignet übertragbar ist.

Klaus und Rolf vereinbaren ein Glücksspiel, bei dem drei Würfel geworfen werden und folgender Gewinnplan gelten möge

Augensumme	Zahlungen
3 – 15	keiner erhält etwas
16	Klaus erhält von Rolf $\frac{1}{4}x^2$ €
17	Klaus erhält von Rolf $\frac{1}{6}x^3$ €
18	Klaus zahlt an Rolf $100x$ €

a) Welchen durchschnittlichen Gewinn kann Rolf pro Spiel erwarten?
b) Wie groß muss $x \in \mathbb{R}^+$ gewählt werden, damit der Gewinn von Rolf maximal wird?

a)

Festlegung der Zufallsgröße:
X: Gewinn von Rolf
Wahrscheinlichkeitsverteilung von X:

x_i	0	$-\frac{1}{4}x^2$	$-\frac{1}{6}x^3$	$100x$
$P(X=x_i)$	$\frac{206}{216}$	$\frac{6}{216}$	$\frac{3}{216}$	$\frac{1}{216}$

Die Gewinnerwartung $G(X)$ von Rolf erhält man, indem der Erwartungswert $\mu = G(X)$ berechnet wird:

$$G(X) = -\frac{1}{6}x^3 \cdot \frac{3}{216} - \frac{1}{4}x^2 \cdot \frac{6}{216} + 100x \cdot \frac{1}{216}$$

mit $x \in \mathbb{R}^+$.

$G(X)$ ist damit der durchschnittliche Gewinn von Rolf pro Spiel.

K

Ordnet man jedem möglichen Wert x_i, den die Zufallsgröße X annehmen kann, die Wahrscheinlichkeit $P(X = x_i)$ zu, mit der sie diesen Wert annimmt, so erhält man die Wahrscheinlichkeitsverteilung von X.
Ist X eine diskrete Zufallsgröße mit

$$P(X = x_i) = p_i \quad (i = 1, \ldots m),$$

so heißt die durch

$$\mu = E(X) = \sum_{i=1}^{m} x_i p_i$$

bestimmte Zahl $\mu = E(X)$ der Erwartungswert der Zufallsgröße X.

b)

Zur Bestimmung des Maximums von $G(X)$ werden die ersten beiden Ableitungen dieser Funktion ermittelt:

$$G'(X) = -\frac{1}{144}x^2 - \frac{1}{72}x + \frac{25}{54}$$

$$G''(X) = -\frac{1}{72}x - \frac{1}{72}$$

Um das Maximum bzw. den Hochpunkt von $G(X)$ zu bestimmen, muss gelten:

$G'(X) = 0$ und $G''(X) < 0$.

Untersuchung der notwendigen Bedingung

$G'(X) = 0$:

$$-\frac{1}{144}x^2 - \frac{1}{72}x + \frac{25}{54} = 0$$

Nach Multiplikation mit (-144) folgt

$$x^2 + 2x - \frac{200}{3} = 0$$

Als Lösungen erhält man

$x_1 \approx 7{,}23$ und $x_2 \approx -9{,}23 \notin D_G$.

K

Mögliche Extrempunkte der ganzrationalen Funktion $G(X)$ können nur bei Nullstellen der 1. Ableitung liegen (notwendige Bedingung), da der Graph der Funktion an diesen Stellen die Steigung 0 hat.

Ob an den Nullstellen der 1. Ableitung Extrempunkte von $G(X)$ vorliegen und welcher Art sie sind, kann mit der hinreichenden Bedingung geprüft werden. Dazu setzt man die Nullstellen der 1. Ableitung in den Funktionsterm der 2. Ableitung ein und überprüft, ob das Ergebnis größer (Tiefpunkt) oder kleiner (Hochpunkt) oder gleich 0 ist.
Man erhält eine quadratische Gleichung der Form $x^2 + px + q = 0$, die mit der „p-q-Formel“ umgeformt werden kann.

$$x_{1,2} = -\frac{p}{2} \pm \sqrt{(-\frac{p}{2})^2 - q}.$$

Mit dem hinreichenden Kriterium wird überprüft, ob ein Extrempunkt vorliegt und welcher Art dieser ist.

$G''(7{,}23) \approx -0{,}1143 < 0$

Es liegt somit für $x \approx 7{,}23$ ein relatives Maximum vor. Unter Beachtung der Randwerte

links: $\lim\limits_{x \to 0}(G(X)) = 0$

bzw.

rechts: $\lim\limits_{x \to \infty}(G(X)) = -\infty$

liegt sogar ein absolutes Maximum vor. Für $x \approx 7{,}23$ € kann Rolf auf lange Sicht einen maximalen Gewinn von $G(7{,}23) \approx 2{,}11$ € erwarten.

Um die $G(X)$-Koordinate des Hochpunktes zu berechnen, setzt man den x-Wert in die Funktionsgleichung ein.

α-Fehler

Die Wahrscheinlichkeit bei Hypothesentests, mit der die gewählte Entscheidungsregel zu einem Fehler 1. Art führt, wird α-Fehler (oft auch Irrtumswahrscheinlichkeit 1. Art) genannt. Sie hängt von der Wahrscheinlichkeitsverteilung der Prüfgröße X und der Wahl der kritischen Zahl K ab.

Abhängigkeit

Es seien zwei Ereignisse A und B mit den Wahrscheinlichkeiten $P(A)$ und $P(B)$ gegeben. Beeinflusst das Eintreten von A nicht die Wahrscheinlichkeit des Eintretens von B, so sind die Ereignisse A und B unabhängig voneinander. Sonst sind sie voneinander abhängig.
Für unabhängige Ereignisse A und B gilt der Multiplikationssatz $P(A \cap B) = P(A) \cdot P(B)$.
Mit diesen Satz kann die Unabhängigkeit zweier Ereignisse untersucht werden. Für n voneinander unabhängige Ereignisse gilt $P(A_1 \cap A_2 \cap \ldots \cap A_n) = P(A_1) \cdot P(A_2) \cdot \ldots P(A_n)$.
Für unabhängige Ereignisse A und B gilt der Additionssatz
$P(A \cup B) = P(A) + P(B) - P(A) \cdot P(B)$.
Sind zwei Ereignisse A und B mit den Wahrscheinlichkeiten $P(A)$ und $P(B)$ unabhängig voneinander, so gilt $P_A(B) = P(B)$.

Ablehnungsbereich ▷ Entscheidungsregel

Abweichungen

Liegen Stichprobenergebnisse außerhalb einer 2σ-Umgebung vom Erwartungswert $\mu = E(X)$, treten also in ca. 4,5% aller Fälle auf, so spricht man von signifikanten Abweichungen; von hochsignifikanten Abweichungen spricht man, wenn Stichprobenergebnisse außerhalb einer 3σ-Umgebung vom Erwartungswert liegen (dies tritt nur in ca. 0,3% aller Fälle auf).

Additionssatz

Sind A und B zwei unvereinbare Ereignisse, gilt also $A \cap B = \emptyset$, dann gilt $P(A \cup B) = P(A) + P(B)$. Dieser Satz ist auf abzählbar-unendlich viele paarweise unvereinbare Ereignisse $A_1, A_2, \ldots$ übertragbar:
$P(A_1 \cup A_2 \cup \ldots \cup A_n \cup \ldots) = P(A_1) + P(A_2) + \ldots + P(A_n) + \ldots$
Für die unabhängigen Ereignisse A und B gilt $P(A \cup B) = P(A) + P(B) - P(A) \cdot P(B)$.

Alternativtest

Eine statistische Grundgesamtheit kann gewisse Merkmale besitzen, deren Häufigkeitsverteilung nicht genau bekannt ist, über die man jedoch Vermutungen besitzt bzw. über die Hypothesen aufgestellt werden können. Mit Hilfe der Auswertung von Stichproben aus der Grundgesamtheit kann mit relativ kleinem Aufwand entschieden werden, welche der Vermutungen bzw. Hypothesen zutreffend ist. Ein Verfahren, bei dem die Entscheidung zwischen zwei möglichen Vermutungen bzw. Hypothesen zu treffen ist, nennt man Alternativtest.

Annahmebereich ▷ Ablehnungsbereich

Anordnungen

Die Anzahl der Möglichkeiten, die n Elemente einer Menge unter Berücksichtigung der Reihenfolge anzuordnen, beträgt $n!$. Dabei gilt: $n! = 1 \cdot 2 \cdot \ldots \cdot n$.

arithmetisches Mittel

Sind n Messwerte x_i einer Stichprobe aus einer Grundgesamtheit gegeben, so heißt

$$\overline{x} = \frac{1}{n}\sum_{i=1}^{n} x_i$$

der arithmetische Mittelwert bzw. das arithmetische Mittel der Stichprobe als eine Schätzung des Erwartungswertes $\mu = E(X)$ der Grundgesamtheit.

Axiomensystem von Kolmogorow

Eine Funktion P, die jeder Teilmenge A einer endlichen (Ergebnis-)Menge Ω eine reelle Zahl $P(A)$ zuordnet, heißt Wahrscheinlichkeitsfunktion oder Wahrscheinlichkeitsverteilung, wenn sie den folgenden Bedingungen genügt:

1. Jedem zufälligen Ereignis A ist eine reelle Zahl $P(A)$ mit $0 \leq P(A) \leq 1$ eindeutig zugeordnet.
2. Die Wahrscheinlichkeit des sicheren Ereignis Ω ist 1: $P(\Omega) = 1$
3. Wenn A und B zwei unvereinbare zufällige Ereignisse mit $A \cap B = \emptyset$ sind, so ist die Wahrscheinlichkeit für das Eintreten eines dieser Ereignisse gleich der Summe ihrer Wahrscheinlichkeiten $P(A \cup B) = P(A) + P(B)$.

β-Fehler

Die Wahrscheinlichkeit bei Hypothesentests, mit der die gewählte Entscheidungsregel zu einem Fehler 2. Art führt, wird β-Fehler (oft auch Irrtumswahrscheinlichkeit 2. Art) genannt. Sie hängt von der Wahrscheinlichkeitsverteilung der Prüfgröße X und der Wahl der kritischen Zahl K ab.

Baumdiagramm

Ein Ergebnisraum $\Omega = \{\omega_1, \omega_2, \ldots, \omega_n\}$ wird oft als **Baumdiagramm** dargestellt (s. Kap. 1). Jedem Ergebnis entspricht genau ein Pfad bzw. Ast des Baums. Da jedes mögliche Ereignis aus Ergebnissen zusammengesetzt ist, entspricht im Baumdiagramm jedem Ereignis eine bestimmte Menge von Pfaden.

Ein Zufallsexperiment, das mehrmals hintereinander ausgeführt wird, nennt man mehrstufiges Zufallsexperiment. Ein Baumdiagramm gestattet es, solche mehrstufigen Zufallsexperimente übersichtlich darzustellen. Dies ist insbesondere dann von Interesse, wenn man an wenigen Ereignissen interessiert ist; in diesem Fall werden nur die interessierenden Pfade dargestellt (reduziertes Baumdiagramm).

Für Baumdiagramme gelten folgende sogenannte „Pfadregeln“:
1. Pfadregel: Die Wahrscheinlichkeit eines Elementarereignisses in einem mehrstufigen Zufallsexperiment ist gleich dem Produkt der Wahrscheinlichkeiten entlang des Pfades, der diesem Elementarereignis im Baumdiagramm entspricht.
2. Pfadregel: Die Wahrscheinlichkeit eines Ereignisses ist gleich der Summe der Wahrscheinlichkeiten der Pfade, die im Baumdiagramm dieses Ereignis bilden.

Bayes, Satz von

Sind A und B zwei Ereignisse mit den positiven Wahrscheinlichkeiten $P(A)$ und $P(B)$, so gilt

$$P_B(A) = \frac{P(A) \cdot P_A(B)}{P(B)} \quad \text{bzw.} \quad P_B(A) = \frac{P(A) \cdot P_A(B)}{P(A) \cdot P_A(B) + P(\overline{A}) \cdot P_{\overline{A}}(B)}.$$

Die Verallgemeinerung dieser Beziehung auf die bedingte Wahrscheinlichkeit von k Ereignissen A_k bezüglich des Ereignisses B lautet:
Sind $A_1, A_2, \ldots, A_n$ paarweise unvereinbare Ereignisse mit den positiven Wahrscheinlichkeiten $P(A_1), P(A_2), \ldots, P(A_n)$, deren Summe das sichere Ereignis ist, und ist B ein zufälliges Ereignis mit $P(B) > 0$, so gilt für die bedingte Wahrscheinlichkeit $P_B(A_k)$ des Ereignisses A_k bezüglich des Ereignisses B

$$P_B(A_k) = \frac{P(A_k) \cdot P_{A_k}(B)}{P(B)} \quad \text{mit} \quad k = 1, \ldots, n.$$

Wird $P(B)$ durch die Beziehung für die totale Wahrscheinlichkeit, also

$$P(B) = \sum_{i=1}^{n} P_{A_i}(B) \cdot P(A_i)$$

ersetzt, so folgt die Formel von Bayes:

$$P_B(A_k) = \frac{P(A_k) \cdot P_{A_k}(B)}{\sum\limits_{i=1}^{n} P_{A_i}(B) \cdot P(A_i)} \quad \text{mit} \quad k = 1, \ldots, n.$$

bedingte Wahrscheinlichkeit

Die Wahrscheinlichkeit für das Eintreten eines Ereignisses A unter der Bedingung, dass ein anderes Ereignis B mit $P(B) > 0$ bereits eingetreten ist, wird als bedingte Wahrscheinlichkeit von A bezeichnet – man schreibt dafür $P_B(A)$.
Die 1. Pfadregel für Baumdiagramme $P(A \cap B) = P(B) \cdot P_B(A)$, $P(B) > 0$ liefert die Gleichung zur Berechnung der bedingten Wahrscheinlichkeit:

$$P_B(A) = \frac{P(A \cap B)}{P(B)}, \quad P(B) > 0 \quad \text{bzw.} \quad P_A(B) = \frac{P(A \cap B)}{P(A)}, \quad P(A) > 0$$

Beachte: Es ist bei der Berechnung zwischen $P_B(A)$ und $P_A(B)$ zu unterscheiden.

Bernoulli, Formel von

Gegeben sei eine Bernoulli-Kette der Länge n mit der Erfolgs- bzw. Trefferwahrscheinlichkeit p. Die Wahrscheinlichkeit für genau k Erfolge bzw. Treffer wird mit $B(n; k; p)$ bezeichnet und nach der Formel von Bernoulli berechnet:

$$P(X = k) = B(n; k; p) = \binom{n}{k} \cdot p^k \cdot (1-p)^{n-k}$$

Bernoulli, Gesetz der großen Zahlen

Das Ergebnis, dass die relative Häufigkeit der Trefferzahl $\frac{X}{n}$ in einer Bernoulli-Kette (Länge n, Trefferwahrscheinlichkeit p) mit einer Wahrscheinlichkeit von ca. 99,7% in eine $3\frac{\sigma}{n}$-Umgebung von p fällt, lässt sich auch dahingehend interpretieren, dass für wachsende n die $3\frac{\sigma}{n}$-Umgebung mit der konstanten sogenannten Sicherheitswahrscheinlichkeit von 99,7% gegen Null strebt.
Die anschauliche Interpretation dieses Sachverhalts, dass nämlich die relative Trefferhäufigkeit von Versuchsreihen bei steigender Anzahl n von Versuchen in eine beliebig kleine ε-Umgebung von p fällt, findet im BERNOULLI-Gesetz der großen Zahlen ihren Ausdruck: Ist X die Anzahl der Treffer in einer Bernoulli-Kette (Länge n, Trefferwahrscheinlichkeit p), so gilt für jedes $\varepsilon > 0$:

$$\lim_{n \to \infty} P\left(\left|\frac{X}{n} - p\right| < \varepsilon\right) = 1; \quad \lim_{n \to \infty} P\left(\left|\frac{X}{n} - p\right| \geq \varepsilon\right) = 0.$$

Bernoulli-Experiment

Ein Zufallsexperiment mit genau zwei Ergebnissen nennt man Bernoulli-Experiment.
Ein mehrstufiges Zufallsexperiment heißt mehrstufiges Bernoulli-Experiment, wenn gilt:

1. Auf jeder Stufe gibt es genau zwei Ergebnisse.
2. Die Wahrscheinlichkeit für diese beiden Ergebnisse sind auf jeder Stufe gleich groß. Die Ergebnisse auf den einzelnen Stufen sind voneinander unabhängig.

Bei Bernoulli-Experimenten wird das eine Ergebnis als Erfolg (Gewinn, Treffer), das andere Ergebnis als Misserfolg (Verlust, Niete) bezeichnet.

Bernoulli-Kette

Wird ein Bernoulli-Experiment $n-$mal durchgeführt, ohne dass sich die Erfolgs- bzw. Trefferwahrscheinlichkeit ändert, so spricht man von einer Bernoulli-Kette der Länge n mit der Erfolgs- bzw. Trefferwahrscheinlichkeit p bzw. von einer Bernoulli-Kette mit den Parametern n und p.

Binomialkoeffizient

Das Symbol $\binom{n}{k}$ heißt Binomialkoeffizient. Für $k \leq n$ gilt

$$\binom{n}{k} = \frac{n!}{k!(n-k)} = \frac{n(n-1(n-2)\dots(n-k+1)}{k!}$$

Beispiele (s. auch Tabelle der Binomialkoeffizienten, Seite 237):

$$\binom{8}{3} = \frac{8 \cdot 7 \cdot 6}{1 \cdot 2 \cdot 3} = 56, \quad \binom{6}{2} = \frac{6 \cdot 5}{1 \cdot 2} = 15, \quad \binom{20}{17} = \binom{20}{20-17} = \binom{20}{3} = 1140$$

Einige Eigenschaften des Binomialkoeffizienten:

$$\binom{n}{0} = 1, \quad \binom{n}{1} = n, \quad \binom{n}{n} = 1, \quad \binom{n}{k} = \binom{n}{n-k}, \quad \binom{n}{k} + \binom{n}{n+k} = \binom{n+1}{k+1}$$

Binomialverteilung

Die Anzahl X der Erfolge bzw. Treffer in einer Bernoulli-Kette mit den Parametern n (Länge der Bernoulli-Kette) und p (Erfolgs- bzw. Trefferwahrscheinlichkeit) ist eine Zufallsgröße, die die Werte 0 bis n annehmen kann. Die Wahrscheinlichkeitsverteilung dieser Zufallsgröße wird als Binomialverteilung bezeichnet, da die Wahrscheinlichkeit für eine bestimmte Erfolgs- bzw. Trefferzahl mithilfe von Binomialkoeffizienten dargestellt werden kann.
Eigenschaften von Binomialverteilungen in Abhängigkeit von p für konstantes n:

- Je größer p, umso weiter rechts liegt das Maximum der Verteilung.
- Für $p = 0{,}5$ ist die Verteilung symmetrisch: $B(n; k; p) = B(n; p; k-1)$.
- Es gilt folgende Symmetriebeziehung: $B(n; k; p) = B(n;\ 1-p;\ k-1)$.

Eigenschaften von Binomialverteilungen in Abhängigkeit von n für konstantes p:

- Mit wachsendem n werden die Verteilungen flacher.
- Mit wachsendem n werden die Verteilungen symmetrischer.

Ist eine Zufallsgröße X binomialverteilt mit den Parametern n, p, so gilt:

$$\mu = E(X) = n \cdot p, \quad V(X) = \sigma^2 = n \cdot p \cdot (1-p), \quad \sigma = \sqrt{n \cdot p \cdot (1-p)}$$

Die Bestimmung von Trefferwahrscheinlichkeiten ist oft recht mühsam. Man benutzt daher mit Vorteil Tabellen zur Binomialverteilung (s. dort).

Für Bernoulli-Ketten und dem Erwartungswert

$$E\left(\frac{X}{n}\right) = \frac{1}{n} \cdot E(X) = p \quad \text{sowie der Varianz} \quad V\left(\frac{X}{n}\right) = \frac{1}{n^2} \cdot V(X) = \frac{p(1-p)}{n}$$

der relativen Häufigkeit $\left(\frac{X}{n}\right)$ für Treffer bei n Versuchen gelten für alle $\varepsilon \in \mathbb{R}^+$ folgende Ungleichungen von Tschebyschew:

$$P\left(\left|\frac{X}{n} - p\right| > \varepsilon\right) < \frac{p(1-p)}{n \cdot \varepsilon^2}, \quad P\left(\left|\frac{X}{n} - p\right| < \varepsilon\right) \geq 1 - \frac{p(1-p)}{n \cdot \varepsilon^2}$$

$$P\left(\left|\frac{X}{n} - p\right| \geq \varepsilon\right) \leq \frac{p(1-p)}{n \cdot \varepsilon^2}, \quad P\left(\left|\frac{X}{n} - p\right| \leq \varepsilon\right) > 1 - \frac{p(1-p)}{n \cdot \varepsilon^2}$$

Binomialverteilung, kumulierte

Für binomialverteilte Zufallsgrößen X mit $B(n;k;p)$ erfordert das Berechnen von Wahrscheinlichkeiten $P(X=k), P(X \leq k), P(X \geq k)$ für größere Werte von n, k mit Hilfe der Bernoulli-Formel oft einen großen Rechenaufwand. Daher definiert man zur binomialverteilten Zufallsgröße X die Summenfunktion der Zufallsgröße bzw. die kumulierte Binomialverteilung als neue Funktion:

$$F(n;k;p) = B(n;0;p) + B(n;1;p) + \ldots + B(n;k;p) = \sum_{i=0}^{k} B(n;i;p)$$

Mit Hilfe dieser Funktion lassen sich Wahrscheinlichkeiten, mit denen die Zufallsgröße X Werte aus gewissen Intervallen annimmt, wie folgt darstellen (s. auch Tabelle der kumulierten Binomialverteilung):

$$P(X=k) = F(n;k;p) - F(n;k-1;p)$$

$$P(X \leq k) = F(n;k;p)$$

$$P(X \geq k) = 1 - F(n;k-1;p)$$

$$P(X > k) = 1 - F(n;k;p)$$

$$P(k_1 \leq X \leq k_2) = F(n;k_2;p) - F(n;k_1-1;p)$$

$$P(k_1 < X \leq k_2) = F(n;k_2;p) - F(n;k_1;p)$$

Durchschnitt

Das Ereignis „A und B“ tritt genau dann ein, wenn sowohl A als auch B eintreten. Dieses Ereignis stellt den Durchschnitt $A \cap B = \{\omega | \omega \in A \text{ und } \omega \in B\}$ der beiden Ereignisse dar.

einseitig, einseitiger Test

Ein Prüfverfahren zur Prüfung statistischer Hypothesen wird Test genannt. Will man feststellen, ob eine Hypothese, die sogenannte Nullhypothese, abgelehnt werden kann, spricht man von einem Signifikanztest. Die Ablehnung erfolgt dann, wenn signifikante Abweichungen im Stichprobenergebnis auftreten.

Ist p die Wahrscheinlichkeit des Auftretens eines gewissen Ereignisses, so kann die Nullhypothese wie folgt formuliert werden: H_0: $p = c$. Wird als Alternativhypothese H_1: $p \neq c$ festgelegt, so heißt sie zweiseitig, weil sie beide Seiten der Nullhypothese einschließt. Im Unterschied dazu wird eine Alternativhypothese der Form H_1: $p > c$ oder H_1: $p < c$ als einseitig bezeichnet.

Elementarereignis

Einelementige Ereignisse nennt man Elementarereignis. Das Elementarereignis $E = \{\omega\}$ tritt genau dann ein, wenn ω das Ergebnis des Zufallsexperiments ist.
Beispiel Würfelwurf: $A = \{6\}$
Das Ereignis $E = \Omega$ heißt das sichere Ereignis.
Beispiel: $E = \{1, 2, 3, 4, 5, 6\}$
Das unmögliche Ereignis $E = \{\}$ bzw. $E = \emptyset$ kann nicht eintreten.
Beispiel: Beim einmaligen Würfelwurf die Augenzahl 9.

Entscheidungsregel

Die zufällige Auswahl einer Teilmenge von n Elementen aus der Grundgesamtheit mit anschließender Betrachtung des interessierenden Merkmals nennt man Stichprobe vom Umfang n. Über die Grundgesamtheit gibt es eine Vermutung – Hypothese genannt – ob die von einer Stichprobe gelieferten Daten auf die Grundgesamtheit zu übertragen sind oder nicht. Die zu überprüfende Hypothese nennt man Nullhypothese H_0, die andere Möglichkeit der Entscheidung Alternativhypothese H_1. In der Praxis wird als Nullhypothese H_0 die Behauptung bzw. Vermutung festgelegt, die man widerlegen möchte. Oft findet man die Erklärung: Als Nullhypothese wird die Hypothese gewählt, deren irrtümliche Ablehnung die schlechtesten Konsequenzen hat. Dies ist jedoch davon abhängig, welche Hypothese man bestätigen möchte.
Mit Hilfe der Prüfgröße X muss eine Entscheidungsregel – oft charakterisiert durch Festlegung einer sog. kritischen Zahl K – über die Annahme bzw. Ablehnung der Nullhypothese (gleichbedeutend mit der Ablehung bzw. Annahme der Alternativhypothese) formuliert werden.
Die Menge der Werte X, bei deren Eintreten H_0 abgelehnt bzw. verworfen wird, heißt Ablehnungs- bzw. Verwerfungsbereich von H_0 (gleichbedeutend mit dem sog. Annahmebereich von H_1). Der Annahmebereich von H_0 (gleichbedeutend mit dem Ablehnungs- bzw. Verwerfungsbereich von H_1) besteht aus der Menge der Werte X, bei deren Eintreten H_0 angenommen wird.

Ereignis

Ein Ereignis ist die Beschreibung des Ausgangs eines Zufallsexperiments durch ein oder mehrere Merkmale derart, dass nach Durchführung des Zufallsexperiments die Frage, ob die Beschreibung zutrifft, eindeutig mit „ja“ oder „nein“ beantwortet werden kann. Falls die Antwort „ja“ lautet sagt man, das Ereignis ist eingetreten.
Man legt fest: Jede Teilmenge E der Ergebnismenge Ω heißt Ereignis.
Beachte: Im Allgemeinen gibt es mehr Ereignisse als Ergebnisse für ein Zufallsexperiment. Die Menge aller zu einer Ergebnismenge gehörenden Ereignisse nennt man Ereignisraum. Einelementige Ereignisse nennt man Elementarereignis $E = \{\omega\}$ – tritt genau dann ein, wenn ω das Ergebnis des Zufallsexperiments ist. Das Ereignis $E = \Omega$ heißt das sichere Ereignis. Das unmögliche Ereignis $E = \{\}$ bzw. $E = \emptyset$ kann nicht eintreten.
Zwei Ereignisse A und B heißen unvereinbar (auch disjunkt), wenn gilt $A \cap B = \emptyset$. Zwei Ereignisse A und B heißen unabhängig, wenn gilt $P(A \cap B) = P(A) \cdot P(B)$, andernfalls heißen A und B abhängig.

Ereignisraum

Jede Teilmenge A eines Ergebnisraums Ω heißt Ereignis. Das Ereignis A tritt dann ein, wenn ein Ergebnis ω vorliegt, das in A enthalten ist. Die Menge aller Ereignisse wird als Ereignisraum bezeichnet.

Ergebnis

Jeder Ausgang eines Zufallsexperiments wird allgemein Ergebnis genannt. Die Menge Ω aller möglichen Ergebnisse eines Zufallsexperiments nennt man Ergebnisraum (oder Ergebnismenge).
Beachte: Der Ergebnisraum Ω eines Zufallsexperiments kann je nach Bedarf unterschiedlich angegeben werden.

Erwartungswert

Ist X eine Zufallsgröße, die die Werte $x_1, x_2, \ldots, x_n$ annimmt, so heißt die reelle Zahl

$$\mu = E(X) = \sum_{i=1}^{n} x_i \cdot P(X = x_i)$$

Erwartungswert der Zufallsgröße X.
Für beliebige Zufallsgrößen X und Y gilt: $E(X+Y) = E(X) + E(Y)$
und für unabhängige Zufallsgrößen X und Y gilt: $E(X \cdot Y) = E(X) \cdot E(Y)$.
Rechenregeln für den Erwartungswert:

- Der Erwartungswert einer konstanten Zufallsgröße a ist die Konstante a selbst: $E(a) = a, a \in \mathbb{R}$
- Addiert man zu jedem Wert der Zufallsgröße X eine Konstante a, so erhöht sich der Erwartungswert von X ebenfalls um a: $E(X+a) = E(X) + a$
- Wird jeder Wert einer Zufallsgröße X mit dem gleichen Faktor a vervielfacht, so vervielfacht sich auch ihr Erwartungswert um diesen Faktor: $E(a \cdot X) = a \cdot E(X)$
- Es gilt: $E(a \cdot X + b \cdot Y) = a \cdot E(X) + b \cdot E(Y)$

Ist X die Trefferanzahl in einer Bernoulli-Kette der Länge n und der Erfolgs- bzw. Trefferwahrscheinlichkeit p, dann beschreibt $\mu = E(X) = n \cdot p$ den Erwartungswert bei Bernoulli-Ketten. Ist überdies auch die Laplace-Bedingung $\sqrt{np(1-p)} > 3$ erfüllt, so gelten folgende Regeln über die σ−Umgebungen von $\mu = E(X)$:
Die Wahrscheinlichkeit, dass die Anzahl der Erfolge (Treffer)

- in der $1{,}64\sigma$−Umgebung um den Erwartungswert $\mu = E(X)$ liegt, beträgt ca. 90%: $P(\mu - 1{,}64\sigma \leq X \leq \mu + 1{,}64\sigma) \approx 0{,}90$
- in der $1{,}96\sigma$−Umgebung um den Erwartungswert $\mu = E(X)$ liegt, beträgt ca. 95%: $P(\mu - 1{,}96\sigma \leq X \leq \mu + 1{,}96\sigma) \approx 0{,}95$
- in der $2{,}58\sigma$−Umgebung um den Erwartungswert $\mu = E(X)$ liegt, beträgt ca. 99%: $P(\mu - 2{,}58\sigma \leq X \leq \mu + 2{,}58\sigma) \approx 0{,}99$

faires Spiel

Ein Spiel wird dann als fair bezeichnet, wenn der Erwartungswert des Gewinns für jeden Spieler gleich Null ist. Ein Spiel bietet allen Spielern dann gleiche Gewinnchancen, wenn für jeden Spieler die Wahrscheinlichkeit zu gewinnen gleich groß ist.

Fakultät

Für alle natürlichen Zahlen n gilt

$$\mathrm{n}! = \begin{cases} 1 & \text{für } n=0 \\ 1 & \text{für } n=1 \\ 1\cdot 2\cdot \ldots \cdot (n-1)\cdot n & \text{für } n\geq 2 \end{cases}$$

Fehler 1. bzw. 2. Art

Da Stichprobenergebnisse bei Hypothesentests zufallsbedingt sind, kann die Auswertung zu Fehlentscheidungen führen.
Die folgende Übersicht zeigt die möglichen Fehlentscheidungen, wobei es über die statistische Grundgesamtheit die zwei Vermutungen bzw. Hypothesen H_0 (Nullhypothese) sowie H_1 (Alternativhypothese) gibt:

	H_0 ist wahr	H_1 ist wahr
Entscheidung für H_0	richtig	Fehler 2. Art
Entscheidung für H_1	Fehler 1. Art	richtig

Mit anderen Worten: Ein Fehler 1. Art liegt vor, wenn eine richtige Hypothese abgelehnt, ein Fehler 2. Art liegt vor, wenn eine falsche Hypothese angenommen wird.
Die Wahrscheinlichkeit dafür, dass die Entscheidungsregel zu einem Fehler 1. Art (gelegentlich auch als α-Fehler bezeichnet) führt, nennt man auch Irrtumswahrscheinlichkeit 1. Art, analog definiert man für einen Fehler 2. Art (gelegentlich β-Fehler genannt) die Irrtumswahrscheinlichkeit 2. Art.

Gauß'sche Integralfunktion

Bei der Auswertung von Bernoulli-Ketten wird in der Regel auf bestimmte in den üblichen Tabellen dargestellte Kettenlängen n zurückgegriffen. Tatsächlich ist diese Beschränkung nicht sehr realistisch. Da uns z. B. keine Tabelle für große Werte von n zur Verfügung steht, greift man auf die Normalverteilung, insbesondere die Gauß'sche Integralfunktion zurück.
Eine Zufallsgröße, deren Wahrscheinlichkeitsverteilung die Gauß'sche Glockenkurve

$$\varphi(t) = \frac{1}{\sqrt{2\pi}}\, e^{-\frac{1}{2}t^2}$$

ist, wird als normalverteilte Zufallsgröße bezeichnet (s. a. Kap. 6 und 7).

geordnete Stichprobe

Bei statistischen Erhebungen werden an einer Auswahl bzw. Stichprobe von Merkmalsträgern aus einer Grundgesamtheit die interessierenden Merkmale in gewissen Merkmalsausprägungen gewonnen. Aus den Daten der Erhebung kann dann auf die Merkmalsausprägungen in der Grundgesamtheit geschlossen werden. Die Grundgesamtheit wird durch die Wahrscheinlichkeitsverteilung einer Zufallsgröße X beschrieben, die eine Merkmalsausprägung dieser Grundgesamtheit widerspiegelt.
Unter einer Auswahl bzw. Stichprobe vom Umfang n aus der zur Zufallsgröße X gehörigen Grundgesamtheit wird jedes Wertetupel $(x_1, x_2, \ldots, x_n)$ von n unabhängigen Zufallsgrößen
$X_1, X_2, \ldots, X_n$
verstanden, die alle die gleiche Wahrscheinlichkeitsverteilung wie die Zufallsgröße aufweisen.
Speziell gilt:
Einer Gesamtheit von n verschiedenen Elementen kann man n^k geordnete Stichproben mit Zurücklegen vom Umfang k entnehmen.
Einer Gesamtheit von n verschiedenen Elementen kann man

$$n \cdot (n-1) \cdot (n-2) \cdot \ldots \cdot (n-k+1) = \frac{n!}{(n-k)!}$$

geordnete Stichproben ohne Zurücklegen vom Umfang k entnehmen. Im Sonderfall $k = n$ werden alle Elemente entnommen: die Stichprobe hat den Umfang n (Bezeichnung: geordnete Vollerhebung). Bei einer Gesamtheit von n verschiedenen Elementen gibt es $n!$ geordnete Vollerhebungen – oft heißt es: zu einer n-elementigen Menge gibt es $n!$ verschiedene Permutationen.

Gesetz der großen Zahlen, Bernoulli ▷ Bernoulli, Gesetz der großen Zahlen

Grenzwertsatz, zentraler

Ist eine Zufallsgröße X eine Summe von n unabhängigen Zufallsgrößen $X_1, X_2, \ldots, X_n$ mit dem Erwartungswert $\mu = \mu_1 + \mu_2 + \ldots + \mu_n$ und der Varianz $\sigma^2 = \sigma_1^2 + \sigma_2^2 + \ldots + \sigma_n^2$, so gilt für hinreichend große Werte von n:
X ist in guter Näherung normalverteilt und es gilt: $P(X \le x) \approx \Phi\left(\frac{x-\mu}{\sigma}\right)$.

Grundgesamtheit

Eine Menge von Elementen, bei der ein bestimmtes Merkmal von Interesse ist, nennt man statistische Gesamtheit oder Grundgesamtheit. Mit einer Stichprobe will man aus der Kenntnis über gewisse Eigenschaften einer Teilmenge der Grundgesamtheit eine Aussage über die entsprechenden Eigenschaften der Grundgesamtheit treffen. Von Interesse an der Grundgesamtheit ist ein bestimmtes Merkmal, dessen Auftreten zufallsbedingt ist. Das Auftreten des Merkmals wird durch eine Zufallsgröße X (Prüfgröße) beschrieben, wobei deren Verteilung Prüfverteilung heißt.

Häufigkeit

Tritt bei $n-$maliger Wiederholung desselben Zufallsexperiments ein Ereignis E genau $k-$mal ein, so heißt k absolute Häufigkeit des Ereignisses E nach n Versuchen und $h_n(E) = \frac{k}{n}$ relative Häufigkeit des Ereignisses E nach n Versuchen.

höchstens ein (Ereignis)

Oft werden bei der Beschreibung von Ereignissen bzw. deren Kombinationen die Worte **mindestens** oder **höchstens** verwendet.
Beispiel:
Würfelwurf mit zwei unterscheidbaren Würfeln:
A („Augensumme mindestens 9“) $= \{(3,6), (6,3), (4,5), (5,4), (5,5), (5,6), (6,5), (6,6)\}$
B („Augensumme höchstens 4“) $= \{(1,1), (1,2), (2,1), (1,3), (2,2), (3,1)\}$.

Hypothesen

Bei vielen statistischen Erhebungen reicht es nicht aus, die zu untersuchenden Elemente durch eine Häufigkeitsverteilung oder gewisse Maßzahlen zu beschreiben. Vielmehr ist es von Interesse zu wissen, ob auftretende Merkmale zufälliger oder eher gesetzmäßiger Natur sind. Man entscheidet sich mit Hilfe von Tests (Prüfverfahren, Hypothesentests), die letztendlich alle auf einem Vergleich beruhen. Es werden gewissen Eigenschaften einer Stichprobe mit einer entsprechenden bekannten Größe einer Grundgesamtheit verglichen. Bei diesem Verfahren geht man von der Annahme bzw. Hypothese aus, dass eventuelle Unterschiede zwischen Stichprobe und Grundgesamtheit zufälliger Natur sind. Diese Hypothese wird Nullhypothese H_0 genannt, die andere Möglichkeit des Testausgangs heißt oft Alternativ- oder Gegenhypothese oder einfach nur H_1. Mit Hilfe des Tests wird über die Annahme oder Ablehnung der Nullhypothese bzw. Ablehnung oder Annahme der Alternativhypothese entschieden. Eine solche Entscheidung muss nicht richtig sein, da diese auf einem Stichprobenumfang der Größe n besteht, also durchaus die Möglichkeit einer Fehlentscheidung beinhaltet. Man rechnet bei der Entscheidung mit einem Fehler 1. Art, wenn die Nullhypothese verworfen wird, obwohl sie richtig ist. Ein Fehler 2. Art liegt dann vor, wenn die Nullhypothese angenommen wird, obwohl sie falsch ist.

Irrtumswahrscheinlichkeit

Da Stichprobenergebnisse bei Hypothesentests zufallsbedingt sind, kann die Auswertung zu Fehlentscheidungen führen.
Die folgende Übersicht zeigt die möglichen Fehlentscheidungen, wobei es über die statistische Grundgesamtheit die zwei Vermutungen bzw. Hypothesen H_0 (Nullhypothese) sowie H_1 (Alternativhypothese) gibt:

	H_0 ist wahr	H_1 ist wahr
Entscheidung für H_0	richtig	Fehler 2. Art
Entscheidung für H_1	Fehler 1. Art	richtig

Mit anderen Worten: Ein Fehler 1. Art liegt vor, wenn eine richtige Hypothese abgelehnt, ein Fehler 2. Art liegt vor, wenn eine falsche Hypothese angenommen wird.
Die Wahrscheinlichkeit dafür, dass die Entscheidungsregel zu einem Fehler 1. Art (gelegentlich auch als α-Fehler bezeichnet) führt, nennt man auch Irrtumswahrscheinlichkeit 1. Art, analog definiert man für einen Fehler 2. Art (gelegentlich β-Fehler genannt) die Irrtumswahrscheinlichkeit 2. Art.

Kolmogorow, Axiomensystem von: ▷ Axiomensystem von Kolmogorow

Kombinatorik

Die Kombinatorik ist ein Zweig der Mathematik, der sich mit den verschiedenen Möglichkeiten der Anordnung gewisser Objekte (Buchstaben, Zahlen) beschäftigt. Typische Fragestellungen sind z. B.: „Auf wie viel verschiedene Arten kann man aus 40 Zahlen 6 Zahlen ohne Beachtung der Reihenfolge auswählen?“ oder „Auf wie viele Arten lassen sich 10 Briefe zufällig in 10 adressierte Kuverts stecken?“

Konfidenzintervalle

Bei einem Zufallsexperiment (z. B. Befragung von Wählern zur Abgabe einer Wahlprognose) liegt eine fest vorgegebene jedoch unbekannte Wahrscheinlichkeit p vor, die dem zu prognostizierenden Stimmenanteil einer Partei darstellt. Wird das Experiment n-mal durchgeführt und beschreibt X die Anzahl der Versuche, bei denen das Ereignis eingetreten ist, so ist X binomialverteilt mit den dazugehörigen Parametern n und p. Für große Werte von n kann die Binomialverteilung in guter Näherung durch die Normalverteilung ersetzt werden und es gilt wieder

$P(|X - E(X)| \leq c \cdot \sigma) \approx 2\phi(c) - 1.$

Mit $E(X) = n \cdot p$ sowie $\sigma(X) = \sqrt{n \cdot p \cdot (1-p)}$ und $2\phi(c) - 1 = \gamma$ erhält man

$$P\left(|X - n \cdot p| \leq c \cdot \sqrt{n \cdot p \cdot (1-p)}\right) \approx \gamma \quad \text{bzw.} \quad P\left(\left|\frac{X}{n} - p\right| \leq \frac{c}{n} \cdot \sqrt{n \cdot p \cdot (1-p)}\right) \approx \gamma$$

Die Wahrscheinlichkeit, dass die relative Häufigkeit $\frac{X}{n}$ in einem Intervall der Länge $2\frac{c}{n} \cdot \sqrt{n \cdot p \cdot (1-p)}$ um p liegt, ist ca. γ. Eine geometrische Interpretation dieses Ausdrucks zeigt die folgende Abbildung für ein entsprechendes Zufallsintervall

$$\left[\frac{X}{n} - \frac{c}{n} \cdot \sqrt{n \cdot p \cdot (1-p)};\ \frac{X}{n} + \frac{c}{n} \cdot \sqrt{n \cdot p \cdot (1-p)}\right]$$

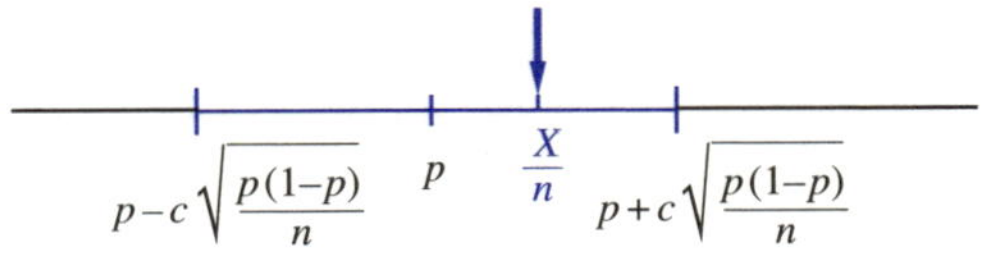

Die Lage des Intervalls ist zufällig um p verteilt und überdeckt mit einer gewissen Wahrscheinlichkeit γ den Wert von p. Die auf diese Weise bestimmten Intervalle nennt man Konfidenzintervalle (gelegentlich auch Vertrauensintervalle) für p zur Vertrauenszahl γ.
Aus den voranstehenden Überlegungen lässt sich ein Verfahren zur Ermittlung von Konfidenzintervallen für p bei großen Stichproben angeben:

- Bestimmung von n (Stichprobenumfang), h (relative Häufigkeit) und γ (Vertrauenszahl)
- Berechnung des Wertes c aus $\phi(c) = \frac{1+\gamma}{2}$
- Berechnung der Intervallgrenzen $p_{1,2}$ aus $(h-p)^2 \leq c^2 \cdot \frac{p(1-p)}{n}$

Anmerkung

Für hinreichend große n und Werte von p, die nicht zu sehr von 0,5 abweichen, kann die unbekannte Wahrscheinlichkeit p durch die relative Häufigkeit h ersetzt werden. Das Konfidenzintervall zu γ folgt dann in guter Näherung zu:

$$\left[h - c \cdot \sqrt{\frac{h(1-h)}{n}};\ h + c \cdot \sqrt{\frac{h(1-h)}{n}}\right].$$

Kritische Zahl: ▷ Entscheidungsregel

k-Tupel

Die Zusammenstellung geordneter Paare, Tripel oder allgemein k Elementen der Art $a_1, a_2, \ldots, a_k$ heißt k-Tupel. So stellt jedes mögliche Ziehungsergebnis beim Samstagslotto ohne Berücksichtigung der Zusatzzahl ein 6-Tupel dar.

Laplace-Bedingung

Eine Zufallsgröße, deren Wahrscheinlichkeitsverteilung die Gauß'sche Glockenkurve

$$\varphi(t) = \frac{1}{\sqrt{2\pi}}\, e^{-\frac{1}{2}t^2}$$

ist, wird als normalverteilte Zufallsgröße bezeichnet.

Die Gauß'sche Glockenkurve nähert die Binomialverteilung recht gut an, wenn die Laplace-Bedingung

$$\sqrt{n \cdot p \cdot (1-p)} > 3$$

erfüllt ist.

Laplace-Experiment

Zufallsexperimente, bei denen die Elementarereignisse gleich wahrscheinlich sind, werden als Laplace-Experimente bezeichnet. Bei diesen Experimenten liegt als Wahrscheinlichkeitsverteilung eine so genannte Gleichverteilung zugrunde, die jedem Elementarereignis die gleiche Wahrscheinlichkeit zuordnet.

Ist bei einem Laplace-Experiment $\Omega = \{e_1; \ldots; e_n\}$ der Ergebnisraum und $E = \{e_1; \ldots; e_k\}$ ein beliebiges Ereignis, dann gilt für die Wahrscheinlichkeit des Eintretens dieses Ereignisses:

$$P(E) = \frac{|E|}{|\Omega|} = \frac{k}{n} \qquad P(E) = \frac{\text{Anzahl der für E günstigen Ergebnisse}}{\text{Anzahl aller möglichen Ergebnisse}}$$

Laplace-Wahrscheinlichkeit

Sind bei einem Zufallsexperiment alle Elementarereignisse gleich wahrscheinlich, so wird es als Laplace-Experiment bezeichnet. Die Wahrscheinlichkeiten bei dieser Art von Experimenten nennt man Laplace-Wahrscheinlichkeiten.

Mächtigkeit

Unter der Mächtigkeit $|E|$ einer endlichen Menge E versteht man die Anzahl ihrer Elemente. $|\Omega|$ ist also die Anzahl der Ergebnisse von Ω.

mehrstufiges Zufallsexperiment

Ein mehrstufiges Zufallsexperiment setzt sich aus mehreren hintereinander ausgeführten einstufigen Zufallsexperimenten zusammen (z. B. mehrmaliges Werfen mit einer oder mehreren Münzen, mehrmaliges Ziehen einer oder mehrerer Kugeln aus einer Urne). Der Ablauf solcher Versuche lässt sich mit Vorteil mithilfe von geeigneten Baumdiagrammen übersichtlich darstellen. Ein Baum besteht in diesem Fall aus mehreren Stufen, deren Zweige Pfade der entsprechenden Stufenlänge bilden. Jeder Pfad stellt das an seinem Ende notierte Ergebnis des mehrstufigen Zufallsexperimentes dar. Bei der Auswertung dieser Experimente sind die Pfadregeln für Baumdiagramme zu beachten:

- Die Wahrscheinlichkeit eines Ergebnisses ist gleich dem Produkt aller Zweigwahrscheinlichkeiten längs des zugehörigen Pfades.
- Die Wahrscheinlichkeit eines Ereignisses ist gleich der Summe der zugehörigen Pfadwahrscheinlichkeiten.

mindestens ein (Ereignis): ▷ höchstens ein Ereignis

Multiplikationssatz

Für zwei Ereignisse A und B mit $P(B) > 0$ gilt der Multiplikationssatz:

$$P(A \cap B) = P(B) \cdot P_B(A).$$

In Bezug auf Baumdiagramme entspricht dieser Satz der ersten Pfadregel.
Für unabhängige Ereignsse A und B lautet der Multiplikationssatz:

$$P(A \cap B) = P(A) \cdot P(B).$$

Näherungsformel (Laplace)

Soll für eine binomialverteilte Zufallsgröße X mit den Parametern n und p die kumulierte Wahrscheinlichkeit $P(X \leq k) = F(n; p; k)$ näherungsweise ermittelt werden, ist folgende Vorgehensweise (Näherungsformel von Laplace) zweckmäßig:

- Prüfung der Laplace-Bedingung $\sqrt{n \cdot p \cdot (1-p)} > 3$
- Bestimmung der oberen Integrationsgrenze $z = \dfrac{k - np}{\sqrt{n \cdot p \cdot (1-p)}}$
- Ablesen des Funktionswertes $\phi(z) \approx F(n; p; k) = P(X \leq k)$ aus der Tabelle Seite 236

Niete

Ein Zufallsexperiment mit genau zwei zu unterscheidenen Ausgängen E und $\overline{E}$ wird als Bernoulli-Experiment bezeichnet. Tritt das Ereignis E ein, so spricht man von einem Erfolg, Treffer oder Gewinn, andernfalls von Misserfolg oder Niete.

Normalverteilung

Gilt bei einer Zufallsgröße X für gewisse Zahlen μ und σ

$$P(X \leq x) = \Phi\left(\frac{x-\mu}{\sigma}\right) \quad \text{für alle} \quad x \in \mathbb{R},$$

so sagt man, die Größe X ist normalverteilt (gelegentlich auch: X besitze eine Normalverteilung mit den Parametern μ und σ) und schreibt: X sei $N(\mu;\sigma)$-verteilt.
Allgemein kann gezeigt werden, dass eine $N(\mu;\sigma)$-verteilte Zufallsgröße den Erwartungswert μ und die Varianz σ^2 besitzt.

Nullhypothese

Die zufällige Auswahl einer Teilmenge von n Elementen aus der Grundgesamtheit mit anschließender Betrachtung des interessierenden Merkmals nennt man Stichprobe vom Umfang n. Über die Grundgesamtheit gibt es eine Vermutung – Hypothese genannt – ob die von einer Stichprobe gelieferten Daten auf die Grundgesamtheit zu übertragen sind oder nicht.

Die zu überprüfende Hypothese nennt man Nullhypothese H_0, die andere Möglichkeit der Entscheidung Alternativhypothese H_1.

In der Praxis wird als Nullhypothese H_0 die Behauptung bzw. Vermutung festgelegt, die man widerlegen möchte. Oft findet man die Erklärung: Als Nullhypothese wird die Hypothese gewählt, deren irrtümliche Ablehnung die schlechtesten Konsequenzen hat. Dies ist jedoch davon abhängig, welche Hypothese man bestätigen möchte.

Mit Hilfe der Prüfgröße X muss eine Entscheidungsregel – oft charakterisiert durch Festlegung einer sog. kritischen Zahl K – über die Annahme bzw. Ablehnung der Nullhypothese (gleichbedeutend mit der Ablehung bzw. Annahme der Alternativhypothese) formuliert werden.

Die Menge der Werte X, bei deren Eintreten H_0 abgelehnt bzw. verworfen wird, heißt Ablehnungs- bzw. Verwerfungsbereich von H_0 (gleichbedeutend mit dem sog. Annahmebereich von H_1). Der Annahmebereich von H_0 (gleichbedeutend mit dem Ablehnungs- bzw. Verwerfungsbereich von H_1) besteht aus der Menge der Werte X, bei deren Eintreten H_0 angenommen wird.

Oder-Verknüpfung

Das Ereignis „A oder B“ tritt genau dann ein, wenn sowohl A als auch B (oder beide) eintreten. Es ist die Vereinigung $A \cup B = \{\omega | \omega \in A \text{ oder } \omega \in B\}$. Die Vereinigung enthält auch diejenigen Elemente, die sowohl zu A als auch zu B gehören. „A oder B“ tritt also dann ein, wenn von den beiden Ereignissen A und B mindestens eines eintritt.

Permutation

Jede Zusammenstellung einer endlichen Anzahl von Elementen in irgendeiner Anordnung, in der alle Elemente benutzt werden, wird Permutation genannt.
Die Anzahl der Permutationen untereinander verschiedener Elemente (man sagt auch Permutation ohne Wiederholung) gewinnt man aus folgender Betrachtung:
Zwei Elemente a, b lassen sich auf zwei Arten anordnen: ab und ba, drei Elemente a, b, c auf folgende Arten: $abc, acb, bac, bca, cab, cba$. Es gibt also $2 \cdot 3 = 6$ Permutationen. Eine analoge Betrachtung führt bei vier Elementen zu $2 \cdot 3 \cdot 4 = 24$ Permutationen. Allgemein gilt für n Elemente:
Für n untereinander verschiedene Elemente gibt es $n!$ Permutationen.
Um die Anzahl der Permutationen von Elementen zu bestimmen, die auch identische Elemente enthalten (man sagt auch Permutation mit Wiederholung) kann man wie folgt vorgehen: Man betrachtet z. B. die fünf Elemente $e_1 = a, e_2 = a, e_3 = a, e_4 = b, e_5 = b$. Die Permutationen der Elemente e_1, e_2, e_3 sowie e_4, e_5 untereinander gelten als gleich. Da dies jeweils $3!$ und $2!$ Permutationen sind, ist die Gesamtzahl der Permutationen nur noch $\frac{5!}{3! \cdot 2!} = 10$. Allgemein gilt:
Sind die n Elemente, in k Gruppen zu je $n_1, n_2, \ldots, n_k$ gleichen Elementen mit $n_1 + n_2 + \ldots + n_k = n$ so zusammenzufassen, dass die $n_i!$ Permutationen der Elemente n_i mit $i = 1, 2, \ldots, k$ als gleich gelten, so ist die Gesamtzahl der Permutationen

$$\frac{n!}{n_1!n_2!\ldots n_k!}; \qquad n_1 + n_2 + \ldots + n_k = n.$$

Pfadregeln

Mehrstufige Zufallsexperimente lassen sich mithilfe von geeigneten Baumdiagrammen übersichtlich darstellen. Ein Baum besteht in diesem Fall aus mehreren Stufen, deren Zweige Pfade der entsprechenden Stufenlänge bilden. Jeder Pfad stellt das an seinem Ende notierte Ergebnis des mehrstufigen Zufallsexperimentes dar. Bei der Auswertung dieser Experimente sind die Pfadregeln für Baumdiagramme zu beachten:

- Die Wahrscheinlichkeit eines Ergebnisses ist gleich dem Produkt aller Zweigwahrscheinlichkeiten längs des zugehörigen Pfades.
- Die Wahrscheinlichkeit eines Ereignisses ist gleich der Summe der zugehörigen Pfadwahrscheinlichkeiten.

Pfadwahrscheinlichkeit ▷ Pfadregeln

Produktregel

Wird ein Zufallsexperiment mehrstufig – z. B. in k Stufen – durchgeführt und ist die Anzahl der in einer beliebigen Stufe möglichen Ausfälle unabhängig vom Ausgang vorheriger Stufen, so hat das Zufallsexperiment insgesamt
$n_1 \cdot n_2 \cdot \ldots \cdot n_k$
mögliche Ergebnisse, wenn es in der ersten Stufe n_1, in der zweiten Stufe n_2, und in der k-ten Stufe n_k mögliche Ausfälle gibt.

Prüfgröße

Die zufällige Auswahl einer Teilmenge von n Elementen aus der Grundgesamtheit mit anschließender Betrachtung des interessierenden Merkmals nennt man Stichprobe vom Umfang n. Über die Grundgesamtheit gibt es eine Vermutung – Hypothese genannt – ob die von einer Stichprobe gelieferten Daten auf die Grundgesamtheit zu übertragen sind oder nicht. Die zu überprüfende Hypothese nennt man Nullhypothese H_0, die andere Möglichkeit der Entscheidung Alternativhypothese H_1. In der Praxis wird als Nullhypothese H_0 die Behauptung bzw. Vermutung festgelegt, die man widerlegen möchte. Oft findet man die Erklärung: Als Nullhypothese wird die Hypothese gewählt, deren irrtümliche Ablehnung die schlechtesten Konsequenzen hat. Dies ist jedoch davon abhängig, welche Hypothese man bestätigen möchte.
Mit Hilfe der Prüfgröße X muss eine Entscheidungsregel – oft charakterisiert durch Festlegung einer sog. kritischen Zahl K – über die Annahme bzw. Ablehnung der Nullhypothese (gleichbedeutend mit der Ablehung bzw. Annahme der Alternativhypothese) formuliert werden.
Die Menge der Werte X, bei deren Eintreten H_0 abgelehnt bzw. verworfen wird, heißt Ablehnungs- bzw. Verwerfungsbereich von H_0 (gleichbedeutend mit dem sog. Annahmebereich von H_1). Der Annahmebereich von H_0 (gleichbedeutend mit dem Ablehnungs- bzw. Verwerfungsbereich von H_1) besteht aus der Menge der Werte X, bei deren Eintreten H_0 angenommen wird.

Risiko 1. bzw. 2. Art

Bei Hypothesentests geht es darum, zwischen zwei Hypothesen mit Hilfe einer Stichprobe zu entscheiden. Auf Grund von Entscheidungsregeln kann es wegen der Zufälligkeit des Stichprobenergebnisses zu Fehlentscheidungen kommen. Man unterscheidet zwischen einem Fehler 1. Art (Ablehnung der Nullhypothese, obwohl sie tatsächlich wahr ist) und einem Fehler 2. Art (Annahme der Nullhypothese, obwohl sie tatsächlich falsch ist). Die Wahrscheinlichkeit, mit der eine gewählte Entscheidungsregel zu einem Fehler 1. Art führt wird Irrtumswahrscheinlichkeit oder auch Risiko 1. Art genannt. Entsprechend nennt man die Wahrscheinlichkeit, die zu einem Fehler 2. Art führt, Irrtumswahrscheinlichkeit oder Risiko 2. Art.

σ-Umgebungen

Es sei X die Anzahl der Treffer in einer Bernoulli-Kette der Länge n, p die Trefferwahrscheinlichkeit, μ der Erwartungswert und σ die Standardabweichung von X. Ist weiter die sog. Laplace-Bedingung

$$\sigma = \sqrt{n \cdot p \cdot (1-p)} > 3$$

erfüllt, so fallen die Werte von X zu ca.

68,0% in das Intervall $[\mu - \sigma; \mu + \sigma]$
95,5% in das Intervall $[\mu - 2\sigma; \mu + 2\sigma]$
99,7% in das Intervall $[\mu - 3\sigma; \mu + 3\sigma]$.

Diese Aussage bedeutet, dass nahezu unabhängig von der Länge n und der Trefferwahrscheinlichkeit p der Bernoulli-Kette, die Wahrscheinlichkeit, dass eine binomialverteilte Zufallsgröße X in eine σ-Umgebung ihres Erwartungswertes fällt, ca. 68% beträgt (analog ca. 95,5% für eine 2σ- und ca. 99,7% für eine 3σ-Umgebung von μ). Analog zur Betrachtung der Abweichungen

der absoluten Trefferzahl in einer Bernoulli-Kette (Länge n, Erwartungswert μ) gilt für die Abweichungen der relativen Trefferhäufigkeit $\frac{X}{n}$ in einer Bernoulli-Kette (Länge n, Trefferwahrscheinlichkeit p):
Unter der Voraussetzung, dass die o. a. Laplace-Bedingung erfüllt ist, fallen die Werte von $\frac{X}{n}$ zu ca.

68,0% in das Intervall $\left[p - \frac{\sigma}{n};\ p + \frac{\sigma}{n}\right]$

95,5% in das Intervall $\left[p - 2\,\frac{\sigma}{n};\ p + 2\,\frac{\sigma}{n}\right]$

99,7% in das Intervall $\left[p - 3\,\frac{\sigma}{n};\ p + 3\,\frac{\sigma}{n}\right]$.

In diesem Fall spricht man auch von den $\frac{\sigma}{n}$-Umgebungen von p.

Sicherheitswahrscheinlichkeit

Ist von einer Grundgesamtheit die Trefferwahrscheinlichkeit p bekannt, so kann man eine Prognose über die Trefferzahl X in einer hinreichend großen Stichprobe aufstellen, indem sowohl eine Umgebung des Erwartungswertes μ der Trefferzahl angegeben wird als auch die Wahrscheinlichkeit, mit der die Trefferzahl in diese Umgebung von μ fällt. Diese Wahrscheinlichkeit wird als Sicherheitswahrscheinlichkeit der Prognose bezeichnet. Oft verwendet man 2σ-Umgebungen (95,5%) und 3σ-Umgebungen (99,7%), da deren Sicherheitswahrscheinlichkeiten bekannt sind.

Signifikanzniveau ▷ Signifikanztest

Signifikanztest

Ein Test, bei dem nur eine Hypothese angeboten wird und bei dem je nach Ausgang der Stichprobenauswertung entweder für oder gegen die Nullhypothese H_0 entschieden wird, heißt Signifikanztest. Solche Tests werden i.a. dann durchgeführt, wenn die Trefferwahrscheinlichkeit p unbekannt ist bzw. wenn über p gewissen Behauptungen aufgestellt werden, die getestet werden sollen.
Wie schon beim Alternativtest wird eine Nullhypothese sowie eine Entscheidungsregel zusammen mit einer kritischen Zahl K mit Hilfe der Prüfgröße X festgelegt. Grundsätzlich sind diese Festlegungen recht willkürlich. Dies hat beim Alternativtest u.a. die Konsequenz, dass sich die Wahrscheinlichkeiten für die Fehler 1. und 2. Art gegenläufig verhalten. Da diese Fehlerwahrscheinlichkeiten auch beim Signifikanztest auftreten, wird häufig eine obere Schranke α mit $0 < \alpha < 1$ für die Wahrscheinlichkeit des Fehlers 1. Art festgelegt.
Diese Größe α wird auch als Signifikanzniveau bezeichnet; man spricht dann von einem Signifikanztest zum Signifikanzniveau α. In der Statistik ist es üblich für α die Werte 5%, 1% oder auch 0,1% zu wählen. Die Wahrscheinlichkeit für einen Fehler 2. Art sollte dann unter Berücksichtigung der restlichen Möglichkeiten klein sein.

Simulation

Als Simulation bezeichnet man das Nachstellen eines realen Prozesses, der zufällig und komplex abläuft, mit Hilfe von Zufallszahlen zur Ermittlung möglicher Ausgänge. Die Simulation kann z. B. mit Hilfe von Münzwürfen, Würfelwurf, Urnenexperimenten oder der Benutzung tabellarischer Zufallszahlen erfolgen.

Standardabweichung

Es sei X eine Zufallsgröße mit der Wertemenge $x_1, x_2, \ldots, x_n$ und dem Erwartungswert $\mu = E(X)$. Bezeichnet weiter die Größe
$V(X) = \sum_{i=1}^{n} (x_i - \mu)^2 \cdot P(X = x_i) = (x_1 - \mu)^2 \cdot P(X = x_1) + \ldots + (x_n - \mu)^2 \cdot P(X = x_n)$
die Varianz der Zufallsgröße X, dann heißt die Wurzel aus der Varianz $V(X)$ Standardabweichung der Zufallsgröße X:
$\sigma(X) = \sqrt{V(X)}$.

Statistik

Unter dem Begriff Statistik versteht man zum einen eine Zusammenstellung von Daten (z. B. Einwohnerzahlen). Zum anderen bezeichnet der Begriff Statistik einen Zweig der Mathematik. Speziell in der Beurteilenden Statistik wird versucht, aus den bei einer mehrfachen Durchführung eines Zufallsexperimentes auftretenden Ergebnissen auf die unbekannte, dem entsprechenden Zufallsexperiment tatsächlich zugrunde liegende Wahrscheinlichkeitsverteilung zu schließen.

Stichprobe

Bei statistischen Erhebungen werden an einer Auswahl bzw. Stichprobe von Merkmalsträgern aus einer Grundgesamtheit die interessierenden Merkmale in gewissen Merkmalsausprägungen gewonnen. Aus den Daten der Erhebung kann dann auf die Merkmalsausprägungen in der Grundgesamtheit geschlossen werden. Die Grundgesamtheit wird durch die Wahrscheinlichkeitsverteilung einer Zufallsgröße X beschrieben, die eine Merkmalsausprägung dieser Grundgesamtheit widerspiegelt.
Unter einer Auswahl bzw. Stichprobe vom Umfang n aus der zur Zufallsgröße X gehörigen Grundgesamtheit wir jedes Wertetupel $(x_1, x_2, \ldots, x_n)$ von n unabhängigen Zufallsgrößen
$X_1, X_2, \ldots, X_n$
verstanden, die alle die gleiche Wahrscheinlichkeitsverteilung wie die Zufallsgröße aufweisen. Stichproben können auf geordnete bzw. ungeordnete sowie mit bzw. ohne Zurücklegen der betrachteten Elemente der Grundgesamtheit entnommen werden.

Test

Eine statistische Grundgesamtheit kann Merkmale besitzen, über deren Häufigkeitsverteilung Vermutungen bzw. Hypothesen bekannt sind. Durch Erhebung einer Stichprobe aus der Grundgesamtheit kann oft mit geringem Aufwand entschieden werden, welche der unterschiedlichen Hypothesen zutreffen. Die entsprechenden Prüfverfahren (Alternativtest, Signifikanztest) werden allgemein als Testverfahren oder kurz als Test von Hypothesen bezeichnet.

totale Wahrscheinlichkeit

Die 1. Pfadregel für Baumdiagramme ist äquivalent zur Multiplikationsregel für Schnittereignisse. Der Satz von der totalen Wahrscheinlichkeit ist äquivalent zur 2. Pfadregel für Baumdiagramme.
Sind A und B zwei beliebige Ereignisse mit $P(A) \neq 0$ und $P(B) \neq 0$, dann gilt:

$$P(A) = P(B) \cdot P_B(A) + P(\overline{B}) \cdot P_{\overline{B}}(A).$$

Diese Formel führt die totale Wahrscheinlichkeit $P(A)$ eines Ereignisses A auf die bedingten Wahrscheinlichkeiten $P_B(A)$ und $P_{\overline{B}}(A)$ zurück.

Treffer

Ein Zufallsexperiment mit genau zwei zu unterscheidenen Ausgängen E und $\overline{E}$ wird als Bernoulli-Experiment bezeichnet. Tritt das Ereignis E ein, so spricht man von einem Erfolg, Treffer oder Gewinn, andernfalls von Misserfolg oder Niete.

Tschebyschew, Ungleichung von

Eine (diskrete oder stetige) Zufallsvariable X besitze den Erwartungswert μ und die Varianz $V(X) = \sigma^2$. Die Wahrscheinlichkeit dafür, dass die Differenz $(X - \mu)$ dem Betrage nach größer oder gleich einer beliebigen Zahl $\varepsilon > 0$ ist, ist kleiner oder gleich dem Quotienten aus der Varianz σ^2 und dem Quadrat der Zahl ε:

$$P(|X - \mu| \geq \varepsilon) \leq \frac{\sigma^2}{\varepsilon^2}; \quad P(|X - \mu| < \varepsilon) \geq 1 - \frac{\sigma^2}{\varepsilon^2}.$$

Mit Hilfe dieser Ungleichung lassen sich z.B. Wahrscheinlichkeiten für Abweichungen vom Mittelwert abschätzen.

Unabhängigkeit

Es seien zwei Ereignisse A und B mit den Wahrscheinlichkeiten $P(A)$ und $P(B)$ gegeben. Beeinflusst das Eintreten von A nicht die Wahrscheinlichkeit des Eintretens von B, so sind die Ereignisse A und B unabhängig voneinander. Sonst sind sie voneinander abhängig.
Für unabhängige Ereignisse A und B gilt der Multiplikationssatz

$$P(A \cap B) = P(A) \cdot P(B).$$

Mit diesen Satz kann die Unabhängigkeit zweier Ereignisse untersucht werden. Für n voneinander unabhängige Ereignisse gilt

$$P(A_1 \cap A_2 \cap \ldots \cap A_n) = P(A_1) \cdot P(A_2) \cdot \ldots P(A_n)$$

Für unabhängige Ereignisse A und B gilt der Additionssatz

$$P(A \cup B) = P(A) + P(B) - P(A) \cdot P(B).$$

Sind zwei Ereignisse A und B mit den Wahrscheinlichkeiten $P(A)$ und $P(B)$ unabhängig voneinander, so gilt $P_A(B) = P(B)$.

ungeordnete Stichprobe

Bei statistischen Erhebungen werden an einer Auswahl bzw. Stichprobe von Merkmalsträgern aus einer Grundgesamtheit die interessierenden Merkmale in gewissen Merkmalsausprägungen gewonnen. Aus den Daten der Erhebung kann dann auf die Merkmalsausprägungen in der Grundgesamtheit geschlossen werden. Die Grundgesamtheit wird durch die Wahrscheinlichkeitsverteilung einer Zufallsgröße X beschrieben, die eine Merkmalsausprägung dieser Grundgesamtheit widerspiegelt.

Unter einer Auswahl bzw. Stichprobe vom Umfang n aus der zur Zufallsgröße X gehörigen Grundgesamtheit wir jedes Wertetupel $(x_1, x_2, \ldots, x_n)$ von n unabhängigen Zufallsgrößen

$X_1, X_2, \ldots, X_n$

verstanden, die alle die gleiche Wahrscheinlichkeitsverteilung wie die Zufallsgröße aufweisen.

Speziell gilt:

Einer Gesamtheit von n verschiedenen Elementen kann man $\binom{n+k-1}{k}$ ungeordnete Stichproben mit Zurücklegen vom Umfang k entnehmen.

Einer Gesamtheit von n verschiedenen Elementen kann man

$$\binom{n}{k} = \frac{n \cdot (n-1) \cdot \ldots \cdot (n-k+1)}{1 \cdot 2 \cdot \ldots \cdot k} = \frac{n!}{k! \cdot (n-k)!}$$

ungeordnete Stichproben ohne Zurücklegen vom Umfang k entnehmen.

Unvereinbarkeit

Zwei Ereignisse A und B heißen unvereinbar, wenn gilt $A \cap B = \emptyset$, d. h. wenn das Eintreffen des Ereignisses A das Eintreffen des Ereignisses B ausschließt. Es ist unmöglich, dass die zufälligen Ereignisse A und B gemeinsam eintreten. So sind beim Münzwurf die Ereignisse „Kopf“ und „Zahl“ unvereinbare Ereignisse.

Urnenexperimente

Urnenexperimente spielen als Modellvorstellung bei der Lösung statistischer Probleme eine nicht unerhebliche Rolle.

Gegeben sei eine Urne mit einer Anzahl durch nummerierter und physikalisch gleichartiger Kugeln, von denen ein Teil schwarz, der andere weiß ist.

Die Entnahme von Kugeln aus einer Urne mit n Kugeln, häufig als Stichprobe bezeichnet, kann auf unterschiedliche Art geschehen:

Aus einer Urne mit n Kugeln kann man

- n^k geordnete Stichproben (mit Reihenfolge) vom Umfang k mit Zurücklegen (mit Wiederholung) ziehen
- $\frac{n!}{(n-k)!}$ geordnete Stichproben (mit Reihenfolge) vom Umfang k ohne Zurücklegen (ohne Wiederholung) ziehen
- $\binom{n}{k}$ ungeordnete Stichproben (ohne Reihenfolge) vom Umfang k ohne Zurücklegen (ohne Wiederholung) ziehen.

Weiter lassen sich aus dem o.a. Zusammenhängen folgende Wahrscheinlichkeiten angeben:
In einer Urne mit N Kugeln liegen S schwarze und $N-S$ weiße Kugeln. Werden aus der Urne n Kugeln ohne Zurücklegen gezogen, so gilt für die Wahrscheinlichkeit $P(X=s)$ dafür, dass die Anzahl X der gezogenen schwarzen Kugeln gleich s ist:

$$P(X=s)=\frac{\binom{S}{s}\binom{N-S}{n-s}}{\binom{N}{n}}.$$

Wird dasselbe Experiment mit Zurücklegen der Kugeln durchgeführt, so beträgt die entsprechende Wahrscheinlichkeit

$$P(X=s)=\binom{n}{s}\cdot\left(\frac{S}{N}\right)^{s}\cdot\left(1-\frac{S}{N}\right)^{n-s}$$

bzw. für $\frac{S}{N}=p$

$$P(X=s)=\binom{n}{s}\cdot p^{s}\cdot(1-p)^{n-s}.$$

Varianz

Es sei X eine Zufallsgröße mit der Wertemenge $x_1, x_2, \ldots, x_n$ und dem Erwartungswert $\mu=E(X)$. Die Größe

$$V(X)=\sum_{i=1}^{n}(x_i-\mu)^2\cdot P(X=x_i)=(x_1-\mu)^2\cdot P(X=x_1)+\ldots+(x_n-\mu)^2\cdot P(X=x_n)$$

heißt Varianz der Zufallsgröße X.

Vereinigung

Das Ereignis „A oder B“ tritt genau dann ein, wenn sowohl A als auch B (oder beide) eintreten. Es ist die Vereinigung $A\cup B=\{\omega|\omega\in A \text{ oder } \omega\in B\}$. Die Vereinigung enthält auch diejenigen Elemente, die sowohl zu A als auch zu B gehören. „A oder B“ tritt also dann ein, wenn von den beiden Ereignissen A und B mindestens eines eintritt.

Vertrauensintervall ▷ Konfidenzintervall

Verwerfungsbereich ▷ Ablehnungsbereich

Vierfeldertafel

Bei der Berechnung von Wahrscheinlichkeiten gewisser Ereignisse ist es von Vorteil, dass die entsprechenden Wahrscheinlichkeiten mit Hilfe einer Vierfeldertafel zu veranschaulichen. In diesem Zusammenhang geht es um eine Zerlegung von Ω in Ereignisse, von denen stets genau eines eintritt.

Sind A und B zwei Ereignisse, so kann folgende Zerlegung von Ω angegeben werden:

	A	$\overline{A}$
B	$A \cap B$	$\overline{A} \cap B$
$\overline{B}$	$A \cap \overline{B}$	$\overline{A} \cap \overline{B}$

Trägt man im Innern der Vierfeldertafel und an den Rändern der Felder die entsprechenden Wahrscheinlichkeiten ein, so folgt die Wahrscheinlichkeitsverteilung für die Zerlegung von Ω:

	A	$\overline{A}$	
B	$P(A \cap B) = a \cdot b$	$P(\overline{A} \cap B) = (1-a) \cdot b$	b
$\overline{B}$	$P(A \cap \overline{B}) = a \cdot (1-b)$	$P(\overline{A} \cap \overline{B}) = (1-a) \cdot (1-b)$	$1-b$
	a	$1-a$	1

Wahrscheinlichkeit

Es sei ein Zufallsexperiment mit dem Ergebnisraum $\Omega = \{e_1; e_2; \ldots; e_n\}$ gegeben. Eine Zuordnung P, die jedem Elementarereignis $\{e_i\}$ genau eine reelle Zahl $P(e_i)$ zuordnet, heißt Wahrscheinlichkeitsverteilung, wenn folgende Bedingungen erfüllt sind:

(1) $P(e_i) \geq 0$ für $1 \leq i \leq n$

(2) $P(e_1) + P(e_2) + \ldots P(e_n) = 1$

Die Zahl $P(e_i)$ heißt Wahrscheinlichkeit des Elementarereignisses $\{e_i\}$.

Wahrscheinlichkeitsraum

Werden bei einem Laplace-Experiment allen möglichen Ergebnissen in eindeutiger Weise Wahrscheinlichkeiten zugeordnet, so spricht man von einer Wahrscheinlichkeitsfunktion bzw. Wahrscheinlichkeitsverteilung (weil eben eine Wahrscheinlichkeitsfunktion Wahrscheinlichkeiten auf die Ereignisse verteilt). Einen Ergebnisraum, einen zugehörigen Ereignisraum und eine darauf definierte Wahrscheinlichkeitsverteilung ergibt zusammengenommen ein Tripel, das man als Wahrscheinlichkeitsraum bezeichnet.

Wahrscheinlichkeitsverteilung ▷ Zufallgröße (Zufallsvariable)

Zahl, kritische ▷ Kritische Zahl

Zählprinzip

Das allgemeine Zählprinzip wird auch Produktregel der Kombinatorik genannt und lautet:
Ist eine Anordnung von k Elementen $a_1, a_2, \ldots, a_k$, also ein k-Tupel gegeben so gilt:
Gibt es für die Besetzung der ersten Stelle a_1 eines k-Tupels n_1 Möglichkeiten, gibt es weiterhin für die Besetzung der zweiten Stelle a_2 des k-Tupels n_2 Möglichkeiten, ... und für die Besetzung der k-ten Stelle a_k n_k Möglichkeiten, so lassen sich insgesamt $n_1 \cdot n_2 \cdot \ldots \cdot n_k$ verschiedene Tupel bilden.

zentraler Grenzwertsatz ▷ Grenzwertsatz, zentraler

Ziehen aus einer Urne ▷ Urnenexperimente

Zufallsexperiment

Experimente wie das Würfelspiel in allen seinen Variationen werden als Zufallsexperimente bezeichnet. Man erklärt allgemein: Ein Experiment, das nach bestimmten, festgelegten Regeln beliebig oft wiederholt werden kann und dessen Ausgang sich nicht mit Sicherheit voraussagen lässt, heißt Zufallsexperiment.

Zufallsgenerator

In der Stochastik spielen Vorgänge eine Rolle, deren Ergebnisse sich nicht mit Sicherheit vorhersagen lassen. Da jedoch die in Frage stehenden Vorgänge von großem praktischen Interesse sind, ist deren Simulation von Bedeutung. Zur Durchführung von Simulationen ist die Bereitstellung von Zufallszahlen wichtig. Die Erzeugung von Zufallszahlen überlässt man oft dem Computer. Die meisten Programmiersprachen stellen einen Zufallsgenerator (Random-Funktion) zur Verfügung, der mit Hilfe eines komplizierten Algorithmus aus einem Startwert Zufallszahlen erzeugt, die für viele Zwecke ausreichen.

Zufallsgröße (Zufallsvariable)

Eine Abbildung $X : \Omega \to \mathbb{R}$ die jedem Ergebnis eines Zufallsexperiments eine reelle Zahl zuordnet, nennt man Zufallsgröße bzw. Zufallsvariable. Eine Zufallsgröße wird durch die Angabe der Wahrscheinlichkeiten charakterisiert, mit denen die einzelnen Werte angenommen werden. Dem Eintreten eines zufälligen Ereignisses A entspricht eine Realisierung der Zufallsgröße X in einem bestimmten Intervall $[a; b]$. Das zufällige Ereignis A besitzt dann eine bestimmte Wahrscheinlichkeit $P(A)$: Zu $A = \{a \leq X \leq b\}$ gehört eine Wahrscheinlichkeitsverteilung $P(a \leq X \leq b)$ der Zufallsgröße X.

Zuverlässigkeit

Die Wahrscheinlichkeit des defektfreien Zustands eines Systems (z. B. elektronisches Bauelement, mechanische Anlage) während einer gewissen Zeitdauer wird oft als Zuverlässigkeit bezeichnet.

Betrachtet werden oft zwei Grundtypen von Systemen, sog. Reihen- bzw. Parallelschaltung, wobei die einzelnen Elemente als voneinander unabhängig betrachtet werden (s. Seite 74 f.).

Es gelten folgende allgemeine Aussagen:

Das Reihensystem ist höchstens so zuverlässig, wie das schwächste Element.

Das Parallelsystem ist mindestens so zuverlässig, wie das sicherste Element.

Zur Lösung von Aufgaben, die die Zuverlässigkeit bzw. die Ausfallwahrscheinlichkeit von Systemen betreffen, sind folgende Regeln zu beachten:

- Multiplikationsregel für n voneinander unabhängige Ereignisse:
  $P(A_1 \cap A_2 \cap \ldots \cap A_n) = P(A_1) \cdot P(A_2) \cdot \ldots \cdot P(A_n)$
- Additionsregel für n voneinander unabhängige Ereignisse:

Sind die Ereignisse $A_1, A_2, \ldots, A_n$ unabhängig voneinander, dann ist die Wahrscheinlichkeit dafür, dass mindestens eines der Ereignisse $A_i (i = 1, 2, \ldots, n)$ eintritt:

$P(A_1 \cup A_2 \cup \ldots \cup A_n) = 1 - [(1 - P(A_1))(1 - P(A_2)) \ldots (1 - P(A_n))]$

Sonderfall: Für $P(A_i) = p$ gilt: $P_n(A) = 1 - (1 - p)^n$.

Beachte den Unterschied zwischen den Begriffen „unvereinbar" und „unabhängig":
Für die Unvereinbarkeit zweier Ereignisse A_1 und A_2 gilt:

$A_1 \cap A_2 = \emptyset$ bzw. $P(A_1 \cap A_2) = 0$.

Für die Unabhängigkeit zweier Ereignisse A_1 und A_2 gilt:

$P(A_1 \cap A_2) = P(A_1) \cdot P(A_2)$.

Kapitel 3.2 enthält eine Zusammenstellung, die einen schnellen und sicheren Überblick über die Berechnung von Ausfallwahrscheinlichkeit bzw. Zuverlässigkeit eines Systems bei gegebenen Ausfallwahrscheinlichkeiten bzw. Zuverlässigkeiten von Elementen bei Reihen- und Parallelsystemen liefert.

Zweig

Mit Hilfe eines Baumdiagramms lassen sich mehrstufige Zufallsexperimente übersichtlich darstellen. Ein solcher Baum besteht aus Zweigen und Knoten. Die Zweige bilden Pfade einer Länge, die der Stufenanzahl des jeweiligen mehrstufigen Zufallsexperiments entsprechen. Sie stellen einen möglichen Ablauf (Ergebnis) des Zufallsexperiments dar.

zweiseitig, zweiseitiger Test ▷ einseitig, einseitiger Test

10.1 Binomialverteilung

$B(n\,;p\,;k) = \binom{n}{k} p^k (1-p)^{n-k}$

n	k	0,02	0,03	0,04	0,05	0,10	1/6	0,20	0,25	0,30	1/3	0,40	0,50	k	n
4	0	0,9224	8853	8493	8145	6561	4823	4096	3164	2401	1975	1296	0625	4	4
	1	0753	1095	1416	1715	2916	3858	4096	4219	4116	3951	3456	2500	3	
	2	0023	0051	0088	0135	0486	1157	1536	2109	2646	2963	3456	3750	2	
	3		0001	0002	0005	0036	0154	0256	0469	0756	0988	1536	2500	1	
	4					0001	0008	0016	0039	0081	0123	0256	0625	0	
5	0	0,9039	8587	8154	7738	5905	4019	3277	2373	1681	1317	0778	0313	5	5
	1	0922	1328	1699	2036	3281	4019	4096	3955	3602	3292	2592	1563	4	
	2	0038	0082	0142	0214	0729	1608	2048	2637	3087	3292	3456	3125	3	
	3	0001	0003	0006	0011	0081	0322	0512	0879	1323	1646	2304	3125	2	
	4					0005	0032	0064	0146	0284	0412	0768	1563	1	
	5						0001	0003	0010	0024	0041	0102	0313	0	
6	0	0,8858	8330	7828	7351	5314	3349	2621	1780	1176	0878	0467	0156	6	6
	1	1085	1546	1957	2321	3543	4019	3932	3560	3025	2634	1866	0938	5	
	2	0055	0120	0204	0305	0984	2009	2458	2966	3241	3292	3110	2344	4	
	3	0002	0005	0011	0021	0146	0536	0819	1318	1852	2195	2765	3125	3	
	4				0001	0012	0080	0154	0330	0595	0823	1382	2344	2	
	5					0001	0006	0015	0044	0102	0165	0369	0938	1	
	6							0001	0002	0007	0014	0041	0156	0	
7	0	0,8681	8080	7514	6983	4783	2791	2097	1335	0824	0585	0280	0078	7	7
	1	1240	1749	2192	2573	3720	3907	3670	3115	2471	2048	1306	0547	6	
	2	0076	0162	0274	0406	1240	2344	2753	3115	3177	3073	2613	1641	5	
	3	0003	0008	0019	0036	0230	0781	1147	1730	2269	2561	2903	2734	4	
	4			0001	0002	0026	0156	0287	0577	0972	1280	1935	2734	3	
	5					0002	0019	0043	0115	0250	0384	0774	1641	2	
	6						0001	0004	0001	0036	0064	0172	0547	1	
	7								0001	0002	0005	0016	0078	0	
8	0	0,8508	7837	7214	6634	4305	2326	1678	1001	0576	0390	0168	0039	8	8
	1	1389	1939	2405	2793	3826	3721	3355	2670	1977	1561	0896	0313	7	
	2	0099	0210	0351	0515	1488	2605	2936	3115	2965	2731	2090	1094	6	
	3	0004	0013	0029	0054	0331	1042	1468	2076	2541	2731	2787	2188	5	
	4		0001	0002	0004	0046	0260	0459	0865	1361	1707	2322	2734	4	
	5					0004	0042	0092	0231	0467	0683	1239	2188	3	
	6						0004	0011	0038	0100	0171	0413	1094	2	
	7							0001	0004	0012	0024	0079	0313	1	
	8									0001	0002	0007	0039	0	
9	0	0,8337	7602	6925	6302	3874	1938	1342	0751	0404	0260	0101	0020	9	9
	1	1531	2116	2597	2985	3874	3489	3020	2253	1556	1171	0605	0176	8	
	2	0125	0262	0433	0629	1722	2791	3020	3003	2668	2341	1612	0703	7	
	3	0006	0019	0042	0077	0446	1302	1762	2336	2668	2731	2508	1641	6	
	4		0001	0003	0006	0074	0391	0661	1168	1715	2048	2508	2461	5	
	5					0008	0078	0165	0389	0735	1024	1672	2461	4	
	6					0001	0010	0028	0087	0210	0341	0743	1641	3	
	7						0001	0003	0012	0039	0073	0212	0703	2	
	8								0001	0004	0009	0035	0176	1	
	9										0001	0003	0020	0	
n		0,98	0,97	0,96	0,95	0,90	5/6	0,80	0,75	0,70	2/3	0,60	0,50	k	n

Für p ≥ 0,5 verwendet man den blau unterlegten Eingang.

$$B(n\,;p\,;k) = \binom{n}{k} p^k (1-p)^{n-k}$$

n	k	p = 0,02	0,03	0,04	0,05	0,10	1/6	0,20	0,25	0,30	1/3	0,40	0,50	k	n
10	0	0,8171	7374	6648	5987	3487	1615	1074	0563	0282	0173	0060	0010	10	10
	1	1667	2281	2770	3151	3874	3230	2684	1877	1211	0867	0403	0098	9	
	2	0153	0317	0519	0746	1937	2907	3020	2816	2335	1951	1209	0439	8	
	3	0008	0026	0058	0105	0574	1550	2013	2503	2668	2601	2150	1172	7	
	4		0001	0004	0010	0112	0543	0881	1460	2001	2276	2508	2051	6	
	5				0001	0015	0130	0264	0584	1029	1366	2007	2461	5	
	6					0001	0022	0055	0162	0368	0569	1115	2051	4	
	7						0002	0008	0031	0090	0163	0425	1172	3	
	8							0001	0004	0014	0030	0106	0439	2	
	9									0001	0003	0016	0098	1	
	10											0001	0010	0	
15	0	0,7386	6333	5421	4633	2059	0649	0352	0134	0047	0023	0005	0000	15	15
	1	2261	2938	3388	3658	3432	1947	1319	0668	0305	0171	0047	0005	14	
	2	0323	0636	0988	1348	2669	2726	2309	1559	0916	0599	0219	0032	13	
	3	0029	0085	0178	0307	1285	2363	2501	2252	1700	1299	0634	0139	12	
	4	0002	0008	0022	0049	0428	1418	1876	2252	2186	1948	1268	0417	11	
	5		0001	0002	0006	0105	0624	1032	1651	2061	2143	1859	0916	10	
	6					0019	0208	0430	0917	1472	1786	2066	1527	9	
	7					0003	0053	0138	0393	0811	1148	1771	1964	8	
	8						0011	0035	0131	0348	0574	1181	1964	7	
	9						0002	0007	0034	0116	0223	0612	1527	6	
	10							0001	0007	0030	0067	0245	0916	5	
	11								0001	0006	0015	0074	0417	4	
	12									0001	0003	0016	0139	3	
	13											0003	0032	2	
	14												0005	1	
	15													0	
20	0	0,6676	5438	4420	3585	1216	0261	0115	0032	0008	0003	0000	0000	20	20
	1	2725	3364	3683	3774	2702	1043	0576	0211	0068	0030	0005	0000	19	
	2	0528	0988	1458	1887	2852	1982	1369	0669	0278	0143	0031	0002	18	
	3	0065	0183	0364	0596	1901	2379	2054	1339	0716	0429	0123	0011	17	
	4	0006	0024	0065	0133	0898	2022	2182	1897	1304	0911	0350	0046	16	
	5		0002	0009	0022	0319	1294	1746	2023	1789	1457	0746	0148	15	
	6			0001	0003	0089	0647	1091	1686	1916	1821	1244	0370	14	
	7					0020	0259	0545	1124	1643	1821	1659	0739	13	
	8					0004	0084	0222	0609	1144	1480	1797	1201	12	
	9					0001	0022	0074	0270	0654	0987	1597	1602	11	
	10						0005	0020	0099	0308	0543	1171	1762	10	
	11						0001	0005	0030	0120	0247	0710	1602	9	
	12							0001	0008	0039	0092	0355	1201	8	
	13								0002	0010	0028	0146	0739	7	
	14									0002	0007	0049	0370	6	
	15										0001	0013	0148	5	
	16											0003	0046	4	
	17												0011	3	
	18												0002	2	
	19													1	
	20													0	
n		0,98	0,97	0,96	0,95	0,90	5/6	0,80	0,75	0,70	2/3	0,60	0,50 = p	k	n

Für $p \geq 0{,}5$ verwendet man den blau unterlegten Eingang.

10.2 Kumulierte Binomialverteilung

$$F(n\,;p\,;k) = B(n\,;p\,;0) + \ldots + B(n\,;p\,;k) = \binom{n}{0} p^0 (1-p)^{n-0} + \ldots + \binom{n}{k} p^k (1-p)^{n-k}$$

n	k	p = 0,02	0,03	0,04	0,05	0,10	1/6	0,20	0,25	0,30	1/3	0,40	0,50	k	n
2	0	0,9604	9409	9216	9025	8100	6944	6400	5625	4900	4444	3600	2500	1	2
	1	9996	9991	9984	9975	9900	9722	9600	9375	9100	8889	8400	7500	0	
3	0	0,9412	9127	8847	8574	7290	5787	5120	4219	3430	2963	2160	1250	2	3
	1	9988	9974	9953	9928	9720	9259	8960	8438	7840	7407	6480	5000	1	
	2			9999	9999	9990	9954	9920	9844	9730	9630	9360	8750	0	
4	0	0,9224	8853	8493	8145	6561	4823	4096	3164	2401	1975	1296	0625	3	4
	1	9977	9948	9909	9860	9477	8681	8192	7383	6517	5926	4752	3125	2	
	2		9999	9998	9995	9963	9838	9728	9492	9163	8889	8208	6875	1	
	3					9999	9992	9984	9961	9919	9877	9744	9375	0	
5	0	0,9039	8587	8154	7738	5905	4019	3277	2373	1681	1317	0778	0313	4	5
	1	9962	9915	9852	9774	9185	8038	7373	6328	5282	4609	3370	1875	3	
	2	9999	9997	9994	9988	9914	9645	9421	8965	8369	7901	6826	5000	2	
	3					9995	9967	9933	9844	9692	9547	9130	8125	1	
	4						9999	9997	9990	9976	9959	9898	9688	0	
6	0	0,8858	8330	7828	7351	5314	3349	2621	1780	1176	0878	0467	0156	5	6
	1	9943	9875	9784	9672	8857	7368	6554	5339	4202	3512	2333	1094	4	
	2	9998	9995	9988	9978	9842	9377	9011	8306	7443	6804	5443	3438	3	
	3				9999	9987	9913	9830	9624	9295	8999	8208	6563	2	
	4					9999	9993	9984	9954	9891	9822	9590	8906	1	
	5							9999	9998	9993	9986	9959	9844	0	
7	0	0,8681	8080	7514	6983	4783	2791	2097	1335	0824	0585	0280	0078	6	7
	1	9921	9829	9706	9556	8503	6698	5767	4450	3294	2634	1586	0625	5	
	2	9997	9991	9980	9962	9743	9042	8520	7564	6471	5706	4199	2266	4	
	3			9999	9998	9973	9824	9667	9294	8740	8267	7102	5000	3	
	4					9998	9980	9953	9871	9712	9547	9037	7734	2	
	5						9999	9996	9987	9962	9931	9812	9375	1	
	6								9999	9998	9995	9984	9922	0	
8	0	0,8508	7837	7214	6634	4305	2326	1678	1001	0576	0390	0168	0039	7	8
	1	9897	9777	9619	9428	8131	6047	5033	3670	2553	1951	1064	0352	6	
	2	9996	9987	9969	9942	9619	8652	7969	6786	5518	4682	3154	1445	5	
	3		9999	9998	9996	9950	9693	9457	8862	8059	7414	5941	3633	4	
	4					9996	9954	9896	9727	9420	9121	8263	6367	3	
	5						9996	9988	9958	9887	9803	9502	8555	2	
	6							9999	9996	9987	9974	9915	9648	1	
	7									9999	9998	9993	9961	0	
9	0	0,8337	7602	6925	6302	3874	1938	1342	0751	0404	0260	0101	0020	8	9
	1	9869	9718	9222	9288	7748	5427	4362	3003	1960	1431	0705	0195	7	
	2	9994	9980	9955	9916	9470	8217	7382	6007	4628	3772	2318	0898	6	
	3		9999	9997	9994	9917	9520	9144	8343	7297	6503	4826	2539	5	
	4					9991	9911	9804	9511	9012	8552	7334	5000	4	
	5					9999	9989	9969	9900	9747	9576	9006	7461	3	
	6						9999	9997	9987	9957	9917	9750	9102	2	
	7								9999	9996	9990	9962	9805	1	
	8										9999	9997	9980	0	
n		p = 0,98	0,97	0,96	0,95	0,90	5/6	0,80	0,75	0,70	2/3	0,60	0,50	k	n

Nicht aufgeführte Werte sind (auf 4 Dez.) 1,0000.

Bei blau unterlegtem Eingang, d. h. $p \geq 0{,}5$ gilt: $F(n\,;p\,;k) = 1 -$ abgelesener Wert.

$$F(n\,;p\,;k)=B(n\,;p\,;0)+\ldots+B(n\,;p\,;k)=\binom{n}{0}p^0(1-p)^{n-0}+\ldots+\binom{n}{k}p^k(1-p)^{n-k}$$

n	k	0,02	0,03	0,04	0,05	0,10	1/6	0,20	0,25	0,30	1/3	0,40	0,50	k	n
10	0	0,8171	7374	6648	5987	3487	1615	1074	0563	0282	0173	0060	0010	9	10
	1	9838	9655	9418	9139	7361	4845	3758	2440	1493	1040	0464	0107	8	
	2	9991	9972	9938	9885	9298	7752	6778	5256	3828	2991	1673	0547	7	
	3		9999	9996	9990	9872	9303	8791	7759	6496	5593	3823	1719	6	
	4				9999	9984	9845	9672	9219	8497	7869	6331	3770	5	
	5					9999	9976	9936	9803	9527	9234	8338	6230	4	
	6						9997	9991	9965	9894	9803	9452	8281	3	
	7							9999	9996	9984	9966	9877	9453	2	
	8									9999	9996	9983	9893	1	
	9											9999	9990	0	
11	0	0,8007	7153	6382	5688	3138	1346	0859	0422	0198	0116	0036	0005	10	11
	1	9805	9587	9308	8981	6974	4307	3221	1971	1130	0751	0302	0059	9	
	2	9988	9963	9917	9848	9104	7268	6174	4552	3127	2341	1189	0327	8	
	3		9998	9993	9984	9815	9044	8389	7133	5696	4726	2963	1133	7	
	4				9999	9972	9755	9496	8854	7897	7110	5328	2744	6	
	5					9997	9954	9883	9657	9218	8779	7535	5000	5	
	6						9994	9980	9925	9784	9614	9006	7256	4	
	7						9999	9998	9989	9957	9912	9707	8867	3	
	8									9994	9986	9941	9673	2	
	9										9999	9993	9941	1	
	10												9995	0	
12	0	0,7847	6938	6127	5404	2824	1122	0687	0317	0138	0077	0022	0002	11	12
	1	9769	9514	9191	8816	6590	3813	2749	1584	0850	0540	0196	0032	10	
	2	9985	9952	9893	9804	8891	6774	5583	3907	2528	1811	0834	0193	9	
	3	9999	9997	9990	9978	9744	8748	7946	6488	4925	3931	2253	0730	8	
	4			9999	9998	9957	9637	9274	8424	7237	6315	4382	1938	7	
	5					9995	9921	9806	9456	8822	8223	6652	3872	6	
	6						9987	9961	9857	9614	9336	8418	6128	5	
	7						9998	9994	9972	9905	9812	9427	8062	4	
	8							9999	9996	9983	9961	9847	9270	3	
	9									9998	9995	9972	9807	2	
	10											9997	9968	1	
	11												9998	0	
13	0	0,7690	6730	5882	5133	2542	0935	0550	0238	0097	0051	0013	0001	12	13
	1	9730	9436	9068	8646	6213	3365	2336	1267	0637	0385	0126	0017	11	
	2	9980	9938	9865	9755	8661	6281	5017	3326	2025	1387	0579	0112	10	
	3	9999	9995	9986	9969	9658	8419	7473	5843	4206	3224	1686	0461	9	
	4			9999	9997	9935	9488	9009	7940	6543	5520	3520	1334	8	
	5					9991	9873	9700	9198	8346	7587	5744	2905	7	
	6					9999	9976	9930	9757	9376	8965	7712	5000	6	
	7						9997	9988	9943	9818	9653	9023	7095	5	
	8							9998	9990	9960	9912	9679	8666	4	
	9								9999	9993	9984	9922	9539	3	
	10									9999	9998	9987	9888	2	
	11											9999	9983	1	
	12	Nicht aufgeführte Werte sind (auf 4 Dez.) 1,0000.											9999	0	
n		0,98	0,97	0,96	0,95	0,90	5/6	0,80	0,75	0,70	2/3	0,60	0,50	k	n

(Spaltenkopf oben: p; Fußzeile unten: p)

Bei blau unterlegtem Eingang, d.h. $p \geq 0{,}5$ gilt: $F(n\,;p\,;k)=1-$ abgelesener Wert.

$$F(n\,;p\,;k) = B(n\,;p\,;0) + \ldots + B(n\,;p\,;k) = \binom{n}{0} p^0 (1-p)^{n-0} + \ldots + \binom{n}{k} p^k (1-p)^{n-k}$$

n	k	p = 0,02	0,03	0,04	0,05	0,10	1/6	0,20	0,25	0,30	1/3	0,40	0,50	k	n
14	0	0,7536	6528	5647	4877	2288	0779	0440	0178	0068	0034	0008	0001	13	14
	1	9690	9355	8941	8470	5846	2960	1979	1010	0475	0274	0081	0009	12	
	2	9975	9923	9823	9699	8416	5795	4481	2812	1608	1053	0398	0065	11	
	3	9999	9994	9981	9958	9559	8063	6982	5214	3552	2612	1243	0287	10	
	4			9998	9996	9908	9310	8702	7416	5842	4755	2793	0898	9	
	5					9985	9809	9561	8884	7805	6898	4859	2120	8	
	6					9998	9959	9884	9618	9067	8505	6925	3953	7	
	7						9993	9976	9898	9685	9424	8499	6047	6	
	8						9999	9996	9980	9917	9826	9417	7880	5	
	9								9998	9983	9960	9825	9102	4	
	10									9998	9993	9961	9713	3	
	11										9999	9994	9935	2	
	12											9999	9991	1	
	13												9999	0	
15	0	0,7386	6333	5421	4633	2059	0649	0352	0134	0047	0023	0005	0000	14	15
	1	9647	9270	8809	8290	5490	2596	1671	0802	0353	0194	0052	0005	13	
	2	9970	9906	9797	9638	8159	5322	3980	2361	1268	0794	0271	0037	12	
	3	9998	9992	9976	9945	9444	7685	6482	4613	2969	2092	0905	0176	11	
	4		9999	9998	9994	9873	9102	8358	6865	5155	4041	2173	0592	10	
	5				9999	9978	9726	9389	8516	7216	6184	4032	1509	9	
	6					9997	9934	9819	9434	8689	7970	6098	3036	8	
	7						9987	9958	9827	9500	9118	7869	5000	7	
	8						9998	9992	9958	9848	9692	9050	6964	6	
	9							9999	9992	9963	9915	9662	8491	5	
	10								9999	9993	9982	9907	9408	4	
	11									9999	9997	9981	9824	3	
	12											9997	9963	2	
	13												9995	1	
	14													0	
16	0	0,7238	6143	5204	4401	1853	0541	0281	0100	0033	0015	0003	0000	15	16
	1	9601	9182	8673	8108	5147	2272	1407	0635	0261	0137	0033	0003	14	
	2	9963	9887	9758	9571	7892	4868	3518	1971	0994	0594	0183	0021	13	
	3	9998	9989	9968	9930	9316	7291	5981	4050	2459	1659	0651	0106	12	
	4		9999	9997	9991	9830	8866	7982	6302	4499	3391	1666	0384	11	
	5				9999	9967	9622	9183	8103	6598	5469	3288	1051	10	
	6					9995	9899	9733	9204	8247	7374	5272	2272	9	
	7					9999	9979	9930	9729	9256	8735	7161	4018	8	
	8						9996	9985	9925	9743	9500	8577	5982	7	
	9							9998	9984	9929	9841	9417	7728	6	
	10								9997	9984	9960	9809	8949	5	
	11									9997	9992	9951	9616	4	
	12										9999	9991	9894	3	
	13											9999	9979	2	
	14												9997	1	
	15	Nicht aufgeführte Werte sind (auf 4 Dez.) 1,0000.												0	
n		p = 0,98	0,97	0,96	0,95	0,90	5/6	0,80	0,75	0,70	2/3	0,60	0,50	k	n

Bei blau unterlegtem Eingang, d.h. $p \geq 0{,}5$ gilt: $F(n\,;p\,;k) = 1-$ abgelesener Wert.

$$F(n\,;p\,;k) = B(n\,;p\,;0) + \ldots + B(n\,;p\,;k) = \binom{n}{0}p^0(1-p)^{n-0} + \ldots + \binom{n}{k}p^k(1-p)^{n-k}$$

n	k	0,02	0,03	0,04	0,05	0,10	1/6	0,20	0,25	0,30	1/3	0,40	0,50	k	n
17	0	0,7093	5958	4996	4181	1668	0451	0225	0075	0023	0010	0002	0000	16	17
	1	9554	9091	8535	7922	4818	1983	1182	0501	0193	0096	0021	0001	15	
	2	9956	9866	9714	9497	7618	4435	3096	1637	0774	0442	0123	0012	14	
	3	9997	9986	9960	9912	9174	6887	5489	3530	2019	1304	0464	0064	13	
	4		9999	9996	9988	9779	8604	7582	5739	3887	2814	1260	0245	12	
	5				9999	9953	9496	8943	7653	5968	4777	2639	0717	11	
	6					9992	9853	9623	8929	7752	6739	4478	1662	10	
	7					9999	9965	9891	9598	8954	8281	6405	3145	9	
	8						9993	9974	9876	9597	9245	8011	5000	8	
	9						9999	9995	9969	9873	9727	9081	6855	7	
	10							9999	9994	9968	9920	9652	8338	6	
	11								9999	9993	9981	9894	9283	5	
	12									9999	9997	9975	9755	4	
	13											9995	9936	3	
	14											9999	9988	2	
	15												9999	1	
18	0	0,6951	5780	4796	3972	1501	0376	0180	0056	0016	0007	0001	0000	17	18
	1	9505	8997	8393	7735	4503	1728	0991	0395	0142	0068	0013	0001	16	
	2	9948	9843	9667	9419	7338	4027	2713	1353	0600	0326	0082	0007	15	
	3	9996	9982	9950	9891	9018	6479	5010	3057	1646	1017	0328	0038	14	
	4		9999	9994	9985	9718	8318	7164	5187	3327	2311	0942	0154	13	
	5				9998	9936	9347	8671	7175	5344	4122	2088	0481	12	
	6					9988	9794	9487	8610	7217	6085	3743	1189	11	
	7					9998	9947	9837	9431	8593	7767	5634	2403	10	
	8						9989	9957	9807	9404	8924	7368	4073	9	
	9						9998	9991	9946	9790	9567	8653	5927	8	
	10							9998	9988	9939	9856	9424	7597	7	
	11								9998	9986	9961	9797	8811	6	
	12									9997	9991	9943	9519	5	
	13										9999	9987	9846	4	
	14											9998	9962	3	
	15												9993	2	
	16												9999	1	
19	0	0,6812	5606	4604	3774	1351	0313	0144	0042	0011	0005	0001	0000	18	19
	1	9454	8900	8249	7547	4203	1502	0829	0310	0104	0047	0008	0000	17	
	2	9939	9817	9616	9335	7054	3643	2369	1113	0462	0240	0055	0004	16	
	3	9995	9978	9939	9868	8850	6070	4551	2631	1332	0787	0230	0022	15	
	4		9998	9993	9980	9648	8011	6733	4654	2822	1879	0696	0096	14	
	5			9999	9998	9914	9176	8369	6678	4739	3519	1629	0318	13	
	6					9983	9719	9324	8251	6655	5431	3081	0835	12	
	7					9997	9921	9767	9225	8180	7207	4878	1796	11	
	8						9982	9933	9713	9161	8538	6675	3238	10	
	9						9996	9984	9911	9674	9352	8139	5000	9	
	10						9999	9997	9977	9895	9759	9115	6762	8	
	11								9995	9972	9926	9648	8204	7	
	12								9999	9994	9981	9884	9165	6	
	13									9999	9996	9969	9682	5	
	14										9999	9994	9904	4	
	15											9999	9978	3	
	16												9996	2	
	17													1	
n		0,98	0,97	0,96	0,95	0,90	5/6	0,80	0,75	0,70	2/3	0,60	0,50	k	n

Nicht aufgeführte Werte sind (auf 4 Dez.) 1,0000.

Bei blau unterlegtem Eingang, d. h. $p \geq 0{,}5$ gilt: $F(n\,;p\,;k) = 1 -$ abgelesener Wert.

$$F(n\,;p\,;k) = B(n\,;p\,;0) + \ldots + B(n\,;p\,;k) = \binom{n}{0}p^0(1-p)^{n-0} + \ldots + \binom{n}{k}p^k(1-p)^{n-k}$$

n	k	p: 0,02	0,03	0,04	0,05	0,10	1/6	0,20	0,25	0,30	1/3	0,40	0,50		n
20	0	0,6676	5438	4420	3585	1216	0261	0115	0032	0008	0003	0000	0000	19	20
	1	9401	8802	8103	7358	3917	1304	0692	0243	0076	0033	0005	0000	18	
	2	9929	9790	9561	9245	6769	3287	2061	0913	0355	0176	0036	0002	17	
	3	9994	9973	9926	9841	8670	5665	4114	2252	1071	0604	0160	0013	16	
	4		9997	9990	9974	9568	7687	6296	4148	2375	1515	0510	0059	15	
	5			9999	9997	9887	8982	8042	6172	4164	2972	1256	0207	14	
	6					9976	9629	9133	7858	6080	4793	2500	0577	13	
	7					9996	9887	9679	8982	7723	6615	4159	1316	12	
	8					9999	9972	9900	9591	8867	8095	5956	2517	11	
	9						9994	9974	9861	9520	9081	7553	4119	10	
	10						9999	9994	9960	9829	9624	8725	5881	9	
	11							9999	9990	9949	9870	9435	7483	8	
	12								9998	9987	9963	9790	8684	7	
	13									9997	9991	9935	9423	6	
	14										9998	9984	9793	5	
	15											9997	9941	4	
	16												9987	3	
	17												9998	2	
50	0	0,3642	2181	1299	0769	0052	0001	0000	0000	0000	0000	0000	0000	49	50
	1	7358	5553	4005	2794	0338	0012	0002	0000	0000	0000	0000	0000	48	
	2	9216	8108	6767	5405	1117	0066	0013	0001	0000	0000	0000	0000	47	
	3	9822	9372	8609	7604	2503	0238	0057	0005	0000	0000	0000	0000	46	
	4	9968	9832	9510	8964	4312	0643	0185	0021	0002	0000	0000	0000	45	
	5	9995	9963	9856	9622	6161	1388	0480	0070	0007	0001	0000	0000	44	
	6	9999	9993	9964	9882	7702	2506	1034	0194	0025	0005	0000	0000	43	
	7		9999	9992	9968	8779	3911	1904	0453	0073	0017	0000	0000	42	
	8			9999	9992	9421	5421	3073	0916	0183	0050	0002	0000	41	
	9				9998	9755	6830	4437	1637	0402	0127	0008	0000	40	
	10					9906	7986	5836	2622	0789	0284	0022	0000	39	
	11					9968	8827	7107	3816	1390	0570	0057	0000	38	
	12					9990	9373	8139	5110	2229	1035	0133	0002	37	
	13					9997	9693	8894	6370	3279	1715	0280	0005	36	
	14					9999	9862	9393	7481	4468	2612	0540	0013	35	
	15						9943	9692	8369	5692	3690	0955	0033	34	
	16						9978	9856	9017	6839	4868	1561	0077	33	
	17						9992	9937	9449	7822	6046	2369	0164	32	
	18						9998	9975	9713	8594	7126	3356	0325	31	
	19						9999	9991	9861	9152	8036	4465	0595	30	
	20							9997	9937	9522	8741	5610	1013	29	
	21							9999	9974	9749	9244	6701	1611	28	
	22								9990	9877	9576	7660	2399	27	
	23								9997	9944	9778	8438	3359	26	
	24								9999	9976	9892	9022	4439	25	
	25									9991	9951	9427	5561	24	
	26									9997	9979	9686	6641	23	
	27									9999	9992	9840	7601	22	
	28										9997	9924	8389	21	
	29										9999	9960	8987	20	
	30											9986	9405	19	
	31											9995	9675	18	
	32											9998	9836	17	
	33											9999	9923	16	
	34												9967	15	
	35												9987	14	
	36												9995	13	
	37												9998	12	
n		0,98	0,97	0,96	0,95	0,90	5/6	0,80	0,75	0,70	2/3	0,60	0,50	k	n
		p													

Nicht aufgeführte Werte sind (auf 4 Dez.) 1,0000.

Bei blau unterlegtem Eingang, d.h. $p \geq 0{,}5$ gilt: $F(n\,;p\,;k) = 1 -$ abgelesener Wert.

$$F(n\,;p\,;k) = B(n\,;p\,;0) + \ldots + B(n\,;p\,;k) = \binom{n}{0}p^0(1-p)^{n-0} + \ldots + \binom{n}{k}p^k(1-p)^{n-k}$$

n	k	p = 0,02	0,03	0,04	0,05	0,10	1/6	0,20	0,25	0,30	1/3	0,40	0,50		n
80	0	0,1986	0874	0382	0165	0002	0000	0000	0000	0000	0000	0000	0000	79	80
	1	5230	3038	1654	0861	0022	0000	0000	0000	0000	0000	0000	0000	78	
	2	7844	5681	3748	2306	0107	0001	0000	0000	0000	0000	0000	0000	77	
	3	9231	7807	6016	4284	0353	0004	0000	0000	0000	0000	0000	0000	76	
	4	9776	9072	7836	6289	0880	0015	0001	0000	0000	0000	0000	0000	75	
	5	9946	9667	8988	7892	1769	0051	0005	0000	0000	0000	0000	0000	74	
	6	9989	9897	9588	8947	3005	0140	0018	0001	0000	0000	0000	0000	73	
	7	9998	9972	9853	9534	4456	0328	0053	0002	0000	0000	0000	0000	72	
	8		9993	9953	9816	5927	0672	0131	0006	0000	0000	0000	0000	71	
	9		9999	9987	9935	7234	1221	0287	0018	0001	0000	0000	0000	70	
	10			9997	9979	8266	2002	0565	0047	0002	0000	0000	0000	69	
	11			9999	9994	8996	2995	1006	0106	0006	0001	0000	0000	68	
	12				9998	9462	4137	1640	0221	0015	0002	0000	0000	67	
	13					9732	5333	2470	0421	0036	0005	0000	0000	66	
	14					9877	6476	3463	0740	0079	0012	0000	0000	65	
	15					9947	7483	4555	1208	0161	0029	0000	0000	64	
	16					9979	8301	5664	1841	0302	0063	0001	0000	63	
	17					9992	8917	6707	2636	0531	0126	0003	0000	62	
	18					9997	9348	7621	3563	0873	0237	0007	0000	61	
	19					9999	9629	8366	4572	1352	0418	0016	0000	60	
	20						9801	8934	5597	1978	0693	0035	0000	59	
	21						9899	9340	6574	2745	1087	0072	0000	58	
	22						9951	9612	7447	3627	1616	0136	0000	57	
	23						9978	9783	8180	4579	2282	0245	0001	56	
	24						9990	9885	8761	5549	3073	0417	0002	55	
	25						9996	9942	9195	6479	3959	0675	0005	54	
	26						9998	9972	9501	7323	4896	1037	0011	53	
	27						9999	9987	9705	8046	5832	1521	0024	52	
	28							9995	9834	8633	6719	2131	0048	51	
	29							9998	9911	9084	7514	2860	0091	50	
	30							9999	9954	9412	8190	3687	0165	49	
	31								9978	9640	8735	4576	0283	48	
	32								9990	9789	9152	5484	0464	47	
	33								9995	9881	9455	6363	0728	46	
	34								9998	9936	9665	7174	1092	45	
	35								9999	9967	9803	7885	1571	44	
	36									9984	9889	8477	2170	43	
	37									9993	9940	8947	2882	42	
	38									9997	9969	9301	3688	41	
	39									9999	9985	9555	4555	40	
	40									9999	9993	9729	5445	39	
	41										9997	9842	6312	38	
	42										9999	9912	7118	37	
	43										9999	9953	7830	36	
	44											9976	8428	35	
	45											9988	8907	34	
	46											9994	9272	33	
	47											9997	9535	32	
	48											9999	9717	31	
	49											9999	9835	30	
	50												9908	29	
	51												9951	28	
	52												9976	27	
	53												9988	26	
	54												9995	25	
	55												9998	24	
	56												9999	23	
n		p = 0,98	0,97	0,96	0,95	0,90	5/6	0,80	0,75	0,70	2/3	0,60	0,50	k	n

Nicht aufgeführte Werte sind (auf 4 Dez.) 1,0000.

Bei blau unterlegtem Eingang, d.h. $p \geq 0{,}5$ gilt: $F(n\,;p\,;k) = 1 -$ abgelesenerWert.

$$F(n\,;p\,;k) = B(n\,;p\,;0) + \ldots + B(n\,;p\,;k) = \binom{n}{0}p^0(1-p)^{n-0} + \ldots + \binom{n}{k}p^k(1-p)^{n-k}$$

n	k	0,02	0,03	0,04	0,05	0,10	1/6	0,20	0,25	0,30	1/3	0,40	0,50		n
	0	0,1326	0476	0169	0059	0000	0000	0000	0000	0000	0000	0000	0000	99	
	1	4033	1946	0872	0371	0003	0000	0000	0000	0000	0000	0000	0000	98	
	2	6767	4198	2321	1183	0019	0000	0000	0000	0000	0000	0000	0000	97	
	3	8590	6472	4295	2578	0078	0000	0000	0000	0000	0000	0000	0000	96	
	4	9492	8179	6289	4360	0237	0001	0000	0000	0000	0000	0000	0000	95	
	5	9845	9192	7884	6160	0576	0004	0000	0000	0000	0000	0000	0000	94	
	6	9959	9688	8936	7660	1172	0013	0001	0000	0000	0000	0000	0000	93	
	7	9991	9894	9525	8720	2061	0038	0003	0000	0000	0000	0000	0000	92	
	8	9998	9968	9810	9369	3209	0095	0009	0000	0000	0000	0000	0000	91	
	9		9991	9932	9718	4513	0213	0023	0000	0000	0000	0000	0000	90	
	10		9998	9978	9885	5832	0427	0057	0001	0000	0000	0000	0000	89	
	11			9993	9957	7030	0777	0126	0004	0000	0000	0000	0000	88	
	12			9998	9985	8018	1297	0253	0010	0000	0000	0000	0000	87	
	13				9995	8761	2000	0469	0025	0001	0000	0000	0000	86	
	14				9999	9274	2874	0804	0054	0002	0000	0000	0000	85	
	15					9601	3877	1285	0111	0004	0000	0000	0000	84	
	16					9794	4942	1923	0211	0010	0001	0000	0000	83	
	17					9900	5994	2712	0376	0022	0002	0000	0000	82	
	18					9954	6965	3621	0630	0045	0005	0000	0000	81	
	19					9980	7803	4602	0995	0089	0011	0000	0000	80	
	20					9992	8481	5595	1488	0165	0024	0000	0000	79	
	21					9997	8998	6540	2114	0288	0048	0000	0000	78	
	22					9999	9370	7389	2864	0479	0091	0001	0000	77	
	23						9621	8109	3711	0755	0164	0003	0000	76	
	24						9783	8686	4617	1136	0281	0006	0000	75	
	25						9881	9125	5535	1631	0458	0012	0000	74	
	26						9938	9442	6417	2244	0715	0024	0000	73	
	27						9969	9658	7224	2964	1066	0046	0000	72	
	28						9985	9800	7925	3768	1524	0084	0000	71	
	29						9993	9888	8505	4623	2093	0148	0000	70	
	30						9997	9939	8962	5491	2766	0248	0000	69	
	31						9999	9969	9307	6331	3525	0398	0001	68	
	32							9985	9554	7107	4344	0615	0002	67	
	33							9993	9724	7793	5188	0913	0004	66	
100	34							9997	9836	8371	6019	1303	0009	65	100
	35							9999	9906	8839	6803	1795	0018	64	
	36							9999	9948	9201	7511	2386	0033	63	
	37								9973	9470	8123	3068	0060	62	
	38								9986	9660	8630	3822	0105	61	
	39								9993	9790	9034	4621	0176	60	
	40								9997	9875	9341	5433	0284	59	
	41								9999	9928	9566	6225	0443	58	
	42									9960	9724	6967	0666	57	
	43									9979	9831	7635	0967	56	
	44									9989	9900	8211	1356	55	
	45									9995	9943	8689	1841	54	
	46									9997	9969	9070	2421	53	
	47									9999	9983	9362	3087	52	
	48									9999	9991	9577	3822	51	
	49										9996	9729	4602	50	
	50										9998	9832	5398	49	
	51										9999	9900	6178	48	
	52											9942	6914	47	
	53											9968	7579	46	
	54											9983	8159	45	
	55											9991	8644	44	
	56											9996	9033	43	
	57											9998	9334	42	
	58											9999	9557	41	
	59												9716	40	
	60												9824	39	
	61												9895	38	
	62												9940	37	
	63												9967	36	
	64												9982	35	
	65												9991	34	
	66												9996	33	
	67												9998	32	
	68												9999	31	
n		0,98	0,97	0,96	0,95	0,90	5/6	0,80	0,75	0,70	2/3	0,60	0,50	k	n

Nicht aufgeführte Werte sind (auf 4 Dez.) 1,0000.

Bei blau unterlegtem Eingang, d. h. $p \geq 0{,}5$ gilt: $F(n\,;p\,;k) = 1 -$ abgelesener Wert.

10.3 Normalverteilung

$\phi(z) = 0, \ldots$
$\phi(-z) = 1 - \phi(z)$

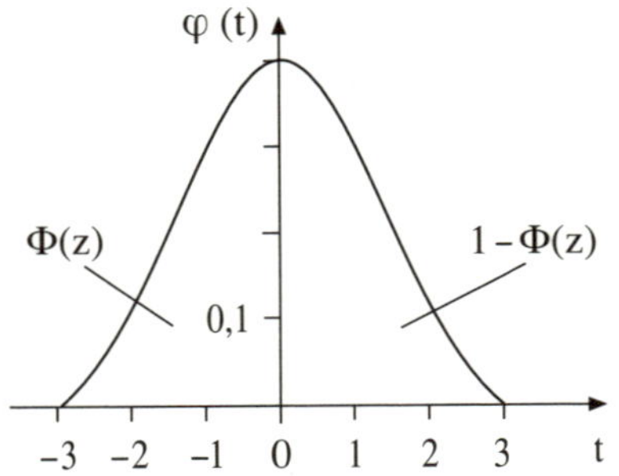

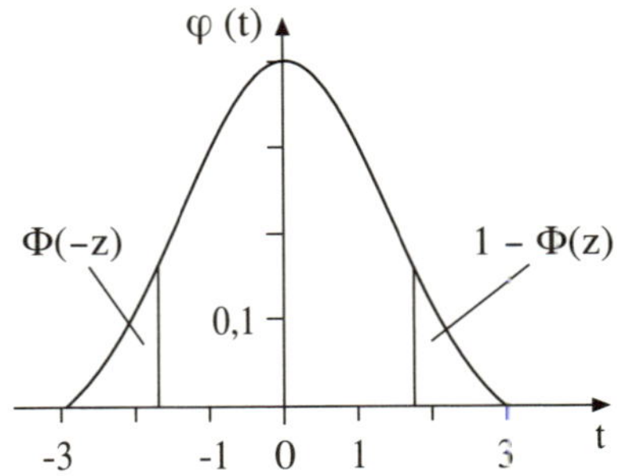

z	0	1	2	3	4	5	6	7	8	9
0,0	5000	5040	5080	5120	5160	5199	5239	5279	5319	5359
0,1	5398	5438	5478	5517	5557	5596	5636	5675	5714	5753
0,2	5793	5832	5871	5910	5948	5987	6026	6064	6103	6141
0,3	6179	6217	6255	6293	6331	6368	6406	6443	6480	6517
0,4	6554	6591	6628	6664	6700	6736	6772	6808	6844	6879
0,5	6915	6950	6985	7019	7054	7088	7123	7157	7190	7224
0,6	7257	7291	7324	7357	7389	7422	7454	7486	7517	7549
0,7	7580	7611	7642	7673	7703	7734	7764	7794	7823	7852
0,8	7881	7910	7939	7967	7995	8023	8051	8078	8106	8133
0,9	8159	8186	8212	8238	8264	8289	8315	8340	8365	8389
1,0	8413	8438	8461	8485	8508	8531	8554	8577	8599	8621
1,1	8643	8665	8686	8708	8729	8749	8770	8790	8810	8830
1,2	8849	8869	8888	8907	8925	8944	8962	8980	8997	9015
1,3	9032	9049	9066	9082	9099	9115	9131	9147	9162	9177
1,4	9192	9207	9222	9236	9251	9265	9279	9292	9306	9319
1,5	9332	9345	9357	9370	9382	9394	9406	9418	9429	9441
1,6	9452	9463	9474	9484	9495	9505	9515	9525	9535	9545
1,7	9554	9564	9573	9582	9591	9599	9608	9616	9625	9633
1,8	9641	9649	9656	9664	9671	9678	9686	9693	9699	9706
1,9	9713	9719	9726	9732	9738	9744	9750	9756	9761	9767
2,0	9772	9778	9783	9788	9793	9798	9803	9808	9812	9817
2,1	9821	9826	9830	9834	9838	9842	9846	9850	9854	9857
2,2	9861	9864	9868	9871	9875	9878	9881	9884	9887	9890
2,3	9893	9896	9898	9901	9904	9906	9909	9911	9913	9916
2,4	9918	9920	9922	9925	9927	9929	9931	9932	9934	9936
2,5	9938	9940	9941	9943	9945	9946	9948	9949	9951	9952
2,6	9953	9955	9956	9957	9959	9960	9961	9962	9963	9964
2,7	9965	9966	9967	9968	9969	9970	9971	9972	9973	9974
2,8	9974	9975	9976	9977	9977	9978	9979	9979	9980	9981
2,9	9981	9982	9982	9983	9984	9984	9985	9985	9986	9986
3,0	9987	9987	9987	9988	9988	9989	9989	9989	9990	9990
3,1	9990	9991	9991	9991	9992	9992	9992	9992	9993	9993
3,2	9993	9993	9994	9994	9994	9994	9994	9995	9995	9995
3,3	9995	9995	9996	9996	9996	9996	9996	9996	9996	9997
3,4	9997	9997	9997	9997	9997	9997	9997	9997	9997	9998

Beispiele für den Gebrauch der Tabelle:

$\phi(2{,}37) = 0{,}9911$; $\phi(-2{,}37) = 1 - \phi(2{,}37) = 1 - 0{,}9911 = 0{,}0089$;

$\phi(z) = 0{,}7910 \Rightarrow z = 0{,}81$; $\phi(z) = 0{,}2090 = 1 - 0{,}7910 \Rightarrow z = -0{,}81$

10.4 Binomialkoeffizienten $\binom{n}{k}$

n \ k	0	1	2	3	4	5	6	7	8	9	10
0	1										
1	1	1									
2	1	2	1								
3	1	3	3	1							
4	1	4	6	4	1						
5	1	5	10	10	5	1					
6	1	6	15	20	15	6	1				
7	1	7	21	35	35	21	7	1			
8	1	8	28	56	70	56	28	8	1		
9	1	9	36	84	126	126	84	36	9	1	
10	1	10	45	120	210	252	210	120	45	10	1
11	1	11	55	165	330	462	462	330	165	55	11
12	1	12	66	220	495	792	924	792	495	220	66
13	1	13	78	286	715	1 287	1 716	1 716	1 287	715	286
14	1	14	91	364	1 001	2 002	3 003	3 432	3 003	2 002	1 001
15	1	15	105	455	1 365	3 003	5 005	6 435	6 435	5 005	3 003
16	1	16	120	560	1 820	4 368	8 008	11 440	12 870	11 440	8 008
17	1	17	136	680	2 380	6 188	12 376	19 448	24 310	24 310	19 448
18	1	18	153	816	3 060	8 568	18 564	31 824	43 758	48 620	43 758
19	1	19	171	969	3 876	11 628	27 132	50 388	75 582	92 378	92 378
20	1	20	190	1 140	4 845	15 504	38 760	77 520	125 970	167 960	184 756

Lösungen zu den Multiple-Choice-Tests

1. Grundlagen zur Wahrscheinlichkeitsrechnung

1 B, 2 A, 3 C, 4 C, 5 D, 6 F, 7a E, 7b C, 7d A, 7e D, 8a C, 8b A, 8c D, 8d E, 8e B, 9 A, 10 A

2. Kombinatorik

1 E, 2 A, 3 B, 4 C, 5 F, 6 D, 7 D, 8 F, 9 E, 10 C, 11 C, 12 F, 13 A, 14 D, 15 B, 16 E, 17 B, 18 C, 19 A, 20 E, 21 F, 22 C, 23 F, 24 C, 25 B, 26 E, 27 F, 28 B, 29 E, 30 A, 31 F

3. Laplace-Wahrscheinlichkeiten

1 B, 2 D, 3 F, 4 B, 5 A, 6 F, 7 C, 8 C, 9 E, 10 D, 11 A, 12 F, 13 D, 14 E, 15 B, 16 C, 17 D, 18 E, 19 C, 20 B

4. Bedingte Wahrscheinlichkeiten

1 D, 2 A, 3 E, 4 B, 5 C, 6 A, 7 E, 8 B, 9 E, 10 A, 11 F, 12 B, 13 E, 14 D

5. Zufallsgrößen

1 C, 2 B, 3 D, 4 A, 5 B, 6 C, 7 B, 8 A, 9 B

6. Bernoulliketten

1 B, 2 A, 3 B, 4 D, 5 A, 6 C, 7 C, 8 A, 9 A, 10 C, 11 D

7. Beurteilende Statistik

1 C, 2 F, 3 B, 4 D, 5 C, 6 B, 7 B, 8 E, 9 F, 10 D, 11 F, 12 B, 13 D, 14 A

Stichwortverzeichnis